高等学校信息技术
人才能力培养系列教材

软件定义网络（SDN）实战教程

尚凤军 ● 编著

U0390181

Software Defined Network

人民邮电出版社

北 京

图书在版编目（CIP）数据

软件定义网络（SDN）实战教程 / 尚凤军编著. --
北京：人民邮电出版社，2024.5
高等学校信息技术人才能力培养系列教材
ISBN 978-7-115-62301-0

Ⅰ．①软… Ⅱ．①尚… Ⅲ．①计算机网络－高等学校
－教材 Ⅳ．①TP393

中国国家版本馆CIP数据核字(2023)第129141号

内 容 提 要

国家《"十四五"数字经济发展规划》指出，加快建设信息网络基础设施，建设高速泛在、天地一
体、云网融合、智能敏捷、绿色低碳、安全可控的智能化综合性数字信息基础设施。软件定义网络是
未来网络的发展方向，本书编者经过近 10 年对软件定义网络的学习和研究，为本书的出版奠定了扎实
的基础。本书共 15 章，首先介绍软件定义网络的产生、发展、工作原理、数据平面、控制平面、南北
向接口等，然后介绍软件定义网络的应用案例，提出编者的看法和思路，最后介绍软件定义网络实践。

本书适合作为高等学校计算机类专业，特别是网络相关专业的软件定义网络课程的配套教材，也
可供网络开发人员和广大计算机网络爱好者自学使用。

◆ 编　著　尚凤军
　　责任编辑　刘　博
　　责任印制　王　郁　陈　犇
◆ 人民邮电出版社出版发行　　北京市丰台区成寿寺路 11 号
　　邮编 100164　电子邮件 315@ptpress.com.cn
　　网址 https://www.ptpress.com.cn
　　三河市祥达印刷包装有限公司印刷
◆ 开本：787×1092　1/16
　　印张：16.25　　　　　　　2024 年 5 月第 1 版
　　字数：425 千字　　　　　2024 年 5 月河北第 1 次印刷

定价：69.80 元

读者服务热线：(010)81055256　印装质量热线：(010)81055316
反盗版热线：(010)81055315
广告经营许可证：京东市监广登字 20170147 号

前　言

随着网络规模的不断膨胀和应用的不断丰富，互联网已经成为当今社会基础设施至关重要的一部分。软件定义网络（Software Defined Network，SDN）是未来网络革命式思路的产物，是美国斯坦福大学 Clean Slate 研究项目的一部分，最初是为校园网络研究人员设计创新网络架构提供的真实实验平台，后经 McKeown 等研究者的推广逐渐在学术界和产业界普及。学术方面，2011 年 McKeown 等研究者组织成立开放网络基金会（Open Networking Foundation，ONF），负责制定相关标准并进行推广。2012 年 ONF 发布了 SDN 的三层架构体系，得到了广泛的认同。工业方面，许多设备提供商提出自己的 SDN 解决方案，包括国外的 Cisco、IBM、微软和国内的华为、中兴等公司。2013 年 Linux 基金会联合 Cisco、微软等 18 家公司开发 OpenDaylight 开源项目，旨在开发开源 SDN 控制器，推动 SDN 的部署和创新。SDN 利用分层的思想将数据平面与控制平面分离，由软件驱动的集中控制器对整个 SDN 进行逻辑上的控制及管理，负责制定转发路径，为网络上层应用和服务提供可编程接口，具有全局网络视图，能够灵活地使用网络资源。数据平面仅需要根据控制平面生成的转发规则进行单纯的数据流转发，降低了底层传输设备功能的复杂性。OpenFlow 协议用于控制平面与数据平面通信，改变了传统网络中数据包转发的方式。SDN 目前已经在校园网络、数据中心网络领域取得了不少的成果，如美国斯坦福大学计算机系部署的 Plug-n-Serve 负载均衡模型以及谷歌数据中心 B4 网络。

本书编者对 SDN 有近 10 年的学习和研究，积累了一定的成果，为本书的出版奠定了扎实的基础。编者首先从 SDN 的工作原理出发，通过吸收国内外大学和研究所的研究成果，对 SDN 技术进行研究，开发基于 SDN 的应用案例，并提出自己的看法和思路；随着研究开发的不断积累，通过对 SDN 理论研究和技术实践经验进行总结，形成本书全部的内容。本书内容契合网络强国战略、国家对 SDN 技术和应用的密切关注程度，以及国家未来 15 年中长期科技发展规划纲要和国家重点基础研究发展计划等主题。

本书由尚凤军编著，黄颖博士、雷建军博士、何利博士等多次参与有关本书的技术讨论，提供 SDN 相关资料。参与本书资料整理的人员有王瑶、龚汉超、周嘉晖、邓鑫鑫、付星辰、李炯傲、罗丰骏、张宇、蔡诗雅、陈星宇、周嘉靖、邓智元等。在编写本书过程中，编者引用和参考了相关文献，在此对相应作者表示感谢。本书的出版得到了重庆市自然科学基金项目资助（立项编号：CSTB2022NSCQ-MSX1130），也得到了重庆市高等教育教学改革研究项目资助（项目编号：213147），并获得了华为技术有限公司的支持。

由于编者水平有限，书中疏漏之处在所难免，欢迎广大读者和同行批评指正。SDN 正处在飞速发展的阶段，编者愿在吸取大家意见和建议的基础上，不断修改和完善书中有关内容，为推动 SDN 应用领域的发展与进步尽微薄之力。

为充分展现本书编写特色，帮助读者理解本书编写意图与内涵，提高对本书的使用效率，编者会为读者提供教学指导，欢迎读者将图书使用过程中的问题与建议反馈给编者。编者的联系方式是 E-mail：shangfj@cqupt.edu.cn。

编者

2023 年 3 月

目 录

基础篇

第1章
概述

SDN 是一种新的网络架构，可提供集中控制、更高的灵活性以及自动化网络配置的能力，为未来网络发展指明了方向。本章首先介绍 SDN 的产生，然后介绍 SDN 的发展，最后介绍 SDN 标准化组织。

本章的主要内容是：

（1）SDN 的发展历程；

（2）SDN 的研究与应用现状。

1.1 SDN 的产生

SDN 的产生

软件定义网络（Software Defined Network，SDN）起源于美国斯坦福大学的 Clean Slate 研究项目，McKeown（斯坦福大学教授，Martin Casado 的导师）正式提出了 SDN 的概念。SDN 利用分层的思想将数据平面与控制平面相分离。控制平面，具有逻辑中心化和可编程的控制器，可掌握全局网络信息，方便运营商和科研人员管理配置网络和部署新协议等。数据平面，包括"哑的"交换机，交换机仅提供简单的数据转发功能，可以快速处理匹配的数据包，适应流量日益增长的需求。两个平面之间采用开放的统一接口（如 OpenFlow 接口等）进行交互。

4D 架构将可编程的决策平面（即控制平面）从数据平面分离，使控制平面实现了逻辑中心化与自动化，该设计思想产生了 SDN 控制器的雏形。借鉴计算机系统的抽象结构，未来的网络结构将存在转发抽象、分布状态抽象和配置抽象这 3 类虚拟化概念。转发抽象剥离了传统交换机的控制功能，将控制功能交由控制平面来实现，并在数据平面和控制平面之间提供了标准接口，确保交换机完成识别、转发数据的任务。控制平面需要将设备的分布状态抽象成全网视图，以便众多应用能够通过全网信息进行网络的统一配置。配置抽象进一步简化了网络模型，用户仅需通过控制平面提供的应用程序接口对网络进行简单配置，就可自动完成沿路径网络设备的统一部署。因此，网络抽象思想解耦了路径依赖，成为数据、控制分离且接口统一架构（即 SDN）产生的决定性因素。

SDN 架构由开放网络基金会（Open Networking Foundation，ONF）组织提出，并已经成为学术界和产业界普遍认可的架构。除此之外，欧洲电信标准组织提出的基础网络虚拟化（Network

Function Virtualization，NFV）架构随之发展起来。该体系架构主要针对运营商网络，并得到了业界的支持。各大设备厂商和软件公司共同提出了 OpenDaylight，目的是具体实现 SDN 架构，以便用于实际部署。

1.1.1　传统网络概述

传统网络分为管理平面、控制平面和数据平面。

管理平面主要包括设备管理系统和业务管理系统，设备管理系统负责网络拓扑、设备接口、设备特性的管理，同时可以给设备下发配置脚本；业务管理系统用于对业务进行管理，比如业务性能监控、业务告警管理等。

控制平面负责网络控制，主要功能为协议处理与计算。比如路由协议用于路由信息的计算、路由表的生成。

数据平面的设备根据控制平面生成的指令完成用户业务的转发和处理。例如路由器根据路由协议生成的路由表将接收的数据包从相应的出接口转发出去。

1.1.2　传统网络存在的问题

（1）传统网络部署、管理难度大

当前的网络设备生产商众多、设备型号繁杂，人们熟知的品牌有 Cisco、华为、H3C、中兴、锐捷等。在实际使用中，由于分批次购买，大多数用户是将各个厂商的设备混杂在一起使用的。尽管不同厂商生产的设备底层协议是相同的，互操作可以不受影响，但部署方式和操作命令却各不相同，极大地限制了设备的统一部署。

网络设备众多引发的另一个显著问题是管理困难。当前的网络设备管理大多是通过搭建在服务器上的网管软件实现的，例如利用简单网络管理协议（Simple Network Management Protocol，SNMP）软件实现，但 SNMP 软件更多侧重于监控而非部署。网管软件的主要作用是网络故障报警，排查故障还是需要人工处理。近年来，随着网络数据流量的爆炸式增长，网络设备的数量越来越多，路由收敛的时间越来越长，效率也日益降低。

（2）分布式网络架构存在瓶颈

传统网络从网络安全的角度出发，为避免由于某一节点受损而出现全网崩溃的情况，在设计之初就采用分布式的架构，无中心控制节点。众多网络设备之间采用口口相传的信息交互方式，每台设备都有自己的中央处理器（Central Processing Unit，CPU），独立运算，自己决定如何转发信息，造成无法从全网角度实现资源的有效调配和流量的智能管控。

同时，为了使不同厂商的设备能有效沟通，必须有相同的"语言"——网络协议。这就使得网络协议的更新需要综合各厂商的意见，导致进展异常缓慢、新业务上线周期偏长。由于网络设备中新旧设备并存，新业务必须兼容旧业务，新协议基本上都是原协议的拓展，大大限制了网络的更新和进步。

（3）无法实现策略定制和可编程

传统的网络设备在生产时，其内部运行的协议就已经确定，在后续很难修改策略和更新协议，更无法通过安装软件、编程的方式达到特定目的。

1.1.3　SDN 应运而生

基于传统网络存在的众多弊端，提出一种全新的网络架构，从根本上进行改变，成为亟须解决的问题。在此背景下，SDN 应运而生。

自从 2006 年 SDN 的概念被美国斯坦福大学 Clean Slate 项目组提出至今，到底什么是 SDN 的争论没有停止过。一种被学术界普遍认可的观点是：SDN 是一种新的网络架构、一种思想，只要网络具备转发分离、有开放的编程接口、集中式控制 3 个属性，即可以认为是 SDN。简而言之，SDN 是一种新的网络设计理念，是一种打破现有网络架构、从头再来的网络设计思想。

谈到 SDN 时，必然会谈到 OpenFlow。OpenFlow 是斯坦福大学的学生 Martin Casado 在推进一个网络安全与管理的项目 Ethane 时受到启发提出的。之后，基于 OpenFlow 的可编程特性，McKeown 提出了 SDN 的概念。因此，SDN 不是 OpenFlow，就如同互联网不是互联网协议（Internet Protocol，IP）。准确地说，OpenFlow 只是 SDN 中控制转发面设备的协议。除此之外，SDN 还包括控制器本身的架构、网络拓扑算法、运行环境、编程工具和上层应用的集成技术等。

1.2　SDN 的发展

SDN 的发展

1.2.1　发展历程

SDN 起源于斯坦福大学的 "Clean Slate Design for the Internet"（Clean Slate）项目。2006 年，斯坦福大学联合美国国家科学基金会以及多个工业界厂商共同启动了这一项目。该项目的目标为摒弃传统渐进叠加和向前兼容的原则，实现互联网的重塑。同年，斯坦福大学的研究生 Martin Casado 参与了该项目，并负责其中的一个子项目——Ethane。Ethane 旨在提出一个新兴的企业网络架构，实现网络的集中式管理，提高网络的安全性和管理的灵活性。

McKeown 教授对 Martin Casado 的这个项目非常重视，并给 Martin Casado 提出了很多建设性意见。Martin Casado 和 McKeown 设想每一台交换机若能向控制器提供一个标准的接口，那么控制器通过这些接口对交换机进行集中控制和策略下发的操作会变得灵活、便捷。于是他们开始研究控制器和交换机通信的协议，即 OpenFlow 协议。

2008 年，McKeown 在 ACM SIGCOMM 会议上发表了名为 "OpenFlow:Enabling Innovation in Campus Networks" 的论文，首次提出了将 OpenFlow 协议用于校园网络试验的创新项目中。OpenFlow 是一个用于控制平面的控制器和数据平面的交换机进行交互的协议。OpenFlow 协议实现了网络设备的数据与控制的分离，从而使控制器得以专注于决策控制工作，而交换机仅需专注于转发工作，这极大地简化了网络的结构，提升了网络管理和配置的灵活性，同时使得网络具有强大的可编程性。OpenFlow 协议的发布在 SDN 的发展历史上具有划时代的意义，引发了人们对 SDN 技术的广泛关注。

2009 年，由 OpenFlow 协议引出的 SDN 概念入围《麻省理工科技评论》评选出的十大前沿技术，SDN 自此获得了学术界和产业界的广泛认可和大力支持。同年，OpenFlow 协议规范 1.0 正式发布，OpenFlow 开始走进公众视野。

2011 年，McKeown 团队联合谷歌、Facebook（现已更名为 Meta）、NTT、Verizon、德国电信、微软、雅虎 7 家企业共同成立了 ONF。ONF 致力于推动 SDN 架构、技术的规范和发展工作。2012 年，ONF 便发布了 SDN 白皮书《软件定义网络：网络的新规范》（Software-Defined Networking: The New Norm for Networks），提出了 SDN 的正式定义："SDN 是一种支持动态、弹性管理的新型网络体系架构，是实现高带宽、动态网络的理想架构。SDN 将网络的控制平面和数据平面分离，并对数据平面的资源进行了抽象，支持控制平面通过统一的接口对数据平面进行编程控制"。ONF 在该白皮书中提出的 SDN 三层（应用层、控制层和基础设施层）架构模型获得了业界的广泛认可。

2012 年被视为 SDN 商用元年。在这一年中，SDN 的商业化部署取得了许多重大进展。谷歌宣布其主干网络已经全面采用 OpenFlow 协议，并且通过 10Gbit/s 的网络连接分布在全球各地的 12 个数据中心，使广域线路的利用率从 30% 提升到接近饱和，从而证明了 OpenFlow 协议不再是停留在学术界的一个研究模型，而是完全具备商业可行性的技术。同年，德国电信等运营商开始研发和部署 SDN；Big Switch 两轮融资超过 3800 万美元；VMware 以 12.6 亿美元收购了 Nicira。这些成功的商业案例标志着 SDN 完成了从实验技术向实际网络部署的重大跨越。同年，AT&T、BT、德国电信、Orange、意大利电信、西班牙电信和 Verizon 联合发起成立了 NFV 产业联盟，旨在将 SDN 理念引入电信业。

2013 年 4 月，Cisco、IBM、Juniper、VMware 等企业联合发起了开源项目——OpenDaylight。该项目致力于开发 SDN 控制器、南向/北向应用程序接口（Application Program Interface，API）等软件，打破大厂商对网络硬件的技术封锁，驱动网络技术革新，使网络管理更容易。OpenDaylight 项目的创建代表了传统网络厂商对 SDN 的认可。

2014 年 12 月，由美国斯坦福大学和加州大学伯克利分校的 SDN 知名研究者共同创立的 ON.Lab 推出了新的 SDN 开源控制器——开放网络操作系统（Open Networking Operating System，ONOS）。至此，SDN 开源控制器领域形成了 OpenDaylight 和 ONOS 两大阵营。ONOS 是首款面向网络运营商和企业骨干网络的开源 SDN 操作系统，主要致力于推动 SDN 在大规模组网场景下的应用，支持设备的白盒化，满足电信级网络在高可用性、高性能及可扩展性方面的需求。同年，可编程、协议无关的数据包处理器（Programming Protocol-Independent Packet Processors，P4）发布，开启了 SDN 数据平面可编程的先河。

2015 年，ONF 发布了一个开源 SDN 项目，该项目提出的软件定义广域网成为第二个成熟的 SDN 应用市场。

随着 SDN 的不断发展，SDN 与其他技术如云计算、NFV 的联系愈加紧密，各种各样的产品相继出现。SDN 迈着稳健的步伐逐渐走向商业化。对于 SDN 的未来发展，业界看法不一，有人认为 SDN 只能停留在少数大型企业的专用骨干网络或数据中心网络中，成为运营商网络的一个附属功能；也有人认为 SDN 技术必将掀起一场网络技术的革命。不管 SDN 最终会走向何方，其当前的发展趋势表明，SDN 将在运营商网络转型、产业互联网应用等方面发挥重要作用。

1.2.2　研究与应用现状

当前学术界、产业界和标准化组织竞相推动着 SDN 的发展，深刻改变了现有的网络生态圈，从传统网络架构到 SDN 的转型成了新的市场增长点。以谷歌、腾讯、百度等为代表的互联网公司，以 AT&T、英国电信、德国电信、中国移动、中国电信、中国联通为代表的网络运营商加速向基于 SDN/NFV 的网络架构转型。总体来说，SDN 技术与现代各行业领域的结合与创新在当今科学界正掀起一股前所未有的发展热潮。

（1）针对数据中心场景的创新应用

随着互联网的高速发展，互联网内容提供商提供的应用也越来越丰富，支撑这些业务的数据中心规模急速增长。当前，谷歌、微软、腾讯等互联网公司的数据中心都达到上万台物理服务器的量级。在此形势下，传统数据中心网络架构已经难以支撑企业、市场发展的需求。因此，在数据中心内部使用 SDN 实现高可扩展性，提高网络资源利用率，支持虚拟化、多业务、多租户成了新的发展趋势。

国际上，从 2010 年开始，谷歌在部署 B4 时应用了 SDN 技术架构以及 OpenFlow 南向接口协议交换机，并同时支持基础路由协议和动态流量工程功能。2014 年 4 月，谷歌宣布推出基于 SDN 和 NFV 技术的 Andromeda 虚拟化平台，用于提供、配置和管理虚拟网络以及网络中数据包处理的业务流程点。2014 年 6 月，Facebook 公布了新的开源网络交换技术，包括典型的交换机 Wedge 及基于 Linux 的网络操作系统 FBOSS。

在中国，腾讯公司针对运营中遇到的问题，在其广域网中部署了基于 SDN 的广域网流量调度方案。该调度方案中，分布式的控制层上移形成了集中控制系统。集中控制系统基于全局路由算法、全局路径统一计算、资源合理调度，实现了链路自动调整，节省了带宽租用费用。此外，百度、阿里巴巴等也都在其数据中心中创新性地使用了 SDN 技术。

（2）针对运营商网络场景的创新应用

随着 SDN 在数据中心的成功应用，越来越多的电信运营商开始"全力拥抱"SDN/NFV，新一代的基于软件化的运营商网络成了新的趋势。SDN 已经在移动核心网、移动回传网、数据中心中得到了小规模的部署和验证，众多运营商也陆续发布了一系列的愿景和计划。

其中，美国运营商 AT&T 提出的 Domain 2.0 计划迈出了运营商网络软件化转型的第一步。到目前为止，AT&T 已经发布了一个基于 SDN 的产品服务，这个服务使用户可以自己来添加或改变网络服务类型。

中国运营商也在软件化网络和数据中心云化方面进行了积极的探索。例如，中国联通在 2015 年 9 月发布了新一代网络架构 CUBE-Net 2.0 白皮书，将基于 SDN、云和超宽带技术实现网络重构，从 3 个维度来诠释构建以数据中心为核心的网络。中国移动则在 2015 年正式推出下一代革新网络 NovoNet，旨在通过融合新的技术手段，构建可全局调度资源、网络能力完全开放的新一代网络。

（3）实现产业界大规模商用部署

随着 SDN 技术的不断成熟和小规模成功部署，国外 SDN 技术已经逐渐步入商业化发展模式，国际"巨头"纷纷加入 SDN 的研究和加大投入。传统的电信运营商、芯片制造商以及 IT 公司都积极推出其自身的 SDN 产品，商业化气息浓厚，以谷歌为代表的互联网巨头在其数据中心部署 SDN 产品，正式进入其产业化发展轨道。与此同时，互联网设备和软件供应商都致力于将 SDN 产品作为其下一代产品的战略布局，为迎接新的网络架构，占领全球市场，不断完善自身产品线和解决方案。

根据调研公司 IHS 的调查报告，从 2016 年开始 SDN 的部署呈现飙升的趋势。仅通过一年时间，SDN 在云服务提供商和电信运营商的数据中心中的部署比例从 2015 的 20%提高到 60%，同时 SDN 的企业采用率也有 17%左右的提高。2019 年，应用于数据中心和企业局域网 SDN 领域的以太网交换机和控制器收入达到 122 亿美元，其中以太网交换机占 82 亿美元，控制器占 40 亿美元。

1.3　SDN 标准化组织

1.3.1　ONF

ONF 是一个非营利性的产业联盟，成员包括德国电信、NTT、Facebook、谷歌、微软、Verizon 和雅虎等。其宗旨在于推动 SDN 和规范 OpenFlow 协议与相关技术，以促进互联网的进步。

ONF 首次对 SDN 下了定义，指出 SDN 是一种新型的网络架构，其设计理念是将网络的控制平面与数据平面进行分离，并实现可编程化控制。

从中可以看出 SDN 的三大特征：控制和转发分离、网络控制集中、网络开放与可编程。

ONF 的发展经历了 3 个阶段。

2011—2016 年，ONF 从美国斯坦福大学和加州大学伯克利分校拆分出来，致力于 SDN 和 OpenFlow 技术与标准。ONF 标准化了 OpenFlow 协议，支持网络控制平面和数据平面分离，从而支持多供应商 SDN 实现。

2017—2021 年，运营商希望推动行业更快地向 SDN 发展，为了加快进度并证明这是可能的，运营商和一些供应商合作为 ONF 工程团队提供资金，ONF 构建了由几家一级运营商部署的平台。

2022 年至今，ONF 的平台已经得到验证和部署，ONF 专注于扩大采用范围和建立开发人员社区。不断扩大的 ONF 社区正在将开源的力量带入网络，扩大了 ONF 的影响力。

1.3.2　IETF

因特网工程任务组（Internet Engineering Task Force，IETF）是一个公开性质的大型民间国际团体，汇集了与互联网架构和互联网顺利运作相关的网络设计者、运营者、投资人和研究人员，并欢迎所有对互联网行业感兴趣的人参与。

IETF 成立于 1985 年底，是全球互联网最具权威性的技术标准化组织，主要任务是负责互联网相关技术规范的研发和制定，当前绝大多数国际互联网技术标准出自 IETF。

IETF 大量的技术性工作均由其内部的各种工作组（Working Group，WG）承担和完成。这些工作组依据各项不同类别的研究课题而组建。在成立工作组之前，先由一些研究人员通过邮件组自发地对某个专题展开研究，当研究较为成熟后，可以向 IETF 申请成立兴趣小组（Birds of a Feather，BOF）开展工作组筹备工作。筹备工作完成后，经过 IETF 上层研究认可后，即可成立工作组。工作组在 IETF 框架中展开专项研究，有路由、传输、安全等专项工作组，任何对相应技术感兴趣的人都可以自由参与讨论，并提出自己的观点。各工作组有独立的邮件组，工作组成员通过邮件互通信息。IETF 每年举行 3 次会议，规模均在千人以上。

1.3.3　ITU–T

国际电信联盟电信标准分局（ITU Telecommunication Standardization Sector，ITU-T）是国际电信联盟管理下的专门制定电信标准的分支机构。该机构创建于 1993 年，前身是国际电报电话咨询委员会（CCITT，是法语 Comité Consultatif International Téléphonique et Télégraphique 的缩写，英文全称是 International Telegraph and Telephone Consultative Committee），总部设在瑞士日内瓦。

历史上，ITU-T 的建议在每 4 年一次的全会（Plenary Assembly）中正式通过，建议的全集在每次全会后出版，并以每次建议集的封面颜色来命名。

由 ITU-T 制定的国际标准通常被称为建议（Recommendation）。由于 ITU-T 是 ITU 的一部分，而 ITU 是联合国下属的组织，所以由该组织提出的国际标准比其他组织提出的类似的技术规范更正式一些。

和 IETF、3GPP 等不同，ITU-T 发布的协议不是开放的，除草案和研究阶段的文本外，一般不提供免费下载服务。ITU-T 发布的建议通常有类似 X.500 的名字，其中 X 是系列名，500 是系列号。

1.3.4 ETSI

欧洲电信标准组织（European Telecommunications Standards Institute，ETSI）是独立的非营利性的欧洲地区性信息与通信技术（Information and Communication Technology，ICT）标准化组织，涉及的技术包括电信、广播等领域的相关技术，例如智能传输和医用电子技术。

ETSI 创建于 1988 年，总部位于法国的索菲亚-安蒂波利斯市（Sophia Antipolis）。ETSI 现有来自欧洲和其他地区共 60 个国家和地区的 850 多名成员，其中包括制造商、网络运营商、政府、服务提供商、研究实体以及用户等 ICT 领域内的重要成员。ETSI 对世界 ICT 标准化工作做出了贡献，在制定一系列标准和其他技术文件的过程中起到十分重要的作用。互用性测试服务和其他专门服务共同构成了 ETSI 的活动。ETSI 的首要目标是通过提供一个重要成员都能积极参与其中的论坛支持全球融合。

ETSI 的宗旨是贯彻欧洲邮电管理委员会（Confederation of European Posts and Telecommunications，CEPT）和欧洲共同体委员会（Commission of the European Community，CEC）确定的电信政策，满足市场各方面及管制部门的标准化需求，实现开放、统一、竞争的欧洲电信市场而及时制定高质量的电信标准，以促进欧洲电信基础设施的融合；确保欧洲各电信网间互通；确保未来电信业务的统一；实现终端设备的相互兼容；实现电信产品的竞争和自由流通；为开放和建立新的泛欧电信网络和业务提供技术基础；为世界电信标准的制定做出贡献。

第2章
SDN 基本原理

SDN 将控制平面和数据平面分离，革新了网络体系结构。在 SDN 架构中，控制平面通过控制/转发通信接口对网络设备进行集中控制，网络设备通过接收控制信令生成转发表，并据此决定数据流量的处理，不再需要使用复杂的分布式网络协议来进行数据转发。本章首先介绍 SDN 的概念，然后介绍 SDN 的体系架构，最后介绍 SDN 工作原理。

本章的主要内容是：

（1）SDN 的特征；

（2）SDN 的体系架构；

（3）SDN 的工作原理。

2.1　SDN 的概念

SDN 是一种网络设计理念，或者是一种推倒重来的设计思想。只要网络硬件支持集中管理软件，可编程化，控制平面与数据平面分开，则可以认为网络是 SDN。狭义的 SDN 是指"软件定义网络"，广义的 SDN 在概念上延伸了，是指软件定义安全、软件定义存储等。

2.1.1　SDN 的定义

SDN 是一种拥有逻辑集中式的控制平面、分布式的数据平面的新网络架构。其数据平面与控制平面分离，控制平面与数据平面之间有统一的开放接口 OpenFlow，通过统一开放南向接口来实现对网络直接进行编程控制。

2.1.2　SDN 的特征

1. 网络开放可编程

SDN 建立了新的网络抽象模型，为用户提供了一套完整的通用 API，使用户可以在控制器上编程实现对网络的配置、控制和管理，从而加快网络业务部署的进程。

2. 控制平面与数据平面的分离

控制平面与数据平面的分离是指控制平面与数据平面的解耦合。分离的控制平面和数据平面之间不再相互依赖，两者可以独立完成体系架构的演进，双方只需要遵循统一的开放接口进行通信即可。控制平面与数据平面的分离是 SDN 架构区别于传统网络体系架构的重要标志，是网络获得更强可编程性的架构基础。

3. 逻辑集中控制

逻辑集中控制是指对分布式网络状态的集中统一管理。在 SDN 架构中，控制器会担负起收集和管理所有网络状态信息的重任。逻辑集中控制为软件编程定义网络功能提供了架构基础，也为网络自动化管理提供了可能。

在这 3 个特征中，控制平面和数据平面的分离为逻辑集中控制创造了条件，逻辑集中控制为网络开放可编程提供了架构基础，而网络开放可编程是 SDN 的核心特征。

2.2　SDN 的体系架构

SDN 是一种数据控制分离、软件可编程的新型网络体系架构，如图 2.1 所示。

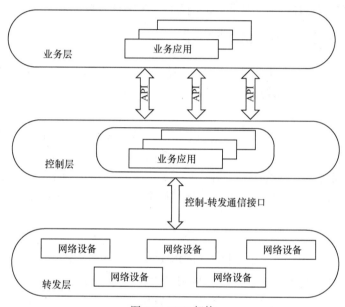

图 2.1　SDN 架构

SDN 采用了集中式的控制平面和分布式的数据平面，两个平面相互分离。控制平面利用控制-转发通信接口对数据平面上的网络设备进行集中控制，并提供灵活的可编程性，具备以上特征的网络架构都可以被认为是广义的 SDN。

在 SDN 架构中，控制平面通过控制-转发通信接口对网络设备进行集中控制，这部分控制信令的流量发生在控制器与网络设备之间，独立于终端间通信产生的数据流量。网络设备通过接收控制信令生成转发表，并据此决定数据流量的处理，不再需要使用复杂的分布式网络协议来进行数据转发，如图 2.2 所示。

SDN 与传统网络的最大区别就在于它可以通过编写软件的方式来灵活定义网络设备的转发功

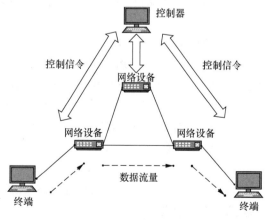

图 2.2　SDN 的数据控制分离

能。在传统网络中，控制平面功能是分布式地运行在各个网络节点（集线器、交换机、路由器）中的，因此新型网络功能的部署需要所有相应网络设备的升级，导致网络创新往往难以落地。而SDN 将网络设备的控制平面与数据平面分离，并将控制平面集中实现，这样只需要在控制节点进行集中的软件升级，就可以实现快速、灵活地定制网络功能。

另外，SDN 体系架构还具有很强的开放性，它通过对整个网络进行抽象，为用户提供完备的编程接口，使用户可以根据上层的业务与应用个性化地定制网络资源来满足其特有的需求。由于其开放可编程的特性，SDN 有可能打破某些厂商对设备、协议以及软件等方面的垄断，从而使更多的人可以参与到网络技术的研发工作中来。

需要明确的是，SDN 并不是某一种具体的网络协议，而是一种网络体系架构，这种架构中可以包含多种接口协议。如使用 OpenFlow 等南向接口协议实现 SDN 控制器与 SDN 交换机的交互，使用北向 API 实现业务应用与 SDN 控制器的交互。这样就使得基于 SDN 的网络架构更加系统化，具备更好的感知与管控能力，从而推动网络向新的方向发展。

2.2.1 ONF 定义的 SDN 架构

ONF 定义的 SDN 架构由 4 个平面组成，即数据平面、控制平面、应用平面以及管理平面。各平面之间使用不同的接口协议进行交互。

1. 数据平面

数据平面由若干网元（Network Element）构成，每个网元可以包含一个或多个 SDN 数据路径。SDN 数据路径是逻辑上的网络设备，它没有控制能力，只是单纯用来转发和处理数据，它在逻辑上代表全部或部分的物理资源。如图 2.3 所示，一个 SDN 数据路径包含控制数据平面接口（Control-Data-Plane Interface，CDPI）代理、转发引擎（Forward Engine）和处理功能（Processing Function）模块 3 部分。

2. 控制平面

控制平面即图 2.3 所示的 SDN 控制器（SDN Controller），SDN 控制器是一个逻辑上集中的实体，它主要负责两个任务，一是将 SDN 应用层请求转换到 SDN 数据路径，二是为 SDN 应用（SDN Application）提供底层网络的抽象模型（可以是状态、事件）。一个 SDN 控制器包含北向接口（Northbound Interface，NBI）代理、SDN 控制逻辑（Control Logic）以及 CDPI 驱动 3 部分。SDN 控制器只要求逻辑上完整，因此它可以由多个控制器实例协同组成，也可以是层级式的控制器集群。从位置上来讲，既可以是所有控制器实例在同一位置，也可以是多个实例分散在不同的位置。

3. 应用平面

应用平面由若干 SDN 应用构成，SDN 应用是用户关注的应用程序，它可以通过北向接口与SDN 控制器交互，即这些应用能够通过可编程方式把需要请求的网络行为提交给 SDN 控制器。一个 SDN 应用可以包含多个 NBI 驱动（使用多种不同的北向 API），同时 SDN 应用也可以对本身的功能进行抽象、封装来对外提供 NBI 代理，封装后的接口就形成了更高级的 NBI。

4. 管理平面

管理平面着重负责一系列静态的工作，这些工作比较适合在应用平面、控制平面、数据平面外实现，比如对网元进行配置、指定 SDN 数据路径的控制器，同时负责定义 SDN 控制器以及 SDN 应用能控制的范围。

ONF 所定义的 SDN 架构最突出的特点就是标准化的南向接口协议，它希望底层网络设备都能实现标准化的接口协议，这样控制平面和应用平面就不再依赖于底层具体厂商的交换设备。控制平面可以使用标准的南向接口协议来控制底层数据平面的设备，从而使实现了这套标准化南向接口协议的设备都可以进入市场并投入使用。交换设备生产厂商可以专注于底层的硬件设备，甚至交换设备能够逐步向白盒化的方向发展。

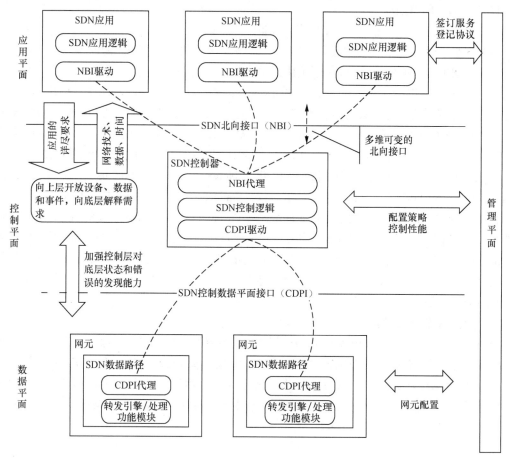

图 2.3　ONF 提出的 SDN 架构

2.2.2　IETF 定义的 SDN 架构

IETF 作为传统的标准化组织，其定义的 SDN 架构的特性包括：开放北向 API，强化设备控制面的功能，注重设备的可编程性。由此为用户提供很大的创新空间。SDN 架构在部署上的主要优点是：基于现网演进，支撑协议包括但不限于 OpenFlow。

1. XML-based SDN

XML-based SDN 由网络配置协议（Network Configuration Protocol，NETCONF）提供安装、操作和删除网络设备配置的机制。NETCONF 使用基于可扩展标记语言（Extensible Markup Language，XML）的数据编码配置数据以及协议消息，使用远程过程调用（Remote Procedure Call，RPC）来实现，比 SNMP 更优。

2. I2RS

I2RS 抽象出一个网络服务抽象层并使用 YANG 建模语言利用或扩展现有模型，从而实现路由信息库可编程。其提供了一个标准接口，沿用传统设备中的路由、转发等的结构与功能，通过一系列基于协议的控制或管理接口与路由系统进行实时交互或事件驱动的交互。

2.2.3　Overlay 网络架构

1．Overlay 网络组成

（1）边缘设备：指与虚拟机直接相连的设备。

（2）控制平面：主要负责虚拟隧道的建立、维护以及主机可达性信息的通告。

（3）数据平面：承载 Overlay 报文的物理网络。

　　Overlay 技术可以分为网络 Overlay、主机 Overlay 和混合式 Overlay 三大类。网络 Overlay 是指通过控制协议对边缘网络设备进行网络构建和扩展，也就是本书所讲的 Overlay 网络技术。Overlay 网络技术多种多样，一般有 TRILL、NVGRE、STT、VXLAN 等隧道技术。多链路透明互联（Transparent Interconnection of Lots of Links，TRILL）技术是电信设备厂商主推的新型环网技术；使用通用路由协议封装的网络虚拟化（Network Virtualization using Generic Routing Encapsulation，NVGRE）、无状态传输隧道协议（Stateless Transport Tunneling Protocol，STT）是 IT 厂商主推的 Overlay 技术；虚拟可扩展局域网（Virtual eXtensible LAN，VXLAN）是大家非常熟悉的。这些都是新增的协议或技术，均需要升级现有网络设备才能支持。Overlay 网络中应用部署的位置将不受限制，网络设备可即插即用、自动配置下发、自动运行。当 Overlay 网络业务发生变化时，基础网络不感知，且对传统网络改造极少，最为重要的是虚拟机和物理服务器都可以接入 Overlay 网络中。

2．Overlay SDN 架构

　　Overlay SDN 架构的核心思想是网络虚拟化，将网络服务与底层的物理网络设备解耦，架空物理网络，通过纯软件创建虚拟机之间的 L2VPN，实现以软件可编程的标准化方式统一管控灵活叠加的虚拟网络，以软件方式实现业务快速变化的诉求，满足业务的快速上线和持续创新。其主要技术包括网络边缘控制器（NVP）和 Overlay 技术（Open vSwitch），该架构承载于 IP 网络之上，因此只要 IP 地址可达，即可部署。

2.3　SDN 工作原理

　　SDN 的核心思想就是分离控制平面与数据平面，并使用集中式的控制器来完成网络的可编程任务，控制器通过北向接口和南向接口协议分别与上层应用和下层网络设备实现交互。正是这种集中式控制和数据控制分离（解耦）的特点使 SDN 具有了强大的可编程性，这种强大的可编程性使网络能够真正地被软件定义，达到简化网络运维、灵活管理调度的目标。同时为了使 SDN 能够实现大规模的部署，需要通过东西向接口协议支持多控制器间的协同。

2.3.1　控制平面与数据平面的解耦

　　解耦是指将控制平面和数据平面进行分离，主要是为了解决传统网络中控制平面和数据平面在紧耦合上导致的问题。解耦后控制平面负责上层的控制决策；数据平面负责数据的交换转发，两个平面不相互依赖，双发只需遵循一定的开放接口即可进行通信。

　　解耦带来了一些问题与挑战，如下。

（1）控制平面的服务能力可能成为网络性能的瓶颈，而解决的办法之一就是在控制平面上布置多个分布式的控制器。

（2）多控制器之间如何交互路由信息，如何保持分式网络状态节点的一致性。

（3）由于控制平面在远端，控制平面的响应延迟，导致数据平面的可用性问题。

总体来说，控制平面与数据平面的解耦实现了网络的逻辑集中控制。从发展的角度来看，解耦后两个平面可以独立完成体系架构与技术发展的演进，有利于网络新技术的发展。

2.3.2　网络能力的抽象

SDN 借鉴了计算机系统的抽象技术，从用户的视角来看，可以把网络看成一个类似计算机操作系统的分层系统。

在各层上进行进一步的抽象，主要实现了 3 种类型的抽象。

1. 转发抽象

转发抽象是指将数据平面抽象为通用的转发模型，比如 OpenFlow 的交换机模型。转发行为与硬件无关，可将各种转发表如介质访问控制（Medium Access Control，MAC）表、路由表、多协议标记交换（Multi-Protocol Label Switching，MPLS）标签表、访问控制列表（Access Control List，ACL）等抽象为统一的流表。

2. 分布状态抽象

控制层将设备的分布状态抽象成全局的网络视图从而实现逻辑的集中控制。抽象功能具体可通过网络操作系统（Network Operating System，NOS）来实现，主要有两方面功能：一是实现下发控制命令；二是通过手机设备和链路状态，为上层应用提供全局网络视图。

3. 配置抽象

配置抽象是指应用层对网络行为的表达可以通过网络编程语言来实现，用户或者应用程序可以基于简化抽象模型，将抽象配置映射到（为）物理配置。在 SDN 前我们对网络行为的表达主要通过命令行配置或者通过网管协议接口编写简单的脚本来实现。而在 SDN 中可以利用控制器提供的 API 通过 Python、Java、C++等编程语言来实现，而且这种编程是基于控制层提供的全局网络视图而不是基于单个设备。

抽象的思想不仅体现在 ONF 提出的三层网络架构中，在 Overlay 架构中也有抽象的思想。Overlay 网络在 Underlay 的基础上进行了抽象，应用程序不需要关注底层网络的实现细节。

2.3.3　网络可编程

1. 基本概念

网络可编程是 SDN 的另一个重要特征。说到可编程性，首先想到的往往是计算机软件，计算机发展到现在已经衍生出了各种各样的编程语言，包括低级的汇编语言和高级的 C 语言、Java 语言等，同时计算机操作系统为开发人员提供了各种丰富的编程接口和函数库，开发人员通过这些接口和函数库可在计算机操作系统上构建丰富、强大的应用。随着 SDN 的出现，网络可编程性越来越频繁地出现在人们的视野当中。

网络可编程性最初是指网络管理人员可以通过命令行对设备进行配置，后来有了可编程路由器、NetFPGA 等设备，这些设备的可编程性主要是指对设备本身硬件电路级的可编程，即开发人员通过编译代码直接控制这些硬件来实现自己的协议或者功能。这种可编程性是对某台设备而言的，是指一种处于最底层的编程能力，相当于计算机编程语言中汇编等级的低级编程语言，不够灵活、便捷。而 SDN 的网络可编程性是从另外一个角度来看的，传统网络设备需要通过命令行或者直接基于硬件的编译写入来对网络设备进行编程管理，现在管理人员希望有更为高级的编程方式，相当于 Java 等高级语言。管理人员可以通过 SDN 中这种高级的编程能力实现与网络设备的双向交互，通过软件更加方便、灵活地管理网络。这种可编程性是基于整个网络的，而不是基于某台设备的。它是对网络整体功能的抽象，使程序能通过这种抽象来为网络添加新的功能。例如，管理人员可能希望编写一个软件，这个软件能够根据实时的链路负载情况自动配置路由器的转发策略，这就是对网络设备编程能力的一种需求。SDN 很好地满足了这种需求，并体现了网络的可编程性。早在 SDN 出现之前，就有研究人员提出过主动网络的概念，以使网络具有可编程性。

2. SDN 可编程

对上层应用的开发者来说，SDN 的编程接口主要体现在北向接口上。北向接口提供了一系列丰富的 API，开发者可以在此基础上设计自己的应用而不必关心底层的硬件细节，就像目前在 x86 体系的计算机上编程一样，不用关心底层寄存器、驱动等具体的细节。SDN 南向接口用于为控制器和网络设备建立双向会话，通过不同的南向接口协议，SDN 控制器就可以兼容不同的硬件设备，同时可以在设备中实现上层应用的逻辑。SDN 的东西向接口主要用于控制器集群内部控制器实例之间的通信，用于增强整个控制平面的可靠性和可扩展性。SDN 的各层接口及其关系如图 2.4 所示。

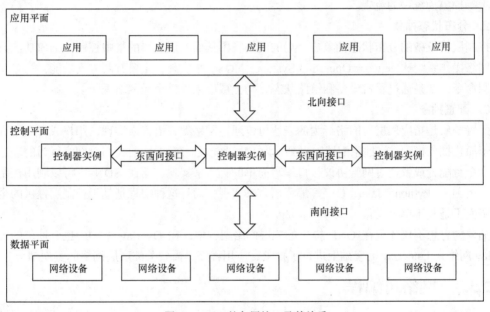

图 2.4　SDN 的各层接口及其关系

（1）SDN 北向接口是上层应用与控制器交互的接口，可以是基于控制器本身提供的各种 API 函数，也可以是现在十分流行的表征状态转移（Representational State Transfer，REST）API。北向接口是直接为上层业务应用服务的，其设计需要密切考虑业务应用的需求，为业务提供底层网络的逻辑抽象和模型。北向接口的设计是否完善会直接影响整个 SDN 的可编程性。虽然现在南向接口已有 OpenFlow 等诸多标准，但是北向接口还缺少一个业界公认的标准，控制器厂商都有各自的北向接口。部分传统的网络设备厂商在其现有设备上提供了可编程接口供业务应用直接调用，也可被视作北向接口的一种形式，目的是在不改变其现有设备架构的条件下提升配置管理灵活性，应对开放协议的竞争。

（2）SDN 南向接口协议是集中式的控制平面和分布式的网络设备之间交互的接口协议，用于实现控制器对底层网络设备的管控。SDN 交换机需要与控制平面进行协同后才能工作，而与之相关的消息都是通过南向接口协议传达的。当前，SDN 中十分成熟的南向接口协议是 ONF 组织倡导的 OpenFlow 协议。OpenFlow 协议使控制平面可以完全控制数据平面的转发行为，同时 ONF 还提出了 OF-CONFIG 协议，用于对 SDN 交换机进行远程配置和管理，其目标都是更好地对分散部署的 SDN 交换机实现集中化管控。OpenFlow 协议作为 SDN 发展的代表性协议，已经获得了业界的广泛支持。同时它也体现了 SDN 的开放性，ONF 希望通过 OpenFlow 协议实现南向接口的标准化，从而解除用户对厂商的锁定，同时希望厂商借此可以专注于提高网络设备的性能。但是由于协议本身不够完善和一些非技术因素，所以 SDN 南向接口协议的标准化进程进展得并不是一帆风顺，很多厂商提出了其他的南向接口协议，其中比较有代表性的有 XMPP、PCEP、I2RS、LISP 等。

（3）SDN 的控制平面可以是分布式的，在这种情况下，就需要一种接口协议来负责控制器实例之间的通信。SDN 东西向接口主要解决了控制器之间物理资源共享、身份认证、授权数据库间协作以及保持控制逻辑一致性等问题，实现了多域间控制信息交互，从而实现了底层基础设施透明化的多控制器组网策略。目前在 SDN 的东西向接口的研究方面，产业界还没有形成统一的标准，学术界更多地是从多种控制器处理机制的异同以及语言效率的角度，抽象出统一的控制器东西向接口协议及其消息封装格式，并在发送和接收控制消息时进行容错率校验和解析，实现基础设施透明的多控制器并存模式下的组网。同时，控制平面全局网络视图构建是 SDN 东西向接口设计必须考虑的关键问题。控制平面能够对全网资源进行统一管理，利用控制平面的这个特性可以动态创建并维护网络全局视图，将网络以最直观的形式呈现给网络管理者，极大地提高网管效率，简化故障定位，降低网管的复杂度，有利于网络管理者基于全局视图进行资源抽象，从而为应用平面提供虚拟化的网络资源。

第3章
SDN 数据平面

数据平面通过交换机识别流表完成数据高效转发。SDN 中的网络设备将数据平面与控制平面完全解耦，所有数据包的控制策略由远端的控制器通过南向接口协议下发，网络的配置管理同样也由控制器完成，这大大提高了网络管控的效率。本章首先介绍数据平面概述，然后介绍 OpenFlow 交换机模型及交换芯片等，最后介绍数据平面编程。

本章的主要内容是：

（1）SDN 数据平面特点；

（2）SDN 交换机流表结构；

（3）数据平面编程语言。

SDN 数据平面

3.1 数据平面概述

在开放系统互连（Open System Interconnection，OSI）和传输控制协议/互联网协议（Transmission Control Protocol/Internet Protocol，TCP/IP）的网络参考模型中，网络层的主要任务是转发和路由选择。所以可以将网络层抽象地划分为数据平面（也称为转发平面）和控制平面，数据平面决定到达路由器输入链路的数据包（即网络层分组）如何转发到该路由器的输出链路（某一条或某些链路）上。每台网络路由器具有一个关键元素——转发表（Forwarding Table），路由器根据到达的分组的首部字段值，使用其某种查找算法，从查找表中找到对应的输出链路，从而将分组转发到该输出链路。转发是数据平面实现的功能，而路由选择是控制平面实现的功能。

3.1.1 传统网络数据平面

传统网络设计遵循 OSI 的 7 层模型，网络交换设备包括工作在第二层（链路层）的交换机和工作在第三层（网络层）的路由器。交换机可以识别数据分组中的 MAC 地址，并基于 MAC 地址来转发数据分组；路由器可以识别数据分组中的 IP 地址，并基于 IP 地址来转发数据分组和实现路由。

图 3.1 为传统网络设备内部控制平面和数据平面的架构示意图，不难看出传统网络设备的两个平面一开始就是分离的。两者设计的区别在于：因为控制平面要完成更多复杂的功能，所以经常要运行在网络节点中可编程性良好的通用处理器上，而数据平面需要保证高的交换能力和转发能力，因此，通常运行在网络节点中具备高速硬件转发能力的线卡上。两者一般通过高速总线互

联，在有些设备中也通过专门的光纤互联，以保证高速连接。所以从这个架构我们就可以看出，虽然传统网络设备中的控制平面和数据平面集成在了同一个设备内，但是它们实质上是相互分离的，即物理上是耦合的，逻辑上是分离的。控制平面通过网络操作系统和底层软件，生成、维护交换设备内部的转发表，并实现对网络的配置管理。数据平面通过硬件转发芯片对数据分组进行高速转发，基本功能主要包括转发决策、背板转发以及输出链路调度等。

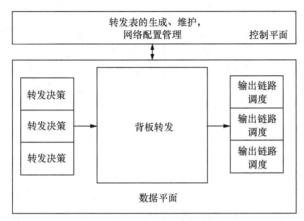

图 3.1　传统网络设备内部控制平面和数据平面的架构示意图

1. 转发决策

无论是交换机还是路由器，工作原理都是在端口收到数据分组时，将数据分组中的目的地址与设备自身存储的 MAC 地址表或者路由表进行匹配，从而确定数据分组转发的端口。表项匹配的工作是由交换设备中的交换芯片来实现的。

2. 背板转发

交换机通过背板把各个端口连接起来，数据分组经过转发决策后，经过背板从输入端口转发到输出端口。背板的交换结构有 3 种。

（1）共享内存结构

最简单、最早的路由器采用的就是共享内存结构。这种结构依赖转发引擎来提供全端口的高性能连接。分组到达端口后引发中断，路由选择处理器将分组复制到内存中，然后提取数据进行处理，选择输出端口，最后将分组复制到对应的输出端口内存中。许多现代路由器通过内存进行交换，和早期路由器的区别是，目的地址的查找和将分组存储进行适当的内存处理是通过输入线卡处理的。这种结构需要很大的内存，随着交换机端口的增加，内存会成为性能实现的瓶颈。

（2）共享总线结构

共享总线结构中没有交换芯片，通过共享总线进行各线卡之间的数据传递，从输入端口转发到输出端口，不需要处理器的干预。让输入端口预先为分组分配一个交换机内部标签来指示本地输出端口，然后分组在总线上传送并传输到该端口。该分组的输出端口都能收到分组，但是只有和标签匹配的端口才能保存该分组。之后标签在输出端口被去除，标签仅用于分组在交换机内部跨越总线。但是共享总线结构存在总线竞争，由于一次只有一个分组能够跨越总线，且每个分组必须跨过单一总线，各线卡分时占用背板总线，导致这种类型的背板交换容量受到总线速率的限制。共享总线结构只适用于小型局域网和企业网中的路由器。

（3）互联网络交换结构

互联网络交换结构内部是一个互联网络（由 2N 条总线组成的互联网络），形成纵横式网络，它能够并行转发多个分组，是非阻塞的，只要没有其他分组当前被转发到输出端口，转发到输出端口的分组就不会被到达输出端口的分组阻塞。然而，如果来自两个不同输入端口的两个分组的目的地为相同输出端口，另一个分组必须在输入端口等待。

3. 输出链路调度

各个端口针对接收线路和发送线路各有一个缓冲队列，当数据分组发往交换机时，发出的数据分组暂存在交换机的接收队列中，然后等待下一步处理。如果交换机决定把接收的数据分组发送给某个终端，这时候交换机把要发送的数据分组发往该接收终端所在端口的发送队列，然后发送到接收终端，如果终端忙则数据分组一直存储在发送队列中。

传统网络中控制平面和数据平面的高度耦合导致网络控制平面管理的复杂化，也使得网络控制平面的新技术的更新和发展很难直接部署在现有网络上，灵活性和可扩展性很难适应网络的飞速发展。

3.1.2　SDN 数据平面

SDN 的核心思想是将数据平面与控制平面分离以及提供开放的编程接口，其数据平面架构如图 3.2 所示。不同于传统的网络设备，应用于 SDN 中的网络设备将数据平面与控制平面完全解耦，所有数据包的控制策略由远端的控制器通过南向接口协议下发，网络的配置管理同样也由控制器完成，这大大提高了网络管控的效率。

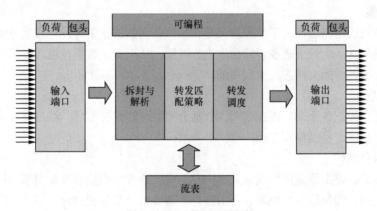

图 3.2　SDN 数据平面架构

在 SDN 中，交换设备只保留数据平面，专注于数据分组的高速转发，降低了交换设备的复杂度。就这个意义来说，SDN 中交换设备不再有二层交换机、路由器、三层交换机之分，基本功能仍然包括转发决策、背板转发、输出链路调度，但在功能的具体实现上与传统网络的交换设备有所不同。

1. 转发决策

支持 OpenFlow 南向接口协议的 SDN 交换设备首先用流表代替传统网络设备二层和三层转发表，流表中的每个表项代表了一种流解析以及相应处理动作。数据分组进入 SDN 交换机后，先与流表进行匹配查找,若与其中一个表项匹配成功则执行相应处理动作,若无匹配项则上交控制器,由其决定处理决策。这些流程依旧需要依赖网络设备内的交换芯片实现。

2. 背板转发

目前 SDN 应用最广泛的场景是数据中心，其对交换机数据交换速率的要求相对较高。不过就目前的网络设备来说，设备的速率瓶颈点主要还是在交换芯片上，背板提供满足要求的交换速率没有太大的问题。

3. 输出链路调度

正常情况下，数据分组发往交换机某个端口或准备从交换机某个端口发出时，均需在端口队列中等待处理。而支持服务质量（Quality of Service，QoS）的交换机则可能要对报文根据某些字段进行分类以使其进入有优先级的队列，对各个队列进行队列调度以及修改报文中的 QoS 字段以形成整个链路的有机处理流程等。支持 OpenFlow 协议的 SDN 交换机对 QoS 的支持主要有基于流表项设置报文入队列、根据计量（Meter）进行限速、基于计数器（Counter）进行计费、基于组（Group）的选择（Select）功能进行队列调度等。

3.2　OpenFlow 交换机模型

3.2.1　OpenFlow 概述

OpenFlow 协议用来描述控制器和交换机之间交互所用信息的标准，以及控制器和交换机的接口标准。协议的核心部分是用于 OpenFlow 协议信息结构的集合。

在 SDN 架构中，控制平面与数据平面分离，网络的管理和状态在逻辑上集中到一起，底层的网络基础从应用中独立出来，由此，网络获得前所未有的可编程、可控制和自动化能力。这使用户可以很容易根据业务需求，建立高度可扩展的弹性网络。要实现 SDN 的数控分离架构，就需要在控制平面与数据平面之间建立一个通信接口。OpenFlow 标准协议允许控制器直接访问和操作网络设备的数据平面，这些设备可以是物理设备，也可以是虚拟的路由器或者交换机。数据平面则采用基于流的方式进行转发。OpenFlow 协议架构示例如图 3.3 所示。

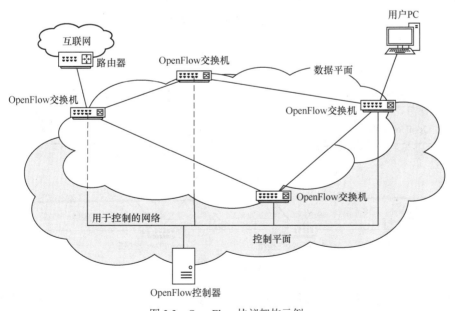

图 3.3　OpenFlow 协议架构示例

整个 OpenFlow 协议架构由 OpenFlow 控制器（OpenFlow Controller）、OpenFlow 交换机（OpenFlow Switch）、安全信道（Secure Channel）以及 OpenFlow 表项组成。OpenFlow 控制器位于 SDN 架构中的控制平面，用于对网络进行集中控制，实现控制平面的功能；OpenFlow 交换机负责数据的转发，通过安全信道与控制器进行消息交互，实现表项下发、状态上报等功能。以往的二层交换机采用以太网地址和虚拟局域网（Virtual Local Area Network，VLAN）标签进行交换处理，而 OpenFlow 作为构建网络的标准规范，将各数据包（或帧）持有的以太网地址、VLAN 标签、IP 地址、TCP 端口号、用户数据协议（User Datagram Protocol，UDP）端口号等特征作为流来处理，在此基础上进行交换，并可以灵活设置路由的路径。

3.2.2　OpenFlow 交换机功能架构

OpenFlow 交换机由 OpenFlow 表项、安全信道和 OpenFlow 协议 3 部分组成。OpenFlow 表项为 OpenFlow 交换机的关键组成部分，由安全信道下发来实现控制平面对数据平面的控制。

安全信道是连接 OpenFlow 交换机和 OpenFlow 控制器的接口。OpenFlow 控制器通过这个接口控制和管理 OpenFlow 交换机，同时 OpenFlow 控制器接收来自 OpenFlow 交换机的事件并向 OpenFlow 交换机发送数据包。OpenFlow 交换机和 OpenFlow 控制器通过安全信道进行通信，而且所有的信息必须遵循 OpenFlow 协议规定的格式。

OpenFlow 交换机主要有下面两种。

- OpenFlow-Only Switch：仅支持 OpenFlow 转发。
- OpenFlow-Hybrid Switch：既支持 OpenFlow 转发，也支持普通二三层转发。

OpenFlow 数据平面网络的构建有 3 种方式。

- Hop-by-Hop 方式。OpenFlow 交换机之间的数据平面直接进行物理连接的方式就是 Hop-by-Hop 方式，如图 3.4 所示，图中实线表示实际连接，虚线表示逻辑通信范围。它的优点有：OpenFlow 交换机的数据平面直接互相连接，能够实现高速处理，判断何处出现故障时考虑的因素较少等。

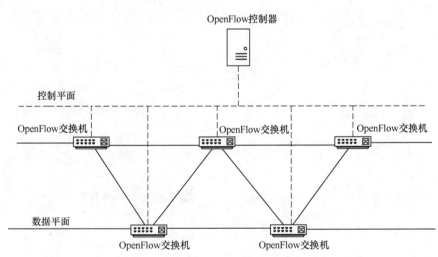

图 3.4　Hop-by-Hop 方式

- 覆盖方式。在难以直接连接各 OpenFlow 交换机的环境中，可采用覆盖方式导入 OpenFlow。该方式采用 IP 通道等技术构建用于数据平面的覆盖网络。如图 3.5 和图 3.6 所示，OpenFlow 交换机和个人计算机（Personal Computer，PC）作为虚拟服务器在同一台物理服务器内运行。各

OpenFlow 交换机通过 IP 通道相互连接。

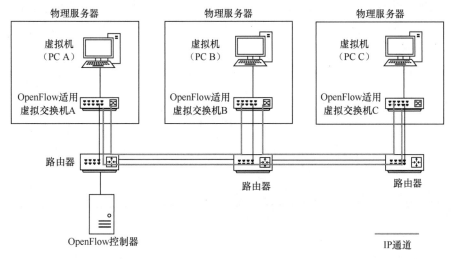

图 3.5 覆盖方式的物理网络拓扑

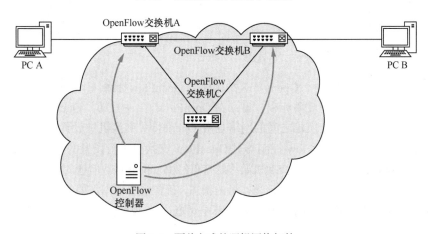

图 3.6 覆盖方式的逻辑网络拓扑

Hop-by-Hop 方式与覆盖方式相比,前者通常要求重新为数据平面准备专用的网络,而后者则具有同时使用现有网络和 OpenFlow 网络的优点。但另外,由于覆盖方式以封装(Encapsulation)为前提,因此其具有处理性能低于 Hop-by-Hop 方式、最大传输单元(Maximum Transmission Unit,MTU)较小的缺点。

● 混合方式。Hop-by-Hop 方式与覆盖方式的组合就称为混合方式,如图 3.7 所示。这种方式的特征就是可以根据需要,在各个位置采用最佳方式构建 OpenFlow 网络。

说明:混合方式是指数据平面构建方式——Hop-by-Hop 方式和覆盖方式的混合,与之前提到的既有传统二层转发功能又有 OpenFlow 转发功能的"混合交换机"(OpenFlow-Hybrid Switch)无关。

OpenFlow 是一种集中控制模型,由名为 OpenFlow 控制器的服务器对 OpenFlow 网络中的交换机的转发表进行设置。由此 OpenFlow 交换机彻底实现了单一的功能,就是单纯地反映 OpenFlow 控制器所下发的信息。

OpenFlow 交换机启动后,即可与 OpenFlow 控制器建立连接,我们将该连接称为"OpenFlow

信道"。连接是从 OpenFlow 交换机向 OpenFlow 控制器建立的。OpenFlow 控制器等待来自 OpenFlow 交换机的连接，如果确认对方属于可以连接的一方，则通过 OpenFlow 信道建立并保持连接。

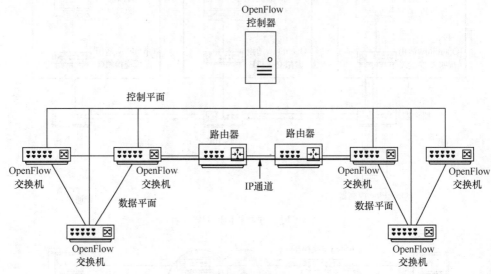

图 3.7　混合方式

说明：在 OpenFlow 1.0 中，OpenFlow 交换机和 OpenFlow 控制器之间的控制平面连接称为"安全信道"，但该连接并非一定要加密，因此在 OpenFlow 1.1 中改为"OpenFlow 信道"。

数据平面的 OpenFlow 交换机之间的网络是由 OpenFlow 交换机中设置的流表项来进行控制的，因此网络设置采用由 OpenFlow 控制器对 OpenFlow 交换机进行设置的形式来完成。

OpenFlow 控制器和 OpenFlow 交换机始终维持着经由 OpenFlow 信道的 TCP 连接，这是为了让 OpenFlow 控制器能够监测 OpenFlow 交换机的状态，确保能够根据需要发出指令。OpenFlow 控制器用于对整个 OpenFlow 网络进行集中管理，而不是对 OpenFlow 交换机的每个动作逐一发出指令。

说明：OpenFlow 交换机与 OpenFlow 控制器建立连接后，有时也会由 OpenFlow 控制器完成 OpenFlow 网络的拓扑检测。

OpenFlow 控制器预设好"何种情况下应该如何处理"，并将这些预设下发到 OpenFlow 交换机中。打个比方，OpenFlow 控制器就如同人的"大脑"，OpenFlow 交换机就如同人的"四肢"。"大脑"给"四肢"下达指令后，"四肢"就依照"大脑"的指令执行，并形成"肌肉记忆"，以后不需要"大脑"重复下达指令即可自行执行。

一个 OpenFlow 交换机可以有若干个 OpenFlow 实例，每个 OpenFlow 实例可以单独连接 OpenFlow 控制器，相当于一台独立的 OpenFlow 交换机，根据 OpenFlow 控制器下发的流表项指导流量转发，如图 3.8 所示。OpenFlow 实例使得一个 OpenFlow 交换机同时被多组 OpenFlow 控制器控制成为可能。

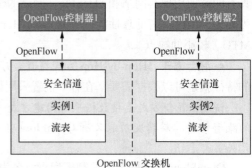

图 3.8　OpenFlow 交换机实例

3.2.3　流表

狭义的 OpenFlow 流表是指 OpenFlow 单播表项，广义的 OpenFlow 流表则包含所有类型的 OpenFlow 表项。OpenFlow 通过用户定义的流表来匹配和处理报文。所有流表项被组织在不同的流表（Flow Table）中，在同一个流表中按流表项的优先级进行先后匹配。一个 OpenFlow 的设备可以包含一个或者多个流表。

OpenFlow 的表项在 1.0 阶段，只有普通的单播表项，也即我们通常所说的 OpenFlow 流表。随着 OpenFlow 协议的发展，更多的 OpenFlow 表项被添加进来，如组表（Group Table）、计量表（Meter Table）等，以实现更多的转发特性以及 QoS 功能。

在 OpenFlow 交换机中，流表负责描述何种数据包要进行何种处理等设置信息，以及执行处理的次数等记录。OpenFlow 交换机可拥有多个流表。

流表项描述的是 OpenFlow 交换机如何处理各种数据包。具体地说，就是可以根据 OpenFlow 交换机的物理端口号等一层相关信息、以太网地址等二层相关信息、IP 地址等三层相关信息、TCP/UDP 等四层相关信息，判断应该将数据包转发至哪个端口还是直接丢弃。在发送数据包之前，还可以更改其首部。

交换机中有多个流表，OpenFlow 1.0 中匹配的流表只有一个，而 OpenFlow 1.1 及以上，数据包可以在各流表中与流表项匹配。流表又包含多个流表项，流表项由以下 3 个基本要素构成。

- 头字段。
- 计数器。
- 行动。

流表项的头字段（Head Field）描述了何种数据包与流表项匹配。计数器（Counter）记录了匹配次数等。行动（Action）则描述了对于匹配的数据包所采取的操作等。我们先考虑 1 个流表的情况。

1. 头字段

各流表项中的头字段描述了该流表项与何种数据包进行匹配。在 OpenFlow 1.0 中，头字段可包括第一层至第四层之间的各层信息。

OpenFlow 1.0 规范中定义的部分头字段如表 3.1 所示。该表未列出的字段基本上不能与数据包进行匹配。

表 3.1　　　　　　　　　　　　　　OpenFlow 1.0 的部分头字段

内容	说明
ingress port	输入端口
Ethernet source address	以太网帧的发送源以太网地址
Ethernet destination address	以太网帧的目标以太网地址
Ethernet type	以太网帧的类型字段
VLAN id	VLAN 标签的 ID（VLAN ID）
VLAN Priority	802.1Q 的 PCP（Priority Code Point）
IP source address	IPv4 头中的发送源地址（可指定网络掩码）
IP destination address	IPv4 头的目标地址（可指定网络掩码）

内容	说明
IP protocol	IPv4 头的协议字段
ToS	IPv4 头的 ToS 字段
Transport source port/ICMP type	采用的协议为 TCP 或 UDP 时，为 TCP/UDP 头的发送源端口号；采用的协议为 ICMP 时，为 ICMP 头的类型
Transport destination port/ICMP code	采用的协议为 TCP 或 UDP 时，为 TCP/UDP 头的目的端口号；采用的协议为 ICMP 时，为 ICMP 头的代码

2. 计数器

流表中包含的计数器用来统计已处理的数据包数量等信息。在 OpenFlow 1.0 中，有以下 4 种计数器。

- 各流表的 Per Table 计数器。
- 各流表项的 Per Flow 计数器。
- 各队列的 Per Queue 计数器。
- 各物理端口的 Per Port 计数器。

在表 3.2 至表 3.5 中，我们总结了各计数器保存的信息。

表 3.2　　　　　　　　　　　Per Table（基于表）计数器

内容	位数
Active Entries（有效表项）	32
Packet Lookups（查表的数据包数）	64
Packet Matches（匹配的数据包数）	64

表 3.3　　　　　　　　　　　Per Flow（基于流）计数器

内容	位数
Received Packets（接收的数据包数）	64
Received Bytes（接收的字节数）	64
Duration（msec）（持续时间，毫秒）	32
Duration（usec）（持续时间，微秒）	32

表 3.4　　　　　　　　　　　Per Queue（基于队列）计数器

内容	位数
Transmit Packets（发送的数据包数）	64
Transmit Bytes（发送的字节数）	64
Transmit Overrun Errors（发送超限错误）	64

表 3.5　　　　　　　　　　　Per Port（基于端口）计数器

内容	位数
Received Packets（接收的数据包数）	64
Transmitted Packets（发送的数据包数）	64
Received Bytes（接收的字节数）	64

续表

内容	位数
Transmitted Bytes（发送的字节数）	64
Receive Drops（丢弃的接收数据包）	64
Transmit Drops（丢弃的发送数据包）	64
Receive Errors（接收错误）	64
Transmit Errors（发送错误）	64
Receive Frame Alignment Errors（接收帧的字节定位错误）	64
Receive Overrun Errors（接收帧的超限错误）	64
Receive CRC Errors（接收帧 CRC 错误）	64
Collisions（冲突）	64

3. 行动

每个流表项中可指定 0 个以上的行动。流表项中指定的行动是针对与流表项匹配的数据包来执行的。如果没有转发数据包的行动，则丢弃数据包。行动需要按照流表项中设置的顺序执行。

OpenFlow 1.0 中定义了如下 4 种行动。

- Forward。
- Drop。
- Enqueue（可选）。
- Modify-Field（可选）。

转发数据包的 Forward 行动和丢弃数据包的 Drop 行动为必备行动。向队列转发数据包的 Enqueue 行动为可选行动。虽然改写数据包内容的 Modify-Field 行动也是可选行动，但是该行动已经成为 OpenFlow 的非常重要的特征，所以事实上可作为必备行动进行处理。纯粹的 OpenFlow 交换机只支持必备行动，而混合的 OpenFlow 交换机则可以同时支持必备行动和 NORMAL 动作。两种交换机都能支持 FLOOD 动作。

（1）Forward 行动

Forward 行动中包含多种动作，OpenFlow 1.0 中的 Forward 行动如表 3.6 所示。

表 3.6　　　　　　　　　　　　　　　Forward 行动

动作名称	必备/可选	说明
—	必备	Forward 行动的基本动作。向指定端口发送数据包
ALL	必备	向已接收过数据包的物理端口以外的所有物理端口发送数据包
CONTROLLER	必备	将 OpenFlow 的数据包封装，并发送至控制器
LOCAL	必备	将数据包发送至交换机本地的网格线（OpenFlow 1.1 及以上的版本明确说明可利用 LOCAL 构建 In-band 控制器连接）
TABLE	必备	执行流表中的动作（仅在 Packet-out 消息中使用该项）
IN_PORT	必备	从数据包输入端口发出数据包
NORMAL	可选	根据传统二层或三层栈的动作完成交换机动作
FLOOD	可选	沿最小生成树（Minimum Spanning Tree）发送数据包，不包括接收数据包的物理端口

在 OpenFlow 规范说明书中，将 Forward 行动标记为 OFPAT_OUTPUT。另外，将 ALL、CONTROLLER、LOCAL、TABLE、NORMAL、IN_PORT、FLOOD 作为表示输出目的地的虚拟端口，分配了如表 3.7 所示的 16bit 的数值。

表 3.7　　　　　　　　　　　　　Forward 行动的虚拟端口一览

虚拟端口（基于 enum 进行声明）	数值（16bit）
OFPP_IN_PORT	0xff8
OFPP_TABLE	0xff9
OFPP_NORMAL	0xffa
OFPP_FLOOD	0xffb
OFPP_ALL	0xffc
OFPP_CONTROLLER	0xffd
OFPP_LOCAL	0xffe
OFPP_NONE	0xfff

Forward 行动是指"向指定的端口发送数据包"的行动。在 OpenFlow 1.0 中，端口号的识别符用 16bit 的数值来表示，物理端口号和虚拟端口号皆可用该字段表示。

例如，将数据包转发至物理端口 1 的动作、将数据包转发至所有物理端口（输入端口除外）的动作（表 3.6 中的 ALL）、将数据包转发至 OpenFlow 控制器的动作（表 3.6 中的 CONTROLLER）分别表示为如下几项。

- 物理端口 1 时：Forward 1。
- ALL 时：Forward 0xfffc（表 3.7 中的 OFPP_ALL）。
- CONTROLLER 时：Forward 0xfffd（表 3.7 中的 OFPP_CONTROLLER）。

根据表 3.7 中虚拟端口的定义，OpenFlow 交换机可使用的物理端口号上限为 OFPP_MAX（0xff00）。因此，在 OpenFlow 规范中，1 台 OpenFlow 交换机可配置 65280 个物理端口（物理端口号从 1 开始）。

（2）Drop 行动

在 OpenFlow 规范中，丢弃数据包的 Drop 行动为必备行动。

需要注意，与 OpenFlow 规范中定义的其他 3 种行动不同，Drop 行动在 OpenFlow 协议中并未明确说明。只有 Drop 行动能丢弃与未指定 Forward 行动的流表项相匹配的数据包。

规范中之所以未明确说明 Drop 行动是因为担心增加 Drop 行动后，行动将变得更加复杂。例如：规范中没有关于行动顺序的规定，但如果明确加入 Drop 行动，则需要对顺序做出规定；在 Output 行动（如果没有指定组行动，报文会按照 Output 行动中指定的端口转发）过程中指定 Drop 行动等不确定性的条件将如何处理。

另外，除 Drop 行动外，在 OpenFlow 规范中还存在明确丢弃特定种类数据包的规范，例如，丢弃在端口设置过程中用于生成树协议（Spanning Tree Protocol，STP）的数据包以及丢弃 IP 碎片等。

（3）Enqueue 行动

OpenFlow 中还定义了用于实现 QoS 等功能的队列支持，也可将多个队列连接至 1 个物理接口。不过 OpenFlow 中并不讨论对各队列进行 QoS 设置的具体方法。

Enqueue 行动是指将数据包转发至现有的已设定的队列中，如图 3.9 所示。Enqueue（入队），顾名思义，就是在等待队列的末尾添加数据包。

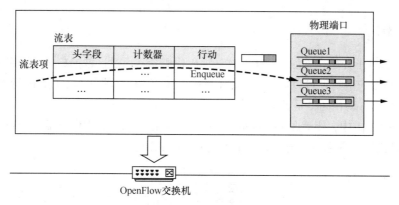

图 3.9　Enqueue 行动

Enqueue 行动并非必备行动，从 OpenFlow 1.1 开始，Enqueue 行动改名为 Set-Queue 行动。

（4）Modify-Field 行动

在 OpenFlow 规范中，Modify-Field 虽然是可选行动，但它属于 OpenFlow 非常重要的特征。OpenFlow 1.0 规范中定义的 Modify-Field 行动一览如表 3.8 所示。

表 3.8　Modify-Field 行动

行动名称	数据长度/bit	说明
Set VLAN ID	12	存在 VLAN ID 时，使用指定的 VLAN ID 进行覆盖。不存在 VLAN ID 时，按照优先级为 0 进行添加
Set VLAN Priority	3	存在 VLAN ID 时，使用指定的数值覆盖优先级。不存在 VLAN ID 时，按指定的优先级数值添加 VLAN ID
Strip VLAN header	—	存在 VLAN 头时将其删除
Modify Ethernet source MAC address	48	使用新的数值覆盖以太网的发送源以太网地址
Modify Ethernet destination MAC address	48	使用新的数值覆盖以太网的目标以太网地址
Modify IPv4 source address	32	使用新的数值覆盖 IP 的发送源 IP 地址，如果需要，也修正 IPv4 头中包含的校验和。根据需要修正 TCP 和 UDP 头的校验和
Modify IPv4 destination address	32	使用新的数值覆盖 IP 的目标 IP 地址，如果需要，也修正 IPv4 头中包含的校验和。根据需要修正 TCP 和 UDP 头的校验和
Modify IPv4 ToS bits	6	使用新的数值覆盖 IP 的 ToS 字段。请注意，构成 IPv4 头的 ToS 字段长度为 8bit，而此处的 ToS 字段仅指高 6 位
Modify transport source port	16	覆盖 TCP/UDP 的发送源端口号。如果需要，修正 TCP/UDP 头的校验和
Modify transport destination port	16	覆盖 TCP/UDP 的目标端口号。如果需要，修正 TCP/UDP 头的校验和

需要注意的是，在 OpenFlow 1.0 中，不能执行表 3.8 以外的 Modify-Field 行动。例如，在 OpenFlow 1.1 中已增加了变更 IPv4 头所包含的存活时间（Time to Live，TTL）数值的规定，但在 OpenFlow 1.0 中无法变更。从 OpenFlow 1.1 开始，Modify-Field 行动更名为 Set-Field 行动。

3.2.4 组表

从 OpenFlow 1.1 开始，添加了"组"这一抽象化概念。通过这种抽象化，可将多个端口作为组进行处理。组对应的行动可以通过 Group 行动指定对象组 ID 来执行。Group 行动与 Output 行动、Set VLAN ID 行动相同，是行动类型之一。

在 OpenFlow 1.1 中，组表是 OpenFlow 的构成要素之一。组表中保存了若干条组表项。在各 OpenFlow 交换机中，存在多个流表和 1 个组表（见图 3.10）。

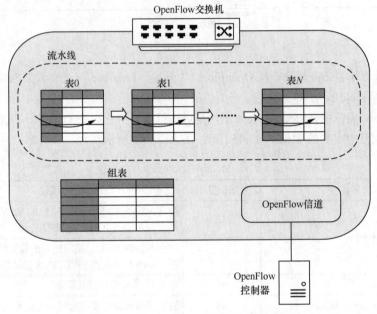

图 3.10　OpenFlow 1.1 交换机的构成要素

如表 3.9 所示，组表项由以下要素构成。

表 3.9　　　　　　　　　　　　　　　　组表项的构成要素

要素	内容
组 ID（32bit）	用于表示组的识别符。依据该识别符使用各组
组类型	用于指定组的行动。分为 all、select、indirect、fast failover 这 4 种
计数器	用于记录通过该组表项处理的数据包数
行动桶（Action Bucket）	组可包含多个行动桶。各行动桶存储了多个执行行动和其对应的参数

各组类型的内容如表 3.10 所示。

表 3.10　　　　　　　　　　　　　　　　组类型

类型	实现	内容
all	必备的	执行组的所有行动桶
select	可选的	执行组内包含的 1 个行动桶
indirect	必备的	仅包含 1 个行动桶
fast failover	可选的	执行第一个"激活"的行动桶

1. all

all 类型组用于实现组播和广播转发，为了各行动桶而创建数据包的副本，并在对应的桶上进行处理。all 类型组的行动示例如图 3.11 所示。在该示例中，OpenFlow 交换机 1 从物理端口 1 接收数据包，使用 all 类型组将其转发至物理端口 2 和 3。

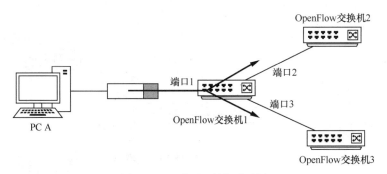

图 3.11　all 类型组的行动示例

表 3.11 所示是在 OpenFlow 交换机 1 的组表内设置的流表项。来自输入端口 1 的数据包对应的行动为 Group 行动，所使用的组的 ID 为 8。

表 3.11　　　　　　　　　　　　　　OpenFlow 交换机 1 的流表项

主要字段		内容	数值
匹配	ingress port	输入端口	1
行动	type	组	OFPAT_GROUP（22）
	group_id	组 ID	8

在该示例中，组表项中设置了两个行动桶。第一个行动桶中只设置了 1 个面向物理端口 2 的 Output 行动。第 2 个行动桶中只设置了 1 个面向物理端口 3 的 Output 行动，如表 3.12 所示。

表 3.12　　　　　　　OpenFlow 交换机 1 的组表内设置的组 ID 为 8 的组表项

主要字段				内容	数值
组	组类型			all	OFPGT_ALL（0）
	组 ID			组的识别符	8
	行动桶	行动	type	发送至交换机的端口	OFPAT_OUTPUT（0）
			out_port	发送端口	2
	行动桶	行动	type	发送至交换机的端口	OFPAT_OUTPUT（0）
			out_port	发送端口	3

在该示例中，虽然在行动桶内只设置了 Output 行动，但也可以在行动桶内设置多个行动。例如，在行动桶内设置 Push VLAN 行动和 Output 行动后，就会在添加 VLAN 标签后执行 Output 行动。

2. select

在 select 类型组中，数据包通过 OpenFlow 交换机选择的组内的行动桶来处理。行动桶的选择算法，可以考虑诸如哈希、基于多个元组的用户指定、简单轮询等，但这些选择不属于 OpenFlow 协议的范畴，而是依据 OpenFlow 交换机的实现。

使用select类型组的数据包单位来实现轮询的有等价多路径路由（Equal Cost Multi Path，ECMP）和链路聚合（Link Aggregation）等。

select 类型组的行动示例如图 3.12 所示。在该示例中，OpenFlow 交换机 1 通过物理端口 1 接收数据包，使用 select 类型组转发至物理端口 2 或 3。处理各数据包时使用的行动桶通过轮询来选择。

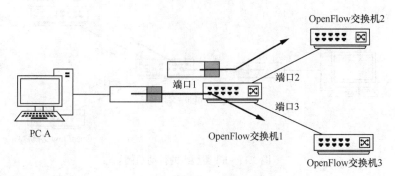

图 3.12　select 类型组的行动示例

表 3.13 所示是 OpenFlow 交换机 1 的流表项。来自输入端口 1 的数据包对应的行动为 Group 行动，所使用的组的 ID 为 9。

表 3.13　　　　　　　　　　　　　OpenFlow 交换机 1 的流表项

主要字段		内容	数值
匹配	ingress port	输入端口	1
行动	type	组	OFPAT_GROUP（22）
	group_id	组 ID	9

表 3.14 所示是在 OpenFlow 交换机 1 的组表内设置的组 ID 为 9 的组表项。

表 3.14　　　　　　　OpenFlow 交换机 1 的组表内设置的组 ID 为 9 的组表项

主要字段			内容	数值
组	组类型		all	OFPGT_SELECT（1）
	组 ID		组的识别符	9
	行动桶	weight	权重	1
		行动　type	发送至交换机的端口	OFPAT_OUTPUT（0）
		out_port	发送端口	2
	行动桶	weight	权重	1
		行动　type	发送至交换机的端口	OFPAT_OUTPUT（0）
		out_port	发送端口	3

在本例中，组表项中设置了 2 个行动桶。在第 1 个行动桶中仅设置了 1 个面向物理端口 2 的 Output 行动。在第 2 个行动桶中仅设置了 1 个面向物理端口 3 的 Output 行动。

另外，作为本例中两个行动桶的选项设置，weight 设为 1。weight 是相同权重下实施负载分担（Load Sharing）时使用的数值。不过，通过设定为 1 以外的数值，也可在各行动桶中指定不同权重，设置使用各行动桶的频率。但是，OpenFlow 交换机有可能不支持 1 以外的数值，因此有时不能使用 1 以外的 weight。

weight 是仅在使用 select 类型组时的选项。类似这样，行动桶中不仅包含行动，还包含行动桶本身的设置项目。

3. indirect

indirect 类型组仅保存了 1 个行动桶，并执行该行动桶。在 indirect 类型组中，不能保存多个行动桶。

正如 indirect 类型组的名称，其用途为通过将流表项及组表项指向具有代表性的组 ID，来迅速地收敛切换操作等。例如，在通过特定组 ID 管理用于 IP 地址转发的下一跳的基础上，如果使用这些地址的多个流表项对应该组 ID，则只需变更 1 处即可变更相关的所有流表项的内容。

indirect 类型组与行动桶为 1 个的 all 类型组完全相同。

4. fast failover

使用 fast failover 类型组，无须等待 OpenFlow 控制器的判断，即可选择用于故障转移的行动。

fast failover 类型组的行动示例如图 3.13 所示。在该示例中，OpenFlow 交换机 1 使用 fast failover 在监控物理端口 2 和 3 的同时转发数据包。物理端口 2 正常运行期间将使用物理端口 2，在检测到物理端口 2 出现故障时，将把数据包发往物理端口 3。

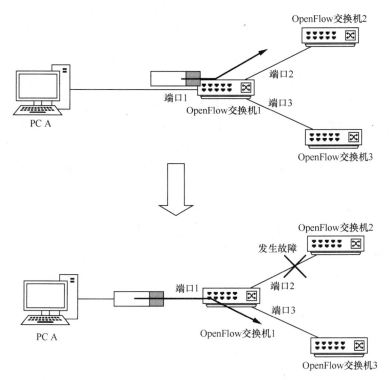

图 3.13　fast failover 类型组的行动示例

表 3.15 所示是 OpenFlow 交换机 1 的流表项。来自输入端口 1 的数据包对应的行动为 Group 行动，所使用的组的 ID 为 10。

表 3.16 所示是在 OpenFlow 交换机 1 的组表内设置的组 ID 为 10 的组表项。

在 fast failover 类型组的组表项使用的行动桶中，具有用于设置监控对象端口的 watch_port 这一设置项目。在本例中，因为先排列了监控物理端口 2 的行动桶，因此如果物理端口 2 正常则使用该行动桶，执行面向物理端口 2 的 Output 行动。

表 3.15   OpenFlow 交换机 1 的流表项

主要字段		内容	数值
匹配	ingress port	输入端口	1
行动	type	组	OFPAT_GROUP（22）
	group_id	组 ID	10

表 3.16   OpenFlow 交换机 1 的组表内设置的组 ID 为 10 的组表项

主要字段			内容	数值
组	组类型		all	OFPGT_FF（3）
	组 ID		组的识别符	10
	行动桶	行动 type	发送至交换机的端口	OFPAT_OUTPUT（0）
		watch_port	监控对象的端口	2
		out_port	发送端口	2
	行动桶	行动 type	发送至交换机的端口	OFPAT_OUTPUT（0）
		watch_port	监控对象的端口	3
		out_port	发送端口	3

检测到物理端口 2 出现故障时，将不使用最开始的行动桶，而使用下一个行动桶。下一个行动桶监控的对象端口为物理端口 3，该行动桶内行动设置为面向物理端口 3 的 Output 行动。

组表项中包含的行动桶虽然可以存储多个行动，但指定 Group 行动作为这些行动之一时，通过组执行的行动将变为其他的组，也就是组链（Chain）。例如，fast failover 类型组的参照目标可能是 select 类型组的结构。

OpenFlow 交换机也可能不支持组链。对于不支持组链的 OpenFlow 交换机，当生成组链的设置被发送时，将以 OFPET_GROUP_MOD_FAILED 类型向 OpenFlow 控制器返回带有 OFPGMFC_CHAINING_UNSUPPORTED 代码的错误消息。

在 OpenFlow 交换机中创建组链时，OpenFlow 交换机可实现在完成设置时确认组链中是否存在由组连接带来的回路（Loop）的功能。在实现该功能的状态下，如果从 OpenFlow 控制器发送来包含回路的设置，就会出现错误，但尚未对无该功能时的行动进行定义。

3.2.5 计量表

如图 3.14 所示，OpenFlow 1.3 将计量表作为 OpenFlow 交换机的构成要素。

在 OpenFlow 1.2 及以前的版本中，不能在 OpenFlow 的框架内直接对各流进行计量，所以 OpenFlow 并不能直接实现 QoS 功能。在 OpenFlow 1.3 中，添加了计量表用于流的计量。通过使用计量表对各流进行计量，可实现之前很难实现的基于 OpenFlow 的直接 QoS 功能。

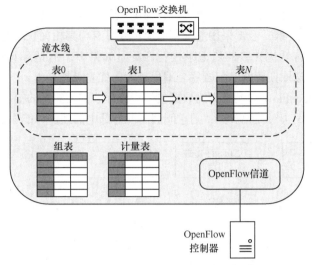

图 3.14　OpenFlow 1.3 交换机的构成要素

3.2.6　流表匹配

在 OpenFlow 1.0 中，OpenFlow 交换机只有一张流表。

每当有一个数据包到达 OpenFlow 交换机时，数据包的首部便被提取出来，与流表记录中的匹配字段进行比对。查找匹配从流表的第一个记录开始，依次往下进行，当发现一个匹配的记录时，交换机将使用该流记录所关联的一系列操作对数据包进行处理。每当发现一个和流记录匹配的数据包，就会更新这个流记录所对应的计数器值。如果查表结果没有发现匹配记录，交换机将根据流表的失配（Table-missing）记录中的指令决定采取相应操作。流表中必须包含一条失配记录，以便应对找不到匹配的情况，在这个特殊的记录中定义一组操作，用于处理找不到匹配的输入数据包，这些操作包括丢弃该数据包、向所有的接口发送该数据包，或者通过安全的 OpenFlow 信道向控制器转发该数据包。查表时使用的首部字段取决于数据包的类型，具体描述如下。

- 将流的有关输入端口的规定与接收数据包的物理端口进行对比。
- 所有数据包的以太网帧首部（源 MAC 地址、目的 MAC 地址、以太网的类型字段等）用于查表匹配。
- 如果是一个 VLAN 数据包（以太网类型字段值为 0x8100），其 VLAN ID 和 VLAN 优先级代码点（Priority Code Point，PCP）字段用于查表匹配。
- 如果是 IP 数据包（以太网类型字段值为 0x0800），IP 首部包含的字段（源 IP 地址、目的 IP 地址、协议字段、ToS 等）均用于查表匹配。
- 如果 IP 数据包封装的是 TCP 或 UDP（IP 报文部的协议字段值为 6 或 17），则查表比对的信息包括传输层端口号（TCP/UDP 源或目的端口）。
- 如果 IP 数据包封装的是互联网控制报文协议（Internet Control Message Protocol，ICMP）（IP 报文首部的协议字段值为 1），则查表时会包括 ICMP 的类型和代码字段。
- 如果数据包的 IP 报文分片的偏移量字段是非零值，或者不是最后一个分片（more fragment 标志位为 1），查表时把传输层端口号设为 0。
- 对于 ARP 数据包（以太网类型字段值为 0x0806），可以根据情况，选择把其中的源 IP 地址和目的 IP 地址字段值包含到查表的字段中。

数据包与流表记录的匹配按照优先级进行，精确定义了匹配规则（即没有使用通配符）的流记录录总是具有最高的优先级，全部采用通配符的流记录具有与其相关联的优先级，具有高优先级的流记录总是先于具有低优先级的流记录进行匹配。如果多个流记录具有相同的优先级，则OpenFlow 交换机可以选取任意的匹配顺序。编号越大，优先级越高。

图 3.15 所示为 OpenFlow 交换机中的数据包处理流程。需要注意的很重要的一点是：如果一个流表的字段值是 ANY（*，通配符），则它能够匹配首部中的任何可能取值。

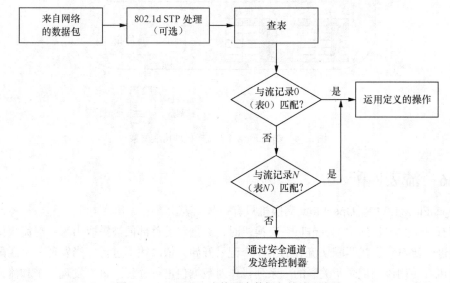

图 3.15　OpenFlow 交换机中数据包的处理流程

前面提到 OpenFlow 1.0 中的 OpenFlow 交换机只有一张流表，那么图 3.15 中的表 N 是怎么回事呢？可以看出，OpenFlow 1.0 规定只要有数据分组匹配上一条流表项，就立即跳出匹配流程执行相应动作表。因此，OpenFlow 交换机要对 OpenFlow 控制器下发的流表项的匹配顺序进行优化，分组头域中确定的字段越多，就代表精度越高，应该优先匹配。例如，流表项 A 匹配的目的 IP 地址为 1.0.0.1，另一条流表项 B 匹配的目的 IP 地址为 1.0.0.1，同时 TCP 目的端口号为 80，那么去往 1.0.0.1 的 80 端口的数据分组会优先被流表项 B 处理，因为相比于 A 来说 B 的精度更高，尽管两条流表项都是默认优先级。所以这里的表 N 可理解为各流表项的分组头域精度不同产生的匹配优先级。表 0 包括精准匹配（即没有设置匹配掩码位）的表项，匹配时它们具有最高优先级。如果所有的流表项无法与该数据分组匹配，则会被封装为 Packet-in 消息上交给控制器，封装时一般只携带原始数据分组的分组头控制信息，而其中的数据则被存储在 OpenFlow 交换机的本地缓存中等待后续的处理。

从上述介绍中可以看出，流表是 OpenFlow 交换机上对数据转发逻辑的抽象结果，是交换机进行转发策略控制的核心数据结构，交换芯片通过查找流表项对进入 OpenFlow 交换机的网络流量进行决策并执行合适的动作。流表的功能与传统交换机中的二层 MAC 地址表、路由器中的三层 IP 地址路由表类似，但是有别于传统设备，流表可以同时包含更多层次的网络特征，而且是由网络管理者通过控制器编程定义的，不再受限于随设备出厂的操作系统。通过部署面向各种网络服务的流表，一台 OpenFlow 交换机可以集交换、路由、防火墙、网关等功能于一身，极大地提高了网络部署的灵活性。因此，无论是在 OpenFlow 1.0 还是在后续的协议中，流表都是最为核心的概念之一。

3.3　SDN 交换机

本节将对比分析传统交换设备和 SDN 交换设备的架构，并介绍 SDN 芯片、SDN 硬件交换机和 SDN 软件交换机的发展情况。

背板转发和输出链路调度功能没有给 SDN 交换机带来太大挑战，但转发决策却给 SDN 交换机在技术实现上带来了很大的难题。正如 3.1 节提到的，OpenFlow 交换机的流表有别于传统网络交换设备的，它的逻辑粒度性更高，可以包含更多层次的网络特征，可以使交换机集交换、路由、防火墙、网关等功能于一身，这也正是 SDN 灵活性的由来。而交换芯片需要通过查找这样一张流表来对进入交换机的数据分组进行转发决策，这就对交换芯片的性能在设计和实现上提出了新的要求。

3.3.1　交换芯片概述

交换设备核心竞争力的高低，很大程度上取决于交换芯片的性能。在传统网络设备市场中，常用的交换芯片技术有通用 CPU、ASIC（Application Specific Integrated Circuit，专用集成电路）芯片、FPGA（Field Programmable Gate Array，现场可编程门阵列）和 NP（Network Processor，网络处理器）等。

其中，通用 CPU 的功能易扩展，理论上可以实现任何网络功能，但是其数据处理性能不高，所以一般仅用于网络设备的控制和管理。ASIC 芯片用于按需定制的硬件电路，可高效地实现某些网络功能，单颗芯片就可以实现几百兆 PPS（Packet Per Second，数据包/秒）以上的处理能力，但 ASIC 芯片一旦开发完毕就很难继续扩展至其他应用，新功能的添加需要芯片研发公司花费较长开发周期，所以最适合应用于实现网络中的各种成熟的协议。FPGA 是一种门阵列芯片，它支持反复擦写，可以通过编程改变电路的结构，以实现不同的网络功能，但其处理能力有限，难以实现大规模的网络转发，因此 FGPA 主要的应用场景是科研和验证。NP 是一种可编程的处理器，利用众多并行运转的微码处理器进行复杂的多业务扩展，适用于实现各种创新或未成熟的业务，多用于路由器、防火墙等采用协议更为复杂、灵活的网络设备。但其不足是网络厂商使用 NP 进行产品设计时需要投入大量的开发人员；同时，和 ASIC 相比，其性能依然存在一些差距。

SDN 交换设备所要实现的协议相对简单且固定，对稳定性的要求较高，因此 ASIC 芯片无疑是 SDN 交换设备最佳的选择，传统交换设备也多采用 ASIC 芯片。开发 ASIC 定制芯片需要巨大的成本投入，最短需要两年的研发时间，价格昂贵，因此，只有 Cisco、华为和 Juniper 这样的"巨头"才倾向于使用自己的定制 ASIC 芯片。而绝大部分交换设备厂商均使用博通、Intel 旗下 Fulcrum、Marvell 等专业芯片制造商生产的商用 ASIC 芯片。

在传统网络芯片市场中，主流的芯片厂商有 Cisco、博通、Intel、Marvell、Fulcrum、富士通半导体、Realtek、英飞凌等。除此之外，还有 DAVICOM、VIA、Vitesse、Centec、Ethernity、QLogic、Xelerated 等市场份额较小的公司。Cisco 公司的大部分交换机采用自己的定制芯片，由于其产品遍及世界，多年占据近 70%的市场份额，因此其定制网络交换芯片的应用最为广泛。博通公司拥有多款成熟的商用交换芯片，在全球以太网商用交换芯片（不包含定制交换芯片）市场占有率达到 70%，即全世界大多数交换机生产制造商多采用博通的商用芯片。Intel 公司一直以来被视为个人计算机、服务器、手机的芯片提供商，实际上近年来 Intel 也开始为网络设备提供芯片。Marvell

的交换芯片广泛应用于 HP、华为、中兴等企业的交换机中，而 Realtek 则是低端交换芯片市场主要的芯片供应商。

SDN 的蓬勃发展，势必会冲击网络芯片市场长期以来的平衡局面。这是一个双向需求的相互作用，因为 SDN 若想真正实现商用，必须要有芯片公司的支撑，而面对 SDN 对现网的革新，芯片公司也必须有所行动。

目前，SDN 在数据平面的主要技术是 OpenFlow，但是传统 ASIC 芯片技术与 OpenFlow 协议对转发芯片的要求存在很大差异。

首先，OpenFlow 最终要实现的匹配规则是可编程的，而传统 ASIC 芯片的设计都是协议相关的，特定的协议有自己的处理模块和过程，芯片上设定的协议匹配规则一旦开发完毕便不可更改，不具有可编程性。

其次，OpenFlow 规定流表可以使用流表项匹配域中的任意字段组合来查表，传统芯片中仅 ACL 表项有类似功能。但相较于 ACL 表项，OpenFlow 对各种报文的解析和字段匹配的要求更高，对流表支持动作的种类更多，流表项数量更大，这是传统 ACL 很难满足的。而 ACL 表项查找需要用三态内容寻址存储器（Ternary Content Addressable Memory，TCAM）来实现，TCAM 的成本和功耗都很高，无法大规模部署，这也必然会成为芯片设计的瓶颈。

再次，OpenFlow 1.1 提出了多级流表的概念，传统交换芯片是没有这一概念的，如何通过 ASIC 来实现这种灵活的架构是对芯片厂商的一个极大挑战。因此，研发完全支持 OpenFlow 等协议的 ASIC 芯片是 SDN 设备发展过程中的主要瓶颈之一。

为了能够提供支持 OpenFlow 协议的芯片，ONF 成立了转发抽象组（Forwarding Abstraction WG）负责数据平面新的转发抽象技术，并在现有交换芯片架构基础上提出了支持 OpenFlow 接口的表格输入模式（Table Typing Pattern，TTP）折中方案，这一方案于 2013 年更名为可协商的数据平面模型（Negotiable Data-plane Model，NDM）。尽管该方案外部支持 OpenFlow 南向接口，但在内部实现时不仅使用了 ACL 表项，同时也使用了路由表、MAC 表、VLAN 表、Port 表、MPLS 表等其他表项。NetLogic 公司的技术专家与美国高校的研究人员联合写了一篇题为 "PLUG: Flexible Lookup Modules for Rapid Deployment of New Protocols in High-speed Routers" 的论文，试图使用静态随机存储器（Static Random Access Memory，SRAM）来解决灵活的多级流表问题 I7。而 SDN 的创始人之一——McKeown 联合 TI（德州仪器）公司写了一篇题为 "Forwarding Metamorphosis:Fast Programmable Match-Action Processing in Hardware for SDN" 的论文，他们提出了一种全新的交换芯片设计思路，认为能够满足灵活可编程和 OpenFlow 交换功能是完全可行的，但这一方案应用于网络处理器芯片目前无法真正落地。

3.3.2　交换芯片产品

尽管关于 SDN 芯片的设计受到了广泛关注，但是产业界还没有一款专门支持 SDN 的专用芯片出现。一方面，可能芯片厂商尚未完全看清专门支持 OpenFlow 协议的 ASIC 芯片这一方向的可行性和紧迫性，他们认为上述问题的解决还需要较长的时间和较大的投入；另一方面，SDN 的技术标准尚未成熟，大部分用户对网络的需求依旧是传统网络和 SDN 并存。这两个方面决定了芯片厂商暂时不会投入大量精力去开发 SDN 专用芯片，而是采用折中的方式，在传统芯片的基础上增加支持 SDN 的功能。以下对芯片市场中主要支持 SDN 的产品及解决方案进行简要介绍。

1. 博通交换机芯片

博通（Broadcom）交换机芯片分为两大类。

（1）StrataXGS

该系列分为两个产品线：Trident 和 Tomahawk。Trident 系列适用于数据中心、园区及无线交换等场景；Tomahawk 系列是针对超大规模云网络、存储网络及高性能计算（High Performance Computing，HPC）等场景设计的。两个产品线的迭代顺序分别如下：

- Trident → Trident 2 → Trident 2+ → Trident 3 → Trident 4；
- Tomahawk → Tomahawk 2 → Tomahawk 3 → Tomahawk 4。

（2）StrataDNX

该系列分为三个产品线：

- Qumran；
- Jericho；
- FE3600/FE600。

StrataXGS 和 StrataDNX 技术架构完全不同。采用 StrataDNX 的产品一般有独立的交换线卡，因此设备商采用 StrataXGS 多用于盒式交换机，StrataDNX 多用于框式交换机，当然也有设备商使用 StrataXGS 背靠背方式用于框式交换机，成本得以显著降低。StrataDNX 的流量管理（Traffic Management，TM）功能完备，可以用来实现部分场景下的高速路由器。

博通公司在传统芯片市场占据重要的市场份额。2019 年，博通发布 StrataXGS Trident 4 系列芯片，该系列芯片采用 7nm 制程技术实现。该芯片具有如下特点：支持多达 128×100GE（Gigabit Ethernet，吉比特以太网）或 32×400GE 的端口；提供灵活性，以同时实现标准的以太网交换机/路由和高级网络功能，如 DDoS 保护、应用程序负载均衡和大规模网络地址转换（Network Address Translation，NAT）；支持广泛的可编程带内遥测（Telemetry），包括对带内流量分析器版本 2（In-band Flow Analyzer version 2，IFA 2.0）的支持；片上 4 个 GHz 级处理器，可实现强大的带外（流）遥测和各种嵌入式应用。

在 2022 年，博通又重磅推出 StrataXGS Tomahawk（战斧）系列的最新之作 Tomahawk 5（BCM78900 系列）。BCM78900 系列支持多达 64×800GE、128×400GE 或 256×200GE 端口的高基数、高带宽网络交换设备。该系列具有最多 64 个集成的 Peregrine 串行器/解串器（Serializer/Deserializer，SerDes）内核，每个内核具有 8 个集成的 106Gbit/s 四电平脉冲幅度调制（4-Level Pulse Amplitude Modulation，PAM4）SerDes 收发器和相关的物理编码子层（Physical Coding Sublayer，PCS）。BCM78900 系列还具有许多针对 HPC 工作负载量身定制的功能，包括网络虚拟化和分段、单通道 VXLAN 路由和桥接，以及旨在通过避免拥塞来缩短作业时间的"认知路由"功能。BCM78900 系列在单个芯片上提供高达 51.2Tbit/s 的带宽，与上一代 Tomahawk 4 相比，带宽提升了 1 倍。

2. Intel FM6764 芯片

作为 x86 平台的主导者，Intel 公司当然不会错过 SDN 这个新的领域，当前 Intel 正积极带领 x86 生态环境进入 SDN 市场。Intel 通过收购 Fulcrum 和 SDN 厂商 WindRiver，建立了自己的 SDN 系统架构。该系统架构的核心是 Intel 下一代通信平台 Crystal Forest，通过统一的开放架构标准化平台，Crystal Forest 实现了多种负载的融合，网络用户可借助软件框架将 Crystal Forest 的组件组合使用，实现所需的功能和性能，以达到通过软件来定义网络设备的目的。该架构包括 SeaCliff Trail 网络系统以及配套的 WindRiver SDN 软件框架。其中，SeaCliff Trail 网络系统包含专为 SDN 优化的以太网 FM6764 交换机芯片，该芯片支持 OpenFlow 1.0 以及 VXLAN 和 NVGRE 等扩展功能。

为了快速地帮助用户推出自己的 SDN、NFV 的产品，Intel 于 2014 年底推出了适用于服务器的 Intel 开放网络平台（Open Network Platform，ONP），通过定义基于开源软件的开放软件框架来提供解决方案。该平台服务器采用了 Intel 至强处理器 E5-2600 v3 产品家族系列，其以太网控制器 XL710 系列可为平台提供经过验证的 10GE 和 40GE 以太网连接能力，最终将 Intel 虚拟化技术从服务器虚拟化扩展至网络虚拟化。

3. 盛科 GreatBelt 系列芯片

盛科是一家以太网芯片厂商，位于苏州。从第一代产品开始，盛科就采用原创性的灵活芯片架构，能够很好地适应企业/运营商交换网络、数据中心网络乃至 SDN 发展的新需求。

盛科于 2015 年推出了 CTC8096 第四代芯片，该产品是专为高密度 10GE/40GE 应用打造的高性能以太网交换芯片，CTC8096 继承了前代产品丰富的特性，包含从基本的 L2、L3 应用到高级数据中心和城域以太网的各种功能，这也使得 CTC8096 成为数据中心柜顶交换机和城域以太网/PTN（分组传送网）/IPRAN（IP 化的无线接入网）汇聚应用的理想选择。CTC8096 具有 1.2Tbit/s 的交换能力；配备 96 个 10GE 端口、24 个 40GE 端口、4 个 100GE 端口；支持直接通过 4×25Gbit/s 的 SerDes 提供 100GE 端口上联；通过独创的 N-FlowTM 技术（该技术引入基于 TCAM 的模糊匹配和基于哈希的精确匹配相结合的流表模式，从而在保持灵活性、低功耗、低成本的前提下大大增加流表的数目）全面支持 OpenFlow 应用，尤其是在灵活的多级流表及单芯片大流表上表现卓越。

随着 5G 技术的喷涌出现，盛科推出第七代网络交换核心芯片 CTC8180，该芯片是面向 5G 和云计算的高性能、高可靠、低功耗的交换芯片。CTC8180 将成为云网融合的连接枢纽，融合了数据中心、企业网、承载网、接入网全特性，并通过可编程技术提供面向未来的无限可能性。该芯片支持 2.4Tbit/s 的 I/O 带宽，提供从 1000Mbit/s 到 400Gbit/s 的全速率端口；支持 50GB/100GB/200GB/400GB 灵活以太网（Flexible Ethernet，FlexE）接口以及 FlexE Group 绑定。该芯片还支持结构化控制语言（Structured Control Language，SCL）L1 交叉、FlexE 运行、管理和保护（Operation, Administration and Maintenance，OAM）、精确网络时间协议（Precise Time Protocol，PTP）功能，并支持业务和 FlexE 的叠加保护功能，以及确定性超低时延，满足 5G 时代时延敏感的网络需求。

4. 华为以太网络处理器

2013 年，华为公司专门针对以太网转发研发出了业界首款可编程芯片——以太网络处理器（Ethernet Network Processor，ENP），通过内置硬件加速组件、片内集成智能访问显存（Smart Access Memory,SAM）和高速查找算法，在保留了传统交换机芯片 ASIC 的成本、功耗、性能等优势的同时，具备灵活的可编程性。值得一提的是，由于 ENP 芯片采用可编程架构，通过微码编程实现新业务，客户无须更换新的硬件，快速灵活，6 个月即可上线，克服了传统 ASIC 芯片采用固定的转发架构和转发流程、新业务无法快速部署的缺点。华为自主研发的 S12700 系列敏捷交换机使用了该处理器，为新的敏捷网络架构打下了基础。

5. Innovium 以太网处理器 Teralynx

Innovium 是一家总部位于美国加利福尼亚州圣何塞的半导体公司，是由博通公司的 3 位前工程高管共同创立的。Innovium 公司的产品包括可编程交换芯片和网络操作系统，旨在提供高性能、低时延、低功耗和高可靠的数据中心网络解决方案。2018 年 4 月，Innovium 推出的 Teralynx 7 芯片支持 6.4Tbit/s 吞吐量，支持 128 个 200GE 端口或 512 个 50GE 端口。2020 年初，Innovium 推出了 Teralynx 8 芯片。Teralynx 8 芯片支持 12.8Tbit/s 吞吐量，支持高达 128 个 400GE 端口或 512 个 100GE 端口，并且功耗仅为 450W。2021 年 8 月 3 日，Marvell 公司以 11 亿美元收购 Innovium。2023 年 3 月，新推出的 Teralynx 10 是 SDN 业界首款支持 25.6Tbit/s 吞吐量的 800GE 交换芯片，采用 5nm 制程技术。该系列芯片支持高达 128 个 800GE 端口或 512 个 400GE 端口。Teralynx 10 采用了 Innovium 公司自主研发的 TERA Fabric 互连技术，具有高性能、低时延、低功耗和高可靠的特点。

3.3.3　SDN 硬件交换机产品

SDN 的设计初衷是从实现网络的灵活控制角度出发，通过将网络设备控制平面与数据平面分离来实现网络的可编程，将以前封闭的网络设备变成一个开放的环境，为网络创新提供良好的平台。SDN 将原本只在高端企业级路由器、交换机上才有的服务转移到了软件层面，而这些软件可以在一些廉价的硬件平台上运行。因此，SDN 逐渐流行起来，网络设备市场的门槛开始降低，大量新兴创业公司在近年来如同雨后春笋涌现出来，并推出了针对 SDN 的产品及解决方案。这一趋势正在逐步打破传统大型网络设备厂商垄断的局面，各大厂商也纷纷开始调整思路，以应对 SDN 带来的挑战和机遇。

考虑到多数 SDN 用户的需求是 SDN 和传统网络并存，现阶段纯 SDN 的应用场景并不广泛，多数厂商推出的 SDN 硬件交换机都是支持混合模式的，而不是纯 SDN 交换机，主要是利用本身已有的操作系统优势，在系统里增加对 OpenFlow 协议的支持。其具体思路是，数据分组进入混合模式交换机后，交换机根据端口或 VLAN 进行区分，抑或经过一级流表的处理，以决定数据分组是传统二、三层处理模式还是 SDN 处理模式。传统二、三层处理模式由交换机已写定的协议完成，SDN 处理模式则由 SDN 控制器管理。基于 ASIC 芯片的 SDN 品牌交换机如下。

1. Juniper QFX10002 系列交换机

对于 SDN 给市场带来的冲击，Juniper 公司予以高度重视。2012 年 12 月，Juniper 以 1.76 亿美元收购 SDN 创业公司 Contrail Systems。一个月后，Juniper 推出自己的 SDN 计划，这标志着 Juniper 正式踏上了 SDN 道路。

如今，Juniper 的很多产品已经支持 SDN，包括网络管理平台 Junos Space、Contrail 控制器、MX 系列 3D 通用边缘路由器、EX 系列及 QFX 系列交换机。2016 年，Juniper 针对 SDN 推出主干核心交换机 QFX10002-72Q。QFX10002 交换机可与 OpenContrail 和 VMware NSX SDN 控制器相集成，为用户提供 SDN 系统选项；可同时执行 VXLAN 的 L2 和 L3 网关功能。基于此标准的开放式平台也可与开放虚拟交换机数据库（Open vSwitch Database，OVSDB）互操作，以支持自动化管理和控制功能。目前 QFX10002 交换机共有 3 个型号：QFX10002-36Q、QFX10002-72Q、QFX-10002-60C。主要性能参数如表 3.17 所示。

表 3.17　　　　　　　　　　Juniper QFX10002 系列交换机主要性能参数

性能参数	QFX10002-36Q	QFX10002-72Q	QFX10002-60C
交换性能/(Tbit·s⁻¹)	2.88	5.76	12
数据分组转发率/Mpps	1000	2000	4000
10GBASE-X 端口密度	144	288	192
40GBASE QSFP+端口密度	36	72	60
100GBASE QSFP+端口密度	12	24	60
最大功耗/W	800	1425	2500

2. H3C S12500 系列交换机

作为企业网络领域领先的网络厂商，新华三技术有限公司（以下简称 H3C）对 SDN 领域极为关注，并积极投入研发。目前，H3C 能够从 SDN 设备、控制器、业务编排、应用与管理等方面提供全套的 SDN 解决方案。H3C 坚持"融合、演进、可交付"的 SDN 解决方案路线，基于这样的理念，H3C 计划交付一个逐步发展的、丰富的 SDN 产品与解决方案集。H3C 当前提供三大方案集：基于 Controller/Agent 的 SDN 全套网络交付、基于 Open API 的网络平台开放接口、基于 OAA 的自定义网络平台。H3C 在这三大方案集的基础上，构建一个标准化深度开放、用户应用可融合的网络平台即服务（Network Platform as a Service，NPaaS）的 SDN 体系，该体系既具备 H3C 已有网络技术方案的优势，又能在各种层次融合与扩展用户自制化的网络应用。

目前，在 H3C 的交换机产品线中，S12500、S9800、S5120-HI、S5820V2、S5830V2 系列交换机均支持 OpenFlow 1.3，并支持多控制器（EQUAL 模式、主备模式）、多表流水线、组表、计量表等功能特性。这里介绍一下 S12500 系列交换机的主要性能参数，如表 3.18 所示。

表 3.18   H3C S12500 系列交换机主要性能参数

性能参数	S12504	S12508	S12518	S12510-X	S12516-X	S12516X-AF
交换性能/(Tbit·s^{-1})	9	20	45	35	53	53
数据分组转发率/Mpps	2880	5760	12960	12000	19200	19200
主控板插槽数量	2	2	2	2	2	2
业务板插槽数量	4	8	18	10	16	16
交换网板插槽数量	4	9	9	6	6	6
最大功耗/W	2395	5800	11500	6000	8000	12800

3. 华为 CloudEngine 6800 系列交换机

华为 CloudEngine 6800（简称 CE6800）系列交换机是华为公司面向数据中心和高端园区推出的新一代高性能、高密度、低时延、大缓存的 10GE/25GE 以太网交换机。CE6800 采用先进的硬件结构设计，提供业界最高密度的 10GE/25GE 端口接入，支持 40GE/100GE 上行。此外，CE6800 还支持 VXLAN、多链路透明互连（TRansparent Interconnection of Lots of Links，TRILL）和以太网光纤通道（Fibre Channel over Ethernet，FCoE）等数据中心特性。其主要性能参数如表 3.19 所示。

表 3.19   CE 6800 系列交换机主要性能参数

性能参数	6857E-48S6CQ	6870-48S6CQ-EI-A	6860-HAM	6820H-48S6CQ
下行端口	48×10GE SFP+	48×10GE SFP+	48×10/25GE SFP28 或 48×50GE SFP56	48×10GE SFP+
上行端口	6×40/100GE QSFP28	6×40/100GE QSFP28	8×40/100GE QSFP28 或 8×200GE QSFP56	6×40/100GE QSFP28
交换性能/(Tbit·s^{-1})	4.8/76.8	2.16/19.44	8/128	2.56/40.96
数据分组转发率/Mpps	2000	900	2400	1080
最大功耗/W	148	194	360	196

4. H3C S10500X–G 系列交换机

H3C S10500X-G 系列交换机是 H3C 公司面向云计算数据中心核心、下一代智慧园区核心专门设计开发的产品。S10500X-G 基于 H3C 拥有自主知识产权的 Comware V7 操作系统，为客户提供可信、安全的平台。交换机的主控、网板、风扇、电源等关键器件采用冗余设计，提供电信级高可靠保障。支持高密度的 1GE/10GE/25GE/40GE/100GE 以太网端口，VXLAN、多租户设备环境（Multitenant Devices Context，MDC）、跨设备链路聚合组（Multichassis Link Aggregation Group，M-LAG）和智能弹性架构（Intelligent Resilient Framework，IRF）等主流技术，融合了 MPLS VPN、IPv6、无线、流量分析等多种网络业务。其主要性能参数如表 3.20 所示。

表 3.20　　　　　　　　　　　H3C S10500X-G 系列交换机主要性能参数

性能参数	S10506X-G	S10508X-G	S10512X-G
交换性能/(Tbit·s⁻¹)	384	512	1024
数据分组转发率/Mpps	72000	96000	192000
主控板插槽数量	2	2	2
业务板插槽数量	6	8	12
交换网板插槽数量	4	6	6
供电	交流（AC）：100V～240V		

5. Arista 7280R3 系列交换机

2019 年，Arista 公司推出新一代交换机 7280R3 系列。Arista 7280R3 系列的固定和模块化交换机专为下一代云、内容交付、服务提供商、IP 存储、枝叶和骨干网络以及数据中心互连而设计。该系列交换机可实现高无损转发，以及丰富的 L2 和 L3 功能，采用模块化设计有利于根据用户需求进行扩展，其设备占用空间较小且足够节能。Arista 7280R3 系列的 FlexRoute 引擎和 EOS NetDB 提供了可扩展性，其可扩展操作系统（Extensible Operating System，EOS）功能强大，并且兼容 Cisco 标准的命令行界面（Command-Line Interface，CLI），可以使用多种软件开发工具包（Software Development Kit，SDK）和插件快速部署客户需要的功能。其主要性能参数如表 3.21 所示。

表 3.21　　　　　　　　　Arista 7280R3 系列交换机主要性能参数

性能参数	7280DR3A-54	7280DR3A-36	7820DR3-24
系统性能/(Tbit·s⁻¹)	21.6	14.4	9.6
数据分组转发率/Mpps	8100	5400	4000
10GBASE-X 端口密度	348（最大）	232（最大）	192（最大）
50GBASE QSFP+端口密度	348（最大）	232（最大）	192（最大）
100GBASE QSFP+端口密度	216（最大）	144（最大）	96（最大）
供电	交流/直流		

3.3.4　SDN 软件交换机产品

由于当前 OpenFlow 标准仍在不断完善，支持 OpenFlow 标准的硬件交换机较少。而相对于硬件交换机，OpenFlow 软件交换机成本更低、配置更灵活，其性能基本可以满足中小规模实验网络的要求。因此 OpenFlow 软件交换机是当前进行创新研究、构建实验平台以及建设中小型 OpenFlow 网络的首选。

1. Open vSwitch

Open vSwitch 是由 Nicira、美国斯坦福大学、美国加州大学伯克利分校的研究人员共同提出的开源软件交换机，它遵循 Apache 2.0 开源代码版权协议，支持跨物理服务器分布式管理、扩展编程、大规模网络自动化和标准化接口，实现了和大多数商业闭源交换机类似的功能。Open vSwitch 基本部件分为 3 个部分：其一是 ovs-vswitchd 守护进程，慢速转发平面，位于用户空间，用于完成基本转发逻辑，包括地址学习、镜像配置、IEEE 802.1Q VLAN、链路汇聚控制协议（Link Aggregation Control Protocol，LACP）、外部物理端口绑定、基于源 MAC 和 TCP 负载均衡或主备方式，支持 OpenFlow 协议，可通过 sFlow、NetFlow 或交换端口分析器（Switched Port Analyzer，SPAN）端口镜像方式保证网络可视性，配置后数据交由 ovsdb-server 进程存储和管理；其二是核心数据转发平面，即 openvswitch_mod.ko 模块，它位于内核空间，用于完成数据分组查询、修改、转发，隧道封装，维护底层转发表等功能；其三是控制平面，分布在不同物理机上的软件交换机通过 OpenFlow 控制集群组成分布式虚拟化交换机，还实现了不同租户虚拟机隔离功能。每个数据转发保持一个 OpenFlow 连接，没有在数据平面出现的数据流在第一次通过软件交换机时，都被转发到 OpenFlow 控制平台处理，OpenFlow 根据一至四层信息特征匹配，定义转发、丢弃、修改或排队策略，第二次数据转发时就直接由核心转发模块处理，加快了后续数据处理过程。

Open vSwitch 不但可以以独立软件方式在虚拟机管理器（比如 Xen、XenServer、KVM、Proxmox VE 和 VirtualBox 等虚拟机支撑平台）内部运行，还可以部署在硬件上，作为交换芯片控制堆栈。Citrix 公司已把 Open vSwitch 作为 Xen Cloud Platform 默认的内置交换机。

2011 年 8 月，Open vSwitch 发布第一个版本 Open vSwitch v1.2.1，此后多年时间发布了多个版本。目前 Open vSwitch 支持的功能主要包括以下几个方面。

- 支持 NetFlow（一种流量监控技术，统计经过路由器的数据包并导出，对网络信息进行分析、归纳、统计）、sFlow（一种用于监控数据网络上交换机或路由器流量转发状况的技术，采用内置在硬件中的专用芯片，旨在消除路由器或交换机的 CPU 和内存负担）、IP 数据流信息输出（IP Flow Information Export，IPFIX）、SPAN 和远程交换端口分析器（Remote Switched Port Analyzer，RSPAN———一种交换机的端口镜像技术），监视虚拟机之间的通信；
- 支持 LACP（IEEE 802.1AX—2008）；
- 支持标准 IEEE 802.1Q VLAN Trunk；
- 支持 BFD 和 IEEE 802.1ag 链路监视；
- 支持 STP（IEEE 802.1D—1998）和 RSTP（IEEE 802.1D—2004）；
- 支持细粒度 QoS 控制；
- 支持 HFSC 队列规则；
- 可按虚拟机接口分配流量，定制策略；
- 支持绑定网卡、基于源 MAC 地址负载均衡，支持主动备份和 L4 哈希；
- 支持 OpenFlow 1.0 以上的众多扩展；
- 支持 IPv6；
- 支持多种隧道协议（如 GRE、VXLAN、IPsec、基于 IPsec 的 GRE 和 VXLAN）；
- 支持与 C 和 Python 绑定的远程配置协议；
- 内核模式和用户空间模式可选；
- 支持拥有流缓存的多流表转发；
- 支持转发抽象层来简化移植到新的软件和硬件平台的过程。

2. Pantou

Pantou 是由美国斯坦福大学组织推动的一个基于 OpenWrt 实现 OpenFlow 的创新项目，它可以将商用无线路由器或无线接入点（Access Point，AP）转换成 OpenFlow 交换机。OpenWrt 是一种基于 Linux 流行的无线路由器操作系统，主要组件有 Linux 内核、uClibc 和 BusyBox，所有组件经过优化，适合存储空间和内存都有限的家用路由器。Pantou 基于 BackFire OpenWrt 版本（Linux 2.6.32）的用户空间实现，与 Open vSwitch 这样的内核空间实现相比，它的系统调用负载更重。此外，使用者还需要为设备的芯片组合（目前主要是博通和 Atheros）选择合适的镜像文件或者编译自己的镜像文件，将镜像文件下载到设备上并确保工作正常。

3. Indigo

Indigo 开源项目是 Floodlight 项目的子项目，Indigo 是基于 OpenFlow 的 SDN 软件交换机，它运行在硬件交换机上，并利用以太网交换机的硬件功能来线速运行 OpenFlow。Indigo 已实现 OpenFlow 1.0 所有必需的功能。Big Switch 于 2013 年 3 月推出的虚拟交换机 Switch Light 正是基于 Indigo 2 来实现的（Indigo 1 已经不再被支持）。Indigo 2 有两个组成部分：Indigo 2 Agent 和 LoxiGen。Indigo 2 Agent 代表核心库，包括硬件抽象层（Hardware Abstraction Layer，HAL）和配置抽象层，其中硬件抽象层可以方便整合物理或虚拟交换机的转发和端口管理界面，配置抽象层可以支持在物理交换机的混合模式下运行 OpenFlow。LoxiGen 是一个编译器，以多种语言来生成 OpenFlow 的打包库或解包库。目前，LoxiGen 支持 C 语言，对 Java 和 Python 的编程/脚本语言的支持还在开发中。Indigo 虚拟交换机（Indigo Virtual Switch，IVS）是一个轻量级的从底层向上构建的虚拟交换机，支持 OpenFlow 协议。Indigo 主要用于大规模网络虚拟化应用，并支持使用 OpenFlow 控制器的跨物理服务器分布，这与 VMware 的 vNetwork、Cisco 的 Nexus 或 Open vSwitch 相似。

4. LINC

LINC（Link Is Not Closed）是全新的开源交换平台，由 flowforwarding.org 提供支持。flowforwarding.org 是一个致力于推广实施 OpenFlow 标准的免费开源社区，支持 Apache 2 许可证。目前 LINC 已经发展成为一个支持 OpenFlow 规范完整功能集的参考实现。最初开发 LINC 的目标是快速、低成本地开发评估 OpenFlow 1.2、OpenFlow 1.3 以及 OF-CONFIG 1.1，以运行在商用现成品或技术（Commercial-Off-The-Shelf，COTS）平台上。出于以上考虑，LINC 基于 Erlang 进行开发（Erlang 由爱立信开发，是一种运行于虚拟机的解释型语言）。

LINC 是纯软件的 OpenFlow 交换机，支持 OpenFlow 1.2、OpenFlow 1.3.1 以及 OF-CONFIG 1.1.1。OpenFlow 交换机的功能在 LINC 库实现，该库接收 OF-CONFIG 的命令并在 OpenFlow Operational Context 中执行，它可以同时处理一个或多个 OpenFlow 逻辑交换机（由信道组件、可替代后端、逻辑交换机组成）。其中，信道组件是 OpenFlow 逻辑交换机和控制器之间的通信层，用来处理控制器的 TCP/TLS（Transport Layer Security，传输层安全协议）连接，并使用 OpenFlow 协议库来编解码 OpenFlow 协议消息。它从控制器接收消息，解析后传给后端，之后再将编码后的消息从 OpenFlow 交换机传给控制器。可替换后端实现转发数据分组的实际逻辑，管理流表、组表、端口等，并回复来自控制器的 OpenFlow 协议消息。由于使用了一个通用 API（gen_switch），LINC 的逻辑交换机可使用任何可用的后端，这使得交换机逻辑不依赖后端，可以处理交换机配置、管理信道组件和 OpenFlow 资源。

图 3.16 显示了 LINC 的主要软件模块，包括 OpenFlow 交换机［通过 API（gen_switch）实现］、OpenFlow 协议模块和 OF-CONFIG 模块等。该设计遵循 Erlang 的开放电信平台（Open Telecom Platform，OTP）原则。

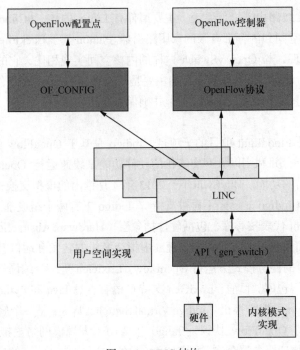

图 3.16　LINC 结构

OF-CONFIG 协议处理是由 OF-CONFIG 库应用程序来实现的，用于处理、分析、验证、生成来自 OpenFlow 配置点的 OF-CONFIG 消息，并向应用程序（LINC）输出一组命令来配置 OpenFlow 交换机。例如，创建 OpenFlow 逻辑交换机的实例，将 OpenFlow 资源与特定 OpenFlow 逻辑交换机绑定等。

5. OpenFlowClick

Click 是由美国麻省理工学院 Eddie Kohler 博士等人开发的一款优秀的软件工具，专门用于构建基于 Linux 操作系统的软件路由器。Click 以模块化为核心思想，把路由器功能划分为若干粒度合适的模块，这些模块被称为元件（Element）。Click 的元件由 C++编写完成，每个元件都是一个 C++类。当路由器初始化运行时，这些元件被实例化为 C++对象。Click 提供了几百个符合 TCP/IP 标准的元件，实现了路由器各个方面的功能，包括从网络设备读取数据分组、数据分组分类、数据加密、数据验证、查询路由表、缓存数据分组、封装数据分组、向网络设备发送数据分组等。软件路由器开发人员可以根据需求选择不同的元件，再使用 Click 配置语言将这些元件连接起来，以实现定制功能的软件路由器。此外，如果 Click 中没有所需功能的元件，用户还可以按照规则使用 C++编写完成，这使定制和修改软件路由器的功能变得非常容易。

Click 允许研究者选择不同的元件创造自定义的数据分组处理流程，但是数据分组的处理流程是在初始化 Click 之前配置好的，不能动态地改变。OpenFlowClick 是在 Click 内部开发的一个 OpenFlow 元件，其将 OpenFlow 与 Click 结合起来，通过 OpenFlow 控制器控制不同特性的网络流量在 Click 中的处理顺序，这种控制是动态、可选择的。

传统的互联网处理网络流量的方法通常是逐个分组处理或者逐流处理，每一种方法提供给网络研究人员的控制方式不同。现在网络流量处理正在向既能逐个分组处理又能逐流处理的方向发展。OpenFlowClick 就是一种可以同时对数据分组和数据流进行处理的软件。当网络流量以数据分组形式到达时，OpenFlowClick 可以通过控制器中的控制逻辑对数据分组进行处理；当网络流量以数据流形式到达时，OpenFlowClick 可以将数据流与 OpenFlow 中的流表进行匹配，然后对具有相同流特性的数据流进行处理。因此，OpenFlowClick 具有数据分组处理过程中的灵活性和简易性特点。

6. OF13SoftSwitch

OF13SoftSwitch 项目由巴西的爱立信创新中心支持，并由与爱立信研究中心合作的 CPqD 进行维护。OF13SoftSwitch 是兼容 OpenFlow 1.3 的用户空间软件交换机，基于爱立信 TrafficLab 1.1 SoftSwitch，并在其数据平面上做必要改变来支持 OpenFlow 1.3。OF13SoftSwitch 的封装包主要包括以下构件。

- 用于实现 OpenFlow 1.3 交换机的 ofdatapath；
- 用于连接交换机和控制器的安全信道 ofprotocol；
- 用于转换到 OpenFlow 1.3 的软件库 oflib；
- 通过控制台配置 OF13SoftSwitch 的命令行使用程序 dpctl。

安装和下载该软件交换机的说明和教程均可以在 GitHub 上找到。用户可以尝试 OF13 SoftSwitch 的预配置版本，包括 OpenFlow 1.3 Software Switch、NOX 兼容版本、Wireshark 插件以及 OFTest。

3.4　通用可编程数据平面

3.4.1　协议无关交换机架构

1. PISA 模型

PISA（Protocol Independent Switch Architecture），指协议无关交换机架构，这是一种在用户完全程序控制下以最高速度处理数据包的新范例。实践证明，PISA 用户可以使用开源编程语言自行编写网络，而不会降低其性能。PISA 体系架构把数据平面的全部控制权交给网络所有者。为了做到这一点，PISA 确定了一个小的用于处理数据包的原始指令集，以及一个非常统一的可编程流水线，用以快速连续地处理数据包头。程序是用高级域特定语言（P4）编写的，经由 P4 语言编译器进行编译，并在 PISA 设备上全速率运行。

PISA 交换机可以包含以下组件：解析器/逆解析器、匹配-动作表、元数据总线。其中除了元数据总线，其他组件都是非必需的。解析器（Parser）将分组数据转化成元数据，逆解析器（Deparser）将元数据转化成序列化的分组数据。匹配-动作表（Match-Action Table）用于操作元数据。元数据（Meta Data）负责存储数据信息。流表整合了网络中各个层次的网络配置信息，从而在进行数据转发时可以使用更丰富的规则。流表可自定义实现，控制平面下发的流表，从匹配字段（Match-Field）到动作（Action）都必须与 P4 程序中定义的匹配-动作表相吻合。

2. 基于 Tofino 的交换设备

Barefoot Tofino 交换芯片（后文简称 Tofino 芯片）是业内第一个支持 PISA 的以太网交换 ASIC 芯片，Tofino 芯片为网络设计者提供了 PISA 的强大功能。Tofino 芯片是完全可编程的，转发逻辑是由网络运营商或交换机制造商加载到芯片上的 P4 程序决定的，而不是在硬件中固定的。Tofino 芯片是独立于协议的，由 P4 程序提供处理所有支持协议的逻辑，而芯片并不知道它需要支持的网络协议。图 3.17 为 PISA 图，数据包可经过自定义的解析后进行匹配和动作操作，实现数据平面的协议无关转发。与此同时，可编程性不会引入更多的功耗和成本。

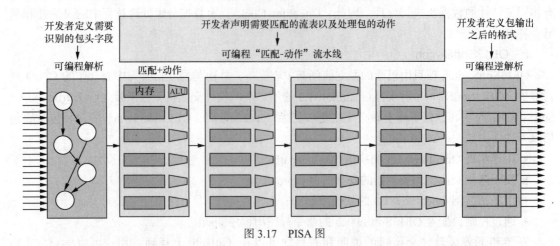

图 3.17　PISA 图

当需要支持新协议时，网络运营商或交换机制造商只需向 P4 程序添加新的逻辑。云服务提供商的一个趋势是自产芯片，推动芯片向特定领域发展。比如图形处理单元（Graphics Processing Unit，GPU）不仅应用于图形领域，机器学习中也有它的身影，它们的共同特点都是基于可编程的芯片和针对特定领域的指令集，然后将高级语言编译后实现特定功能，Tofino 芯片（及其他 PISA 的交换设备）和 P4 语言就是这一趋势在网络交换数据平面的体现。新一代可全编程交换机芯片——Tofino 2 同样利用 Barefoot 的 PISA，并使用 P4 可编程语言实现数据平面的编程。同时，SerDes 带宽比前一代增加 1 倍，因此芯片的总带宽达到 12.8Tbit/s，并且拥有更多的可编程逻辑资源。

3.4.2　数据平面编程语言

2014 年，由 McKeown 教授等联合发布了一篇论文"P4:Programming Protocol-Independent Packet Processors"，该论文在 SDN 界引起了极大的反响和关注度。随后，McKeown 教授等人又发布了 *The P4 Language Specification*、《Barefoot 白皮书》等。目前，P4 已经在国外引起了足够的重视，ONF 成立了协议无关转发的开源项目，该项目目前的工作重点就是为 P4 提供配套的中间表示（Intermediate Representation，IR），而项目的工作成果也将被用来设计下一代的 OpenFlow 协议。

P4 是一种专用的编程语言，其目标为实现协议无关性、目标无关性以及现场可重配置能力，它能够解决 OpenFlow 编程能力不足以及其设计本身所带来的可扩展性差的难题。首先 P4 定义数据包的处理流程，然后利用编译器在不受限于具体协议的交换机或网卡上生成具体的配置，从而实现用 P4 表达的数据包处理逻辑。

截至目前，P4 语言分为 $P4_{14}$ 和 $P4_{16}$ 两个大的版本。其中，2017 年 5 月 P4 社区发布的 $P4_{16}$ 语言是当前 P4 语言的最新版本。一个 $P4_{16}$ 结构文件应包含类型声明、常量声明以及用户需要的控制和解析模块的说明。有些数据包处理任务无法在 P4 中表达，$P4_{16}$ 支持使用外部功能或方法来解决这个问题，即在 P4 之外实现计算功能，可以从 P4 程序中调用。和 $P4_{14}$ 相比，$P4_{16}$ 的语言风格发生了较大的变化，它在整体语言风格上向 C++语言进行了借鉴和学习。此外，$P4_{16}$ 允许程序在任意目标上执行，对于执行的包处理类型和自定义功能的目标，$P4_{16}$ 都提供了表达的语言机制。P4 语言的开源项目托管在 GitHub 中，在 P4 语言组织的仓库中还有很多开源项目。

第 4 章
南向接口协议

南向接口是 SDN 控制器与网络设备之间的接口，主要负责控制平面与数据平面之间的交互，实现网络设备的编程和管理。本章主要介绍 OpenFlow 协议、OF-CONFIG 协议、NETCONF 协议和 OVSDB 管理协议等。

本章的主要内容是：

（1）OpenFlow 协议，包括组件、表项、消息处理等；

（2）OF-CONFIG 协议原理；

（3）NETCONF 协议，包括架构、报文结构、通信模式等；

（4）OVSDB 管理协议，包括架构、RPC 方法、数据库操作等。

SDN 南向接口

4.1 南向接口协议概述

南向接口协议是为控制平面的控制器和数据平面的交换机之间的信息交互而设计的协议，图 4.1 所示是南向接口协议所处位置。协议的设计目标如下：

（1）实现数据平面与控制平面的信息交互，向上收集数据平面信息，向下下发控制策略，指导转发行为；

（2）实现网络的配置与管理；

（3）实现路径计算，包括链路属性（带宽与开销）、链路状态和拓扑信息等。

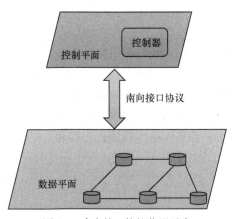

图 4.1 南向接口协议位置示意

南向接口协议众多，目前主要实现的协议如表 4.1 所示。

表 4.1 主要实现的南向接口协议

南向接口协议	设计目标
OpenFlow	用于 OpenFlow 交换机与 OpenFlow 控制器的信息交互
OF-CONFIG	用于 OpenFlow 交换机的配置与管理
NETCONF	用于网络设备的配置与管理
OVSDB	用于 Open vSwitch 的配置与管理
XMPP	用于即时通信、游戏平台、语音与视频会议系统，openContrail 控制器利用 XMPP 与 vRouter 进行信息交互
PCEP	为 PCE 和 PCC 之间的通信协议，用于实现路径计算
I2RS	I2RS 体系架构中的南向接口协议
OpFlex	Cisco ACI 体系中的策略控制协议

4.2 OpenFlow 协议

4.2.1 背景

数据平面和控制平面分离是 SDN 的本质特点之一。在 SDN 架构中，控制平面与数据平面分离，网络的管理和状态在逻辑上集中到一起，底层的网络基础从应用中独立出来，由此网络获得前所未有的可编程、可控制和自动化能力。这使用户可以很容易根据业务需求，建立高度可扩展的弹性网络。要实现 SDN 的转控分离架构，就需要在 SDN 控制器与数据转发层之间建立一个通信接口标准。

2008 年，美国斯坦福大学成立了一个名为 Clean Slate 的特别工作小组，这个小组在 2009 年开发出了一个可以满足 SDN 转控分离架构要求的标准，即 OpenFlow 1.0。同时该小组还开发出了 OpenFlow 的参考交换机和 NOX 控制器。OpenFlow 标准协议允许控制器直接访问和操作网络设备的数据平面，这些设备可以是物理设备，也可以是虚拟的路由器或者交换机。数据平面则采用基于流的方式进行转发。

OpenFlow 1.0 问世后不久就引起了业界关注。2011 年 3 月 21 日，德国电信、Facebook、谷歌、微软、雅虎等公司共同成立了 ONF 组织，以推广 SDN，加大 OpenFlow 标准化力度。芯片商 Broadcom，设备商 Cisco、Juniper、HP 等，各数据中心解决方案提供者以及众多运营商纷纷参与，陆续制定了 OpenFlow 1.1、OpenFlow 1.2、OpenFlow 1.3、OpenFlow 1.4 等标准，目前仍在继续完善中。越来越多公司加入 ONF，OpenFlow 及 SDN 技术影响越来越大。

图 4.2 给出了 OpenFlow 协议各个版本的演进过程和主要功能，目前使用和支持最多的是 OpenFlow 1.3。

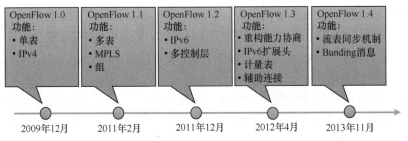

图 4.2 OpenFlow 版本演讲过程和主要功能

4.2.2 OpenFlow 组件

OpenFlow 组件由 OpenFlow 网络设备（OpenFlow 交换机）、控制器（OpenFlow 控制器）、用于连接设备和控制器的安全信道以及 OpenFlow 表项组成，如图 4.3 所示。其中，OpenFlow 交换机和 OpenFlow 控制器是组成 OpenFlow 组件的实体，要求能够支持安全信道和 OpenFlow 表项。

1. OpenFlow 控制器

OpenFlow 控制器位于 SDN 架构中的控制平面，通过 OpenFlow 协议南向指导设备的转发。目前主流的 OpenFlow 控制器分为两大类：开源控制器和厂商开发的商用控制器。这里简要介绍几款较知名的开源控制器。

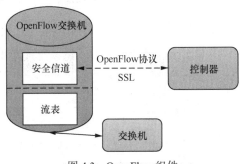

图 4.3 OpenFlow 组件

（1）NOX/POX

NOX 是第一款真正的 SDN OpenFlow 控制器，由 Nicira 公司在 2008 年开发，并且捐赠给了开源组织。NOX 支持 OpenFlow 1.0，并可提供相关 C++的 API，采用异步的、基于时间的编程模型。而 POX 可以视作更新的、基于 Python 的 NOX 版本，支持 Windows、macOS 和 Linux 系统上的 Python 开发，主要用于研究和教育领域。

（2）ONOS

ONOS 是由 The Open Networking Lab 使用 Java 及 Apache 实现发布的首款开源 SDN 操作系统，主要面向服务提供商和企业骨干网。ONOS 的设计宗旨是实现可靠性强、性能好、灵活度高的 SDN 控制器。

（3）OpenDaylight

OpenDaylight 是一个 Linux 基金合作项目，以开源社区为主导，使用 Java 语言实现开源框架。面对 SDN，OpenDaylight 作为项目核心，拥有一套模块化、可插拔且灵活的控制器，还包含一套模块合集，能够执行需要快速完成的网络任务。OpenDaylight 控制器以化学元素为名，最初的产品是 Hydrogen（氢），当前已经发布了第八个版本 Oxygen（氧），并且实现了 OpenDaylight 与 NFV 开放平台（Open Platform for NFV，OPNFV）、开源云平台 OpenStack 和开放网络自动化平台（Open Network Automation Platform，ONAP）同步。大多数开源的 SDN 控制器是完全基于 OpenFlow 协议开发的，这是因为其设计多数源自 ONIX（一种分布式控制器框架）。相比之下，大部分商用控制器会将 OpenFlow 和其他协议进行联合使用，以实现更复杂的功能。在当下 SDN 大行其道的时代，大多数主流网络厂商例如 VMware、Cisco、H3C 等推出了自己的商用控制器。例如，H3C

的虚拟应用融合架构控制器（Virtual Converged Framework Controller，VCFC）南向通过 OpenFlow、OVSDB、NETCONF 协议对 SDN 设备（主要是 OpenFlow 交换机）进行管控和指导转发，北向提供开放的 REST API 以及 Java 编程接口。VCFC 整体架构如图 4.4 所示。

2. OpenFlow 交换机

OpenFlow 交换机由硬件平面上的 OpenFlow 表项和软件平面上的安全信道构成。OpenFlow 表项为 OpenFlow 的关键组成部分，由 OpenFlow 控制器下发来实现控制平面对数据平面的控制。OpenFlow 交换机主要有下面两种。

（1）OpenFlow-Only Switch：仅支持 OpenFlow 转发。

（2）OpenFlow-Hybrid Switch：既支持 OpenFlow 转发，也支持普通二、三层转发。

一个 OpenFlow 交换机可以有若干个 OpenFlow 实例，每个 OpenFlow 实例可以单独连接控制器，相当于一台独立的交换机，根据控制器下发的流表项指导流量转发。OpenFlow 实例使得一个 OpenFlow 交换机同时被多组控制器控制成为可能，如图 4.5 所示。

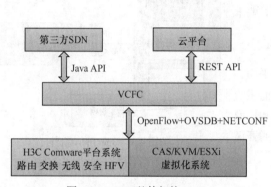

图 4.4　VCFC 整体架构

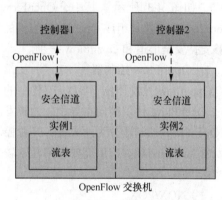

图 4.5　OpenFlow 交换机与控制器

OpenFlow 交换机实际在转发过程中依赖于 OpenFlow 表项，转发动作则由交换机的 OpenFlow 接口完成。OpenFlow 接口有下面 3 类。

（1）物理接口：比如交换机的以太网口等，可以作为匹配的入接口和出接口。

（2）逻辑接口：比如聚合接口、Tunnel 接口等，可以作为匹配的入接口和出接口。

（3）保留接口：由转发动作定义的接口，用于实现 OpenFlow 转发功能。

4.2.3　OpenFlow 表项

OpenFlow 表项在 1.0 阶段只有普通的单播表项，也即我们通常所说的 OpenFlow 流表。随着 OpenFlow 协议的发展，更多的 OpenFlow 表项被添加进来，如组表、计量表等，以实现更多的转发特性以及 QoS 功能。

（1）OpenFlow 流表

狭义的 OpenFlow 流表是指 OpenFlow 单播表项，广义的 OpenFlow 流表则包含所有类型的 OpenFlow 表项。OpenFlow 通过用户定义的流表来匹配和处理报文。所有流表项被组织在不同的流表中，在同一个流表中按流表项的优先级进行先后匹配。一个 OpenFlow 的设备可以包含一个或者多个流表。

一条流表项（Flow Entry）由匹配（Match）、优先级（Priority）、处理指令（Instructions）和统计数据（如 Counters）等字段组成，流表项的结构随着 OpenFlow 版本的演进不断丰富，不同版本的流表项结构如图 4.6 所示。

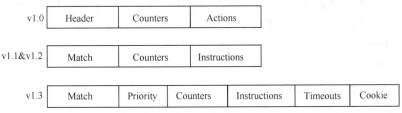

图 4.6　不同版本的流表项结构

Match：流表项匹配规则，可以匹配入接口、物理入接口、流表间数据、二层报文头、三层报文头、四层端口号等。

Priority：流表项优先级，用于定义流表项之间的匹配顺序，优先级高的先匹配。

Counters：流表项统计计数，用于统计有多少个报文和字节匹配到流表项。

Instructions & Actions：流表项行动指令（Instructions & Actions）集，用于定义匹配到流表项的报文需要进行的处理。当报文匹配流表项时，每个流表项包含的指令集就会执行。这些指令会影响到报文、行动集以及管道流程。交换机不需要支持所有的指令类型，并且 OpenFlow 控制器可以询问 OpenFlow 交换机所支持的指令类型。具体的指令类型如表 4.2 所示。

表 4.2　　　　　　　　　　　　流表项行动指令

指令	说明
Meter	对匹配到流表项的报文进行限速
Apply-Actions	立即执行 Action
Clear-Actions	清除行动集中的所有 Action
Write-Actions	更改行动集中的所有 Action
Write-Metadata	更改流表间数据，在支持多级流表时使用
Goto-Table	进入下一级流表

每个流表项的指令集中每种指令最多只能有一个，指令的执行的优先顺序为：

Meter→Apply-Actions→Clear-Actions→Write-Actions→Write-Metadata→Goto-Table

当 OpenFlow 交换机无法执行某个流表项中的行动时，该交换机可以拒绝这个流表项，并向 OpenFlow 控制器返回 unsupported flow error 信息。常见行动如表 4.3 所示。

表 4.3　　　　　　　　　　　　常见行动

行动名称		说明
必备的	Output	转发到指定的 OpenFlow 端口
	Drop	无直接行动，指令集中无 Output 行动则丢弃该报文
	Group	处理报文到指定 Group
可选的	Set-Queue	设置报文的队列 ID
	Push-Tag/Pop-Tag	写入/弹出标签，例如 VLAN、MPLS 等
	Set-Field	修改报文的头字段
	Change-TTL	修改 TTL、Hop Limit 等字段

Timeouts：流表项的超时时间，包括 Idle Time 和 Hard Time。Idle Time 表示在 Idle Time 超时后如果没有报文匹配到该流表项，则此流表项被删除。Hard Time 表示在 Hard Time 超时后，无论是否有报文匹配到该流表项，此流表项都会被删除。

Cookie：OpenFlow 控制器下发的流表项的标识。

（2）流表处理流程

OpenFlow 规范中定义了流水线式的处理流程，流表处理流程如图 4.7 所示。

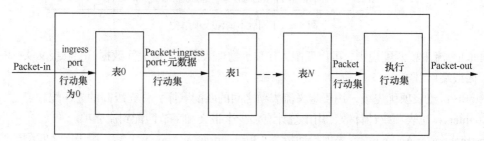

图 4.7　流表处理流程

当报文进入 OpenFlow 交换机后，必须从最小的流表开始依次匹配。流表可以按次序从小到大越级跳转，但不能从某一流表向前跳转至编号更小的流表。当报文成功匹配一条流表项后，将首先更新该流表项对应的统计数据（如成功匹配数据包总数目和总字节数等），然后根据流表中的指令进行相应操作，比如跳转至后续某一流表继续处理，修改或者立即执行该数据包对应的行动集等。当数据包已经处于最后一个流表时，其对应的行动集中的所有行动将被执行，包括转发至某一端口、修改数据包某一字段、丢弃数据包等。流表匹配流程如图 4.8 所示。具体实现时，OpenFlow 交换机还需要对匹配流表项次数进行计数、更新匹配集和元数据等操作。

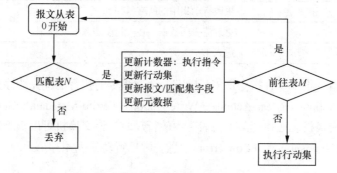

图 4.8　流表匹配流程

（3）Table Miss 表项

每个流表都包含一个 Table Miss 表项，该流表项用于定义在流表中没有匹配的报文的处理方式。该流表项的匹配域为通配，即匹配任何报文，优先级为 0，指令与正常流表项相同。通常，如果 Table Miss 表项不存在，默认行为是丢弃报文。

（4）Flow Remove

流表项可以由 OpenFlow 控制器通过 OpenFlow 消息进行删除，也可以在 Idle Time 超时或者 Hard Time 超时后自动删除。Idle Time 超时有两种情况：某个流表项长时间不匹配报文则 idle_timeout 字段设置为非 0；某个流表项经过一定时间后，无论是否匹配报文，hard_timeout 字段设置为非 0。如果 OpenFlow 控制器在建立流表项时携带了 Flow Remove 标记，则流表项在被删除时，设备需要通知 Controller Flow Remove 消息。

（5）OpenFlow 组表

OpenFlow 组表的表项被流表项所引用，提供组播报文转发功能。一系列的 Group 表项组成了组表，每个表项结构如表 4.4 所示。

表 4.4　　　　　　　　　　　　　　　OpenFlow 组表

Group Identifier	Group Type	Counters	Action Buckets

根据 Group ID 可检索到相应组表项，每个组表项包含多个行动桶，每个行动桶包含多个行动，行动桶内的行动执行顺序依照行动集中的顺序。

（6）OpenFlow 计量表

计量表项被流表项所引用，为所有引用计量表项的流表项提供报文限速的功能。一系列的计量表项组成了计量表，每个计量表项的组织结构如表 4.5 所示。

表 4.5　　　　　　　　　　　　　　　OpenFlow 计量表

Meter Identifier	Meter Bands	Counters

一个计量表项可以包含一个或者多个 Meter Bands，每个 Meter Bands 定义了速率以及行动。若报文的速率超过了某些 Meter Bands，则根据这些 Meter Bands 中速率最大的那个定义的行动进行处理。

4.2.4　OpenFlow 安全信道

OpenFlow 设备与 OpenFlow 控制器通过建立 OpenFlow 信道进行 OpenFlow 消息交互、实现表项下发、查询以及状态上报等功能。通过 OpenFlow 信道的报文都是根据 OpenFlow 协议定义的，通常采用 TLS 加密，但也支持简单的 TCP 直接传输。如果安全信道采用 TLS 加密，当交换机启动时，会尝试连接到控制器的 6633 TCP 端口（OpenFlow 端口通常默认建议设置为 6633）。双方通过交换证书进行认证。因此，在加密时，每个交换机至少需配置两个证书。

4.2.5　OpenFlow 信道建立

1. OpenFlow 消息类型

OpenFlow 协议目前支持的 3 种消息类型：Controller to Switch、Asynchronous、Symmetric。

（1）Controller to Switch 消息：由控制器发起、交换机接收并处理的消息，如图 4.9 所示。这些消息主要用于控制器对交换机进行状态查询和修改配置等管理操作，可能不需要交换机响应。

Controller to Switch 消息主要包含以下几种。

Features：用于控制器发送请求来了解交换机的性能，交换机必须回应该消息。

Modify-State：用于管理交换机的状态，如流表项和端口状态。该消息主要用于增加、删除、修改 OpenFlow 交换机内的流表项、组表项以及交换机端口的属性。

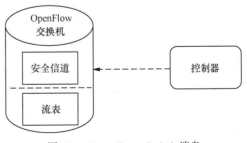

图 4.9　Controller to Switch 消息

Read-State：用于控制器收集交换机各方面的信息，例如当前配置、统计信息等。

Flow-Mod：用来添加、删除、修改 OpenFlow 交换机的流表信息。Flow-Mod 消息共有 5 种：ADD、DELETE、DELETE-STRICT、MODIFY、MODIFY-STRICT。

Packet-out：用于通过交换机特定端口发送报文，这些报文是通过 Packet-in 消息接收到的。通常 Packet-out 消息包含整个之前接收到的 Packet-in 消息所携带的报文或者 Buffer ID（用于指示存储在交换机内的特定报文）。这个消息需要包含一个行动集，当 OpenFlow 交换机收到该行动集后会对 Packet-out 消息所携带的报文执行该行动集。如果行动集为空，Packet-out 消息所携带的报文将被 OpenFlow 交换机丢弃。

Asynchronous-Configuration：控制器使用该报文设定 Asynchronous 消息过滤器来接收其只希望接收到的 Asynchronous 消息报文，或者向 OpenFlow 交换机查询该过滤器。该消息通常用于 OpenFlow 交换机和多个控制器相连的情况。

（2）Asynchronous（异步）消息：由交换机发送给控制器，用来通知交换机上发生的某些异步事件的消息，如图 4.10 所示，主要包括 Packet-in、Flow-Removed、Port-Status 等。例如，当某一条规则因为超时而被删除时，交换机将自动发送一条 Flow-Removed 消息通知控制器，以方便控制器做出相应的操作，如重新设置相关规则等。

Asynchronous 消息具体包含以下几种。

Packet-in：用于转移报文的控制权到控制器。对于所有通过匹配流表项或者 Table Miss 后转发到控制器端口的报文要通过 Packet-in 消息送到控制器。也有部分其他流程（如 TTL 检查等）需要通过该消息和控制器交互。Packet-in 既可以携带整个需要转移控制权的报文，也可以通过在交换机内部设置报文的 Buffer 来仅携带报文头以及其 Buffer ID 传输给控制器。控制器在接收到 Packet-in 消息后会对其接收到的报文或者报文头和 Buffer ID 进行处理，并发回 Packet-out 消息通知 OpenFlow 交换机如何处理该报文。

Flow-Removed：用于通知控制器将某个流表项从流表中移除。通常该消息在控制器发送删除流表项的消息或者流表项的定时器超时后产生。

Port-Status：用于通知控制器端口状态或设置的改变。

（3）Symmetric（同步）消息：是双向对称的消息，主要用来建立连接、检测对方是否在线等，是控制器和 OpenFlow 交换机都会在无请求情况下发送的消息，如图 4.11 所示，包括 Hello、Echo 和 Experimenter 这 3 种消息，这里介绍应用最常见的前两种。

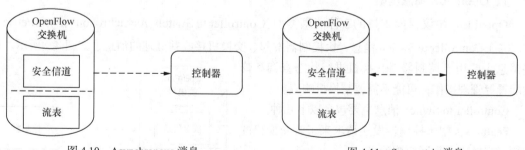

图 4.10　Asynchronous 消息　　　　　　　图 4.11　Symmetric 消息

Hello：当连接启动时交换机和控制器会发送 Hello 消息进行交互。

Echo：用于验证控制器与交换机之间连接的存活，控制器和 OpenFlow 交换机都会发送 Echo Request/Reply 消息。接收到 Echo 请求消息，必须能返回 Echo 响应消息。Echo 消息也可用于测量控制器与交换机之间链路的延迟和带宽。

2．信道建立过程

OpenFlow 控制器和 OpenFlow 交换机之间建立信道连接的基本过程，具体如下。

（1）OpenFlow 交换机与 OpenFlow 控制器之间通过 TCP "三次握手" 过程建立连接，使用的 TCP 端口号为 6633。

（2）TCP 连接建立后，交换机和控制器就会互相发送 Hello 消息。Hello 消息负责在交换机和控制器之间进行版本协商，该消息中 OpenFlow 数据头的类型值为 0。

（3）功能请求（Feature Request）：控制器向交换机发送一条 OpenFlow 消息，目的是获取交换机性能、功能以及一些系统参数。该消息中 OpenFlow 数据头的类型值为 5。

（4）功能响应（Feature Reply）：由交换机向控制器发送，功能响应消息，该消息描述了 OpenFlow 交换机的细节。控制器获得交换机功能响应消息后，OpenFlow 协议相关的特定操作就可以开始了。

（5）Echo 请求（Echo Request）和 Echo 响应（Echo Reply）：属于 OpenFlow 中的对称型消息，它们通常用于 OpenFlow 交换机和 OpenFlow 控制器之间的保活。通常 Echo 请求消息中 OpenFlow 数据头的类型值为 2，Echo 响应的类型值为 3。不同厂商提供的不同实现中，Echo 请求和响应报文中携带的信息也会有所不同。

3．信道连接断开模式

当 OpenFlow 交换机与所有控制器断开连接后，设备进入 Fail Open 模式。OpenFlow 交换机存在两种 Fail Open 模式。

（1）Fail Secure 模式：在该模式下的 OpenFlow 交换机，流表项继续生效，直到流表项超时被删除。OpenFlow 交换机内的流表项会正常老化。

（2）Fail Standalone 模式：所有消息通过保留端口 Normal 处理，即此时的 OpenFlow 交换机变成传统的以太网交换机。Fail Standalone 模式只适用于 OpenFlow-Hybrid 交换机。

安全信道也有两种模式，不同模式下安全信道重连的机制不同。

（1）并行模式：并行模式下，交换机允许同时与多个控制器建立连接，交换机与每个控制器单独进行保活和重连，互相不影响。当且仅当交换机与所有控制器的连接断开后，交换机才进入 Fail Open 模式。

（2）串行模式：串行模式下，交换机在同一时刻仅允许与一个控制器建立连接。一旦与该控制器连接断开后，交换机并不会进入 Fail Open 模式，而是立即根据控制器的 ID 顺序依次尝试与控制器连接。如果与所有控制器都无法建立连接，则等待重连时间后，继续遍历控制器尝试建立连接。在 3 次尝试后，若仍然没有成功建立连接，则交换机进入 Fail Open 模式。

4.2.6　OpenFlow 消息处理

OpenFlow 流表下发有主动和被动两种模式。

主动模式下，控制器将自己收集的流表信息主动下发给网络设备，随后网络设备可以直接根据流表进行转发。

被动模式下，网络设备收到一个消息没有匹配的流表项记录时，会将该消息转发给控制器，由后者进行决策转发，并下发相应的流表。被动模式的好处是网络设备无须维护全部的流表，只有当实际的流量产生时才向控制器获取流表记录并存储，当老化定时器超时后可以删除相应的流表，因此可以大大节省交换机芯片空间。

在实际应用中，通常是主动模式与被动模式结合使用。

当 OpenFlow 交换机和控制器建立连接后，控制器需要主动给 OpenFlow 交换机下发初始流表，否则进入 OpenFlow 交换机的消息查找不到流表项，就会被丢弃处理。这里的初始流表保证了 OpenFlow 的未知消息能够上送控制器。而后续正常业务报文的转发流表，则在实际流量产生时由主动下发的初始流表将业务消息的首包上送给控制器后，触发控制器以被动模式下发。

OpenFlow 消息上送控制器详细过程如图 4.12 所示。

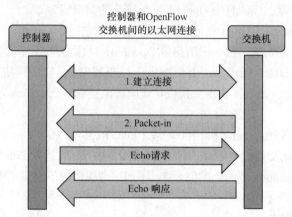

图 4.12　OpenFlow 消息上送控制器详细过程

（1）控制器和交换机建立连接事件是 Packet-in 事件发生的前提。

（2）当交换机收到数据包后，如果明细流表中与数据包没有任何匹配条目，就会命中 Table Miss 表项，触发 Packet-in 事件，交换机会将这个数据包封装在 OpenFlow 协议报文中并将其发送至控制器。

Packet-in 数据头包括缓冲 ID、数据包长度、输入端口、Packet-in 的原因（0 表示无匹配；1 表示流表中明确提到将数据包发送至控制器）。

控制器收到 Packet-in 消息后，可以发送 Flow-Mod 消息向交换机写一个流表项，并且将 Flow-Mod 消息中的 buffer_id 字段设置为 Packet-in 消息中的 buffer_id 值，从而由控制器向交换机写入一条与数据包相关的流表项，并且指定该数据包按照此流表项的行动列表处理。

控制器根据报文的特征信息（如 IP 地址、MAC 地址等）下发一条新的流表项到交换机或者做其他处理之后，下发 Packet-out 消息行动为 Output 到表，具体过程如图 4.13 所示。

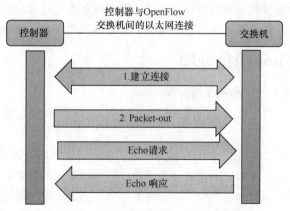

图 4.13　控制器回应 OpenFlow 消息过程

（1）控制器和交换机之间建立连接事件是 Packet-out 事件发生的前提。

（2）控制器要发送数据包至交换机时，就会触发 Packet-out 事件将数据包发送至交换机。这一事件的触发可以看作控制器主动通知交换机发送一些数据包的操作。通常，当控制器想对交换机的某一端口进行操作时，就会使用 Packet-out 消息。数据包由控制器发往交换机，内部消息使用 Packet-out，并由 OpenFlow 数据头封装。OpenFlow Packet-out 消息包括缓冲 ID、入口端口编号、动作明细（添加为动作描述符）、输出动作描述符、VLAN ID 动作描述符、VLAN PCP 动作描述符、提取 VLAN 标签动作描述符、以太网地址动作描述符、IPv4 地址动作描述符、IPv4 DSCP 动作描述符、TCP/UDP 端口动作描述符、队列动作描述符、各厂商动作描述符。

当交换机接收到 Flow-Mod 消息生成流表后，就可以按照流表转发接收到的 Packet-out 消息了。

4.3 OF-CONFIG 协议

4.3.1 简介

在 OpenFlow 协议中，控制器需要和已配置的交换机进行通信，而交换机在正常工作之前需要对其特性以及资源进行配置。而这些配置超出了 OpenFlow 协议范围，理应由其他的配置协议来完成。OF-CONFIG 协议（OpenFlow Management and Configuration Protocol）就是一种 OpenFlow 交换机配置协议。OF-CONFIG 由 ONF 于 2012 年 1 月提出，目前已经演化到 1.2 版本。OF-CONFIG 协议与 OpenFlow 协议的关系如图 4.14 所示。

作为一种交换机配置协议，OF-CONFIG 的主要功能包括配置交换机连接的多个控制器信息、端口和队列等资源的配置以及端口等资源的状态修改等。此外，作为一个配置协议，OF-CONFIG 也要求连接必须是安全可靠的。为满足实际网络运维要求，OF-CONFIG 支持通过配置点对多个交换机进行配置，也支持通过多个配置点对同一个交换机进行配置。

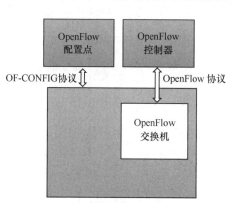

图 4.14 OF-CONFIG 协议与
OpenFlow 协议的关系

为了满足 OpenFlow 版本更新的需求以及协议的可扩展要求，OF-CONFIG 采用 XML 来描述其数据结构。此外，在 OF-CONFIG 的初始规范中也规定了采用 NETCONF 协议作为其传输协议。由于 OF-CONFIG 协议不和数据交换和路由等模块直接相关，所以相比于对实时性要求高的 OpenFlow 等南向接口协议而言，OF-CONFIG 协议对实时性要求并不高。

4.3.2 原理

OF-CONFIG 协议主要分为 Server（服务器）和 Client（客户端）两部分，其中 Server 运行在 OpenFlow 交换机端，而 Client 运行在 OpenFlow 配置点上。本质上，OpenFlow 配置点就是普通的通信节点，其可以是独立的服务器，也可以是部署了控制器的服务器。通过 OpenFlow 配置点上的 Client 程序可以实现远程配置交换机，比如连接的控制器信息、交换机特性及端口和队列等相关配置。1.2 版本的 OF-CONFIG 协议支持 OpenFlow 1.3 的交换机的主要配置如下。

（1）配置由数据路径（在 OF-CONFIG 协议中称为 OpenFlow 逻辑交换机）连接的控制器信息，支持配置多个控制器信息，实现备份。

（2）配置交换机的端口和队列，实现资源的分配。

（3）远程改变端口的状态以及特性。

（4）完成 OpenFlow 交换机与 OpenFlow 控制器之间安全连接的证书配置。

（5）发现 OpenFlow 逻辑交换机的能力。

（6）配置 VXLAN、NVGRE 等隧道协议。

OF-CONFIG 用 XML 来描述其数据结构，通过 NETCONF 协议来传输其内容，其最顶层数据结构如图 4.15 所示。其中 OpenFlow 使能交换机是由 OpenFlow 逻辑交换机实例化出来的一个数据结构，用于与 OpenFlow 配置点通信，并由配置点对其属性进行配置。OpenFlow 逻辑交换机是指对 OpenFlow 交换机实体的逻辑描述，指导交换机进行相关动作，也是与 OpenFlow 控制器通信的实体。OpenFlow 交换机拥有包括端口、队列、流表等资源。

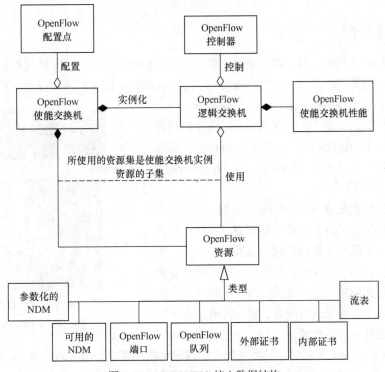

图 4.15　OF-CONFIG 核心数据结构

作为 OpenFlow 的"伴侣协议"，OF-CONFIG 很好地补充了 OpenFlow 协议之外的内容。在 OpenFlow 协议的 SDN 框架中，OF-CONFIG 需完成交换机的配置工作，包括配置控制器信息等内容。当交换机和控制器建立连接之后，将通过 OpenFlow 协议来传递信息。从面向对象的角度看，OpenFlow 协议仅负责指导交换机对数据流进行操作而无法对交换机的资源进行配置，转而由 OF-CONFIG 等配置协议来完成交换机的配置工作，此设计体现了面向对象的理念，使得协议内容更加合理。

而作为伴侣协议，OF-CONFIG 协议是 OpenFlow 协议的补充，所以其设计动机、设计目的和实现方式等都不一样，如表 4.6 所示。但值得注意的是，OpenFlow 逻辑交换机的某些属性可以通过 OpenFlow 协议和 OF-CONFIG 协议来进行配置，所以两个协议有相互重叠的地方。

表 4.6　　　　　　　　　　　　　OpenFlow 和 OF-CONFIG 的差异

比较项目	OpenFlow	OF-CONFIG
设计动机	修改流表项等规则来指导通过 OpenFlow 交换机的网络数据包的修改和转发等动作	通过远端的配置点对多个 OpenFlow 交换机进行配置，简化网络运维工作
传输	通过 TCP、TSL 或者 SSL 来传输 OpenFlow 比特流	通过 XML 描述数据，并通过 NETCONF 传输
协议终结点	（1）OpenFlow 控制器（代理或者中间层在交换机看来就是控制器）。 （2）OpenFlow 交换机/数据路径	（1）OF-CONFIG 配置点。 （2）OpenFlow 使能交换机
使用示例	OpenFlow 控制器下发一条流表项指导交换机将从端口 1 进入的数据包丢弃	通过 OF-CONFIG 配置点将某个 OpenFlow 使能交换机连接到指定的控制器

4.4　NETCONF 协议

4.4.1　简介

NETCONF 为用于网管和网络设备之间通信的协议，网管通过 NETCONF 协议对远端设备的配置进行下发、修改和删除等操作。网络设备提供了规范的 API，网管可以通过 NETCONF 使用这些 API 管理网络设备。

NETCONF 是基于 XML 的网络配置和管理协议，使用简单的基于 RPC 机制实现客户端和服务器之间的通信。客户端可以是脚本或者网管上运行的一个应用程序。服务器是典型的网络设备。

"云时代"对网络的关键诉求之一是网络自动化，包括业务快速按需自动发放、自动化运维等。传统的命令行和 SNMP 已经不适应云化网络的诉求。

为了弥补传统命令行和 SNMP 的缺陷，基于 XML 的 NETCONF 协议应运而生。其优点如下。

（1）NETCONF 采用分层的协议框架，更适应云化网络按需、自动化、大数据的诉求。

（2）NETCONF 协议以 XML 格式定义消息，运用 RPC 机制修改配置信息，这样既能方便管理配置信息，又能实现来自不同制造商设备之间的互操作性。

（3）NETCONF 协议基于 YANG 模型对设备进行操作，可减少由人工配置错误引起的网络故障。

（4）NETCONF 提供了认证、鉴权等安全机制，保证了消息传递的安全。

（5）NETCONF 支持数据的分类存储和迁移，支持分阶段提交和配置隔离，实现事务机制验证回滚。配置整体生效，可以缩短对网络业务的影响时间。

（6）NETCONF 定义了丰富的操作接口，并支持基于能力集进行扩展。不同制造商设备可以定义自己的协议操作，以实现独特的管理功能。

4.4.2　NETCONF 基本网络架构

NETCONF 基本网络架构示意图如图 4.16 所示，该系统必须包含至少一个网络管理系统（Network Management System，NMS）作为整个网络的网管中心，NMS 运行在 NMS 服务器上，用于对设备进行管理。

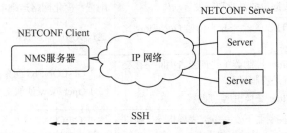

图 4.16　NETCONF 基本网络架构示意图

NMS 中的主要元素如下。

（1）Client。其主要作用如下。

* 利用 NETCONF 协议对网络设备进行系统管理。
* 向 NETCONF Server 发送 RPC 请求，查询或修改一个或多个具体的参数值。
* 接收 NETCONF Server 主动发送的告警和事件，以获知被管理设备的当前状态。

（2）Server。其主要用于维护被管理设备的信息数据并响应 Client 的请求。

* NETCONF Server 收到 Client 的请求后会进行数据解析，然后给 NETCONF Client 返回响应。
* 当设备发生故障或其他事件时，NETCONF Server 利用 Notification 机制主动将设备的告警和事件通知给 Client，向 Client 报告设备的当前状态变化。

4.4.3　NETCONF 基本会话建立过程

NETCONF 协议使用 RPC 通信机制，NETCONF Client 和 Server 之间使用 RPC 机制进行通信。Client 必须和 Server 成功建立一个安全的、面向连接的会话才能进行通信。Client 向 Server 发送一个 RPC 请求，Server 处理完用户请求后，给 Client 发送一个回应消息。NETCONF 基本会话建立过程如图 4.17 所示。

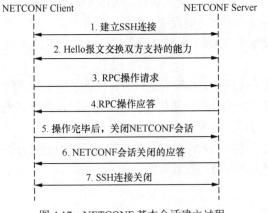

图 4.17　NETCONF 基本会话建立过程

NETCONF 会话建立和关闭的基本流程如下。

（1）Client 触发 NETCONF 会话建立，完成安全外壳（Secure Shell，SSH）连接建立，并进行认证与授权。

（2）Client 和 Server 完成 NETCONF 会话建立和能力协商。

（3）Client 发送一个或多个请求给 Server，进行 RPC 交互（鉴权），例如修改并提交配置、查询配置数据或状态、对设备进行维护操作等。

（4）Server 应答 Client，进行 RPC 交互（鉴权）。

（5）Client 关闭 NETCONF 会话。

（6）Server 关闭 NETCONF 会话。

（7）SSH 连接关闭。

4.4.4　NETCONF 协议框架

NETCONF 协议采用了分层结构，如图 4.18 所示。每层分别对协议的某一方面进行包装，并向上层提供相关服务。分层结构使每层只关注协议的一个方面，实现起来更简单，同时使各层之间的依赖、内部实现的变更对其他层的影响降到最低。

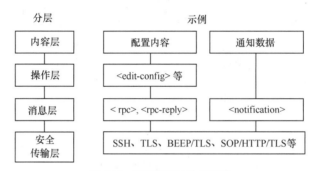

图 4.18　NETCONF 协议框架

NETCONF 协议可划分为 4 层，由低到高分别为安全传输层、消息层、操作层和内容层。

1. 安全传输层

安全传输层提供了 Client 和 Server 之间的通信路径。NETCONF 协议可以使用各种符合基本要求的安全传输层协议承载。

NETCONF 安全传输层推荐使用 SSH 协议，XML 信息通过 SSH 协议承载。当前华为支持 SSH 协议作为 NETCONF 协议的承载协议。

2. 消息层

消息层提供了一种简易的、不依赖于安全传输层，生成 RPC 和通知消息框架的通信协议。

Client 把 RPC 请求封装在一个<rpc>元素内，发送给 Server；Server 把请求处理的结果封装在一个<rpc-reply>元素内，回应给 Client。

3. 操作层

操作层定义了一组基本的操作，作为 RPC 的调用方法，可以使用 XML 编码的参数调用这些方法。

4. 内容层

内容层由管理数据内容的数据模型定义。目前主流的数据模型有 Schema 模型、YANG 模型等。

Schema 是为了描述 XML 文档而定义的一套规则。设备通过 Schema 文件向网管提供配置和管理设备的接口。Schema 文件类似于 SNMP 的管理信息库（Management Information Base，MIB）文件。

YANG 是专门为 NETCONF 协议设计的数据建模语言。Client 可以将 RPC 操作编译成 XML 格式的报文，XML 遵循 YANG 模型约束进行 Client 和 Server 之间的通信。

4.4.5 NETCONF 报文结构

一个完整的 NETCONF YANG 请求报文结构如图 4.19 所示。

```
<?xml version="1.0" encoding="UTF-8"?>
<rpc rnessage-id="101" xmlns="urn:ietf:params:xml:ns:netconf:base:1.0">    消息
  <edit-config>                                                            操作
    <target>
      <running/>
    </target>
    <default-operation>merge</default-operation>
    <error-option>rollback-on-error</error-option>
    <config xmlns:xc="urn:ietf:params:xml:ns:netconf:base:1.0">
      <isiscomm xmlns="http://www.huawei.com/netconf/vrp/huawei-isiscomm">
        <isSites>
          <isSite xc:operation="merge">                                    内容
            <instanceId>100</instanceId>
            <description>ISIS</description>
            <vpnName>_public_</vpnName>
          </isSite>
        </isSites>
      </isiscomm>
    </config>
  </edit-config>
</rpc>
```

图 4.19　NETCONF YANG 请求报文结构

XML 作为 NETCONF 协议的编码格式，用文本文件表示复杂的层次化数据，既支持使用传统的文本编译工具，也支持使用 XML 专用的编辑工具读取、保存和操作配置数据。

4.4.6 NETCONF 通信模式

Client 的 RPC 请求和 Server 的应答消息全部使用 XML 编码，XML 编码的<rpc>和<rpc-reply>元素提供独立于安全传输层协议的请求和应答消息框架。一些基本的 RPC 元素如下。

（1）<rpc>。<rpc>元素用来封装 NETCONF Client 发送给 NETCONF Server 的请求。

（2）<rpc-reply>。<rpc-reply>元素用来封装 RPC 请求的应答消息，NETCONF Server 给每个<rpc>操作回应一个使用<rpc-reply>元素封装的应答信息。

（3）<rpc-error>。NETCONF Server 在处理 RPC 请求的过程中，如果发生错误或告警，则在<rpc-reply>元素内只封装<rpc-error>元素返回给 NETCONF Client。

（4）<ok>。NETCONF Server 在处理 RPC 请求的过程中，如果没有发生错误或告警，则在<rpc-reply>元素内封装一个<ok>元素返回给 NETCONF Client。

4.4.7 配置数据库

配置数据库是关于设备的一套完整的配置参数的集合。NETCONF 定义了一个或多个配置数据库，并允许对它们进行配置操作，如图 4.20 所示。

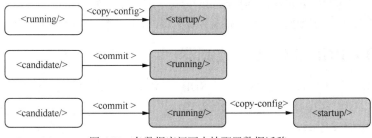

图 4.20　各数据库间可支持配置数据迁移

NETCONF 基本模型中只存在<running/>配置数据库。其他配置数据库可以由能力集定义，且只在宣称支持该能力集的设备上可用。

（1）<running/>：运行配置数据库，用于保存网络设备上当前处于活动状态的完整配置。设备上只存在一个此类型的配置数据库，并且始终存在。

（2）<candidate/>：备用配置数据库，用于存放设备将要提交到<running/>的各项配置数据的集合。管理员可以在<candidate/>上进行操作，对<candidate/>的任何改变不会直接影响网络设备。可以通过<commit>指令将备用配置数据提交为设备运行数据。设备支持此数据库，必须支持 NETCONF 标准能力集中的 Candidate Configuration 能力。

（3）<startup/>：启动配置数据库，用于存放设备启动时所加载的配置数据，相当于已保存的配置文件。设备支持此数据库，必须支持 NETCONF 标准能力集中的 Distinct Startup 能力。

4.5　OVSDB 管理协议

4.5.1　OVSDB 管理协议基本概念

SDN 中的协议按照功能可以分为管理平面协议与控制平面协议。以 SDN 控制器为界限，可编程接口按照层级可以分为南向接口与北向接口。OpenFlow 协议严格来说，是一种控制平面的南向接口协议，而开放虚拟交换机数据库管理协议（Open vSwitch Database Management Protocol，OVSDB 管理协议），是管理平面的南向接口协议。

OVSDB 管理协议起初由 VMware 公司提出，负责管理开放虚拟交换机（Open vSwitch，OVS）的开放虚拟交换机数据库（Open vSwitch Database，OVSDB），是一个用于实现对虚拟交换机的可编程访问和配置管理的 SDN 管理协议。OVSDB 管理协议定义了一套 RPC 接口，用户可通过远程调用的方式管理 OVSDB，主要包括通信协议（JSON-RPC）方法和所支持的 OVSDB 操作。OVS 是 OVSDB 的主要应用，其数据模式由 OVSDB Schema（DB-SCHEMA）定义。

在学习 OVSDB 管理协议之前，先了解一下 OVSDB 管理协议的一些基本概念。

UUID：通用唯一识别码（Universally Unique Identifier）。

OVS：遵循开源 Apache 2.0 许可。

OVSDB：用于配置开放虚拟机的数据库。

JSON：JavaScript 对象标记（JavaScript Object Notation），一种轻量级的数据交换格式，是

OVSDB 使用的数据格式，由 RFC 4627 定义。

JSON-RPC：以 JSON 为协议的远程调用服务由 JSON-RPC 定义。

Durable：持久化，类似于非易失性磁盘存储。OVSDB 支持选择一个事务是否是持久化的。

4.5.2　OVSDB 与 OVS、控制器

OVSDB 管理协议主要管理的对象是 OVSDB，OVSDB 协议提供了 OVSDB 的可编程入口。OVSDB 是 OVS 的唯一数据库，而 OVSDB 管理协议也是 OVS 在管理平面的唯一协议。

在 SDN 中，OVS 通常作为 OVSDB 服务器，而控制器作为 OVSDB 客户端，负责给 OVSDB 服务器下发配置信息，并从 OVSDB 服务器收集信息。典型的 OVSDB 存在的 SDN 架构如图 4.21 所示。

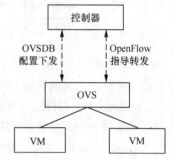

图 4.21　典型的 OVSDB 存在的 SDN 架构

需要知道的是，控制器通过 OVSDB 不仅可以管理 OVS，也能管理硬件交换机。每一个 OVS 上都会有 OVS 守护进程用于接收控制器指令完成配置下发，OVS 守护进程支持以下常见配置。

（1）创建、修改、删除 OpenFlow 数据通道（网桥）。

（2）配置 OpenFlow 数据通道所连接的控制器集群。

（3）配置 OVSDB 服务器所连接的管理集群。

（4）创建、修改、删除 OpenFlow 数据通道的端口。

（5）创建、修改、删除 OpenFlow 数据通道的 Tunnel 接口。

（6）创建、修改、删除队列。

（7）配置 QoS 策略，并将这些策略与队列相关联。

（8）收集统计信息。

4.5.3　OVSDB 与 JSON

OVSDB 管理协议通信使用 JSON 作为数据格式和通信协议格式，并基于 JSON-RPC 1.0 进行数据调用。JSON 是用于结构化数据序列化的一种文本格式，由 RFC 4627 定义。

一些关于 JSON 格式的规定如下。

（1）JSON 数据的书写格式是：名称:值对，例如"firstName":"Ray"。

（2）JSON 值可以是数字、字符串、逻辑值、数组、对象或 null。

（3）JSON 对象在花括号中书写，可以包含多个数据（名称:值对），例如{ "firstName":"Ray", "lastName":"Fu"}。

（4）JSON 数组结构表示为一对方括号包裹着 0 到多个值或对象，值之间用逗号分隔，例如[[{ "firstName":"Ray", "lastName":"Fu" }], [{ "first":"He" , "last":"Wan" }]]。

不同于普通的 JSON 实现，OVSDB 的 JSON 实现有以下限制。

（1）字符串中不能存在 null 字节。

（2）仅支持 UTF-8 编码。

OVSDB 使用了 JSON 下述简化术语：<string>、<id>、<version>、<boolean>、<number>、<integer>、<json-value>、<nonnull-json-value>、<error>。

4.5.4　OVSDB 数据模式

OVS 的配置数据库由一系列表组成，每个表有若干栏目以及行。

OVSDB 的数据库模式通常由下列格式的 JSON 对象表示，如表 4.7 所示。

表 4.7　　　　　　　　　　　用 JSON 对象表示 OVSDB 的数据库模式

名称	值	可选性	说明
"name"	<id>	必选	数据库整体标识
"version"	<version>	必选	数据库模式版本
"cksum"	<string>	可选	实现定义的校验和
"tables"	{<id>: <table-schema>, ...}	必选	体现表名和表模式的 JSON 对象

OVSDB 表模式常由下列格式的 JSON 对象表示，如表 4.8 所示。

表 4.8　　　　　　　　　　　用 JSON 对象表示 OVSDB 表模式

名称	值	可选性	说明
"columns"	{<id>:<column-schema>, ...}	必选	包含的表格的 UUID、版本信息等
"maxRows"	<integer>	可选	表格的最大行数
"isRoot"	<boolean>	可选	表格内是否存在强依赖关系
"indexes"	[<column-set>*]	可选	用于标识表格列

OVSDB 列模式通常由下列格式的 JSON 对象表示，如表 4.9 所示。

表 4.9　　　　　　　　　　　用 JSON 对象表示 OVSDB 列模式

名称	值	可选性	说明
"type"	<type>	必选	列的类型
"ephemeral"	< boolean >	可选	数据是否持久化
"mutable"	<boolean>	可选	数据是否可修改

4.5.5　OVSDB 整体架构

OVSDB 整体架构如图 4.22 所示，包括控制器和 OVS。

OVS 包含 3 个重要的组件：OVSDB-Server、OVS-vSwitchd 以及 OVS 内核模块。它们的具体作用如下。

OVSDB-Server：OVS 的数据库服务进程，用于存储虚拟交换机的配置信息（比如网桥、端口等），为控制器和 OVS-vSwitchd 提供 OVSDB 操作接口。

OVS-vSwitchd：OVS 的核心组件，负责保存和管理控制器下发的所有流表，为 OVS 的内核模块提供流表查询功能，并为控制器提供 OpenFlow 协议的操作接口。

OVS 内核模块：用于缓存某些常用流表，并负责数据包转发（由转发部分 Forwarding Path 负责），当遇到无法匹配的报文时，该模块将向 OVS-vSwitchd 发送 Packet-in 请求，获取报文处理指令。OVS 内核模块可以实现多个数据路径，每个数据路径可以有多个虚拟端口。每个数据路径包含一个流表。

从 OVSDB 数据系统实现的角度来说，OVSDB 整体的系统架构以及实现环境包括 OVSDB-Client、OVSDB-Server、OVSDB 和 OVSDB-Tool，如图 4.23 所示。

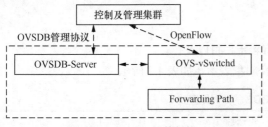

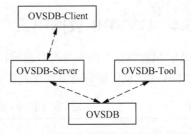

图 4.22　OVSDB 整体架构　　　　　图 4.23　OVSDB 整体的系统架构以及实现环境

　　OVSDB-Server 是 OVSDB 服务器，位于 OVS 本地。OVSDB-Client 则是 OVSDB 客户端，通常为控制器，通过 OVSDB 管理协议向 OVSDB-Server 发送数据库配置和查询的命令。因此，OVSDB-Client 又被称为管理者。OVSDB-Client 通常运行在 OVS 本地，即管理员可以在 OVS 本地以命令行方式输入数据库配置和查询命令。另外，OVSDB-Client 也可以部署在远端，从而实现对 OVSDB-Server 的远程配置。OVSDB-Tool 其实是 OVS 的命令行工具，包含一系列的 OVS 配置命令，常用的命令如下。

　　OVS-vsctl：用于查询和更新 OVS-vSwitchd 的配置信息。

　　OVS-appctl：用于发送命令来运行相关 OVS 守护进程。

　　OVS-ofctl：用于查询和控制 OpenFlow 交换机和控制器。

　　OVS-pki：用于为 OpenFlow 交换机创建和管理公钥框架。

4.5.6　OVSDB RPC 方法

　　OVSDB RPC 方法遵从 JSON-RPC 1.0 规范：每个请求包括方法名称、参数以及请求 ID；每个回应包括结果对象、错误对象以及匹配 ID。

　　请求举例：

```
{ "method": "echo", "params": ["Hello JSON-RPC"], "id": 1}
```

　　method：表示要调用的方法。

　　params：表示参数的数组。

　　id：表示这次请求是需要响应的，服务方需要提供一个 id 为 1 的响应信息。

　　响应举例：

```
{ "result": "Hello JSON-RPC", "error": null, "id": 1}
```

　　result：表示返回结果，如果出错 result 必须为 null。

　　error：表示出错，如果请求成功，则 error 必须为 null。

　　id：表示为此响应对应的请求。

　　OVSDB-Server 必须能实现所有的 OVSDB RPC 方法，OVSDB-Client 则必须能实现 Echo 及其他所有必要的方法。表 4.10 列举了常见 OVSDB RPC 方法。

表 4.10　　　　　　　　　　　　　　常见 OVSDB RPC 方法

方法	描述
List Database	列举通过 OVSDB 管理协议连接能够获取的数据库的名称列表
Get Schema	根据数据库名称获取<database-schema>

方法	描述
Transact	请求数据库服务器对给定的数据库进行一系列指定操作
Cancel	JSON-RPC 通知数据库服务器立即完成或取消指定 Transact 的请求，无须响应
Monitor	通过请求表（或其子集）的变化通知信息，使客户端对 OVSDB 中的表（或其子集）进行复制
Update Notification	紧跟 Monitor 请求之后，服务器将 Update 通知发送给客户端，告知所监控的表的变化情况
Monitor Cancellation	在 Cancel 之前发出的特定监控请求
Lock Operation	支持客户端对数据库进行锁定操作，包括 lock、steal、unlock。数据库服务器支持任意数量的锁定，每个锁定操作由客户端定义的 ID 进行标识。给定时间内每个锁定只能有最多一个拥有者
Locked Notification	通知客户端其之前提交的 lock 请求已安全
Stolen Notification	通知客户端其之前获得的谈定权限已经被另一个客户端偷取了拥有权
Echo	服务器和客户端用来判断数据库连接的保活性

4.5.7 OVSDB 操作

OVSDB 操作主要是指 Transact 方法中参数一栏的 operation（操作）：

```
"params": [<db-name>, <operation>*]
```

OVSDB 操作可分为很多种，每一个 OVSDB 操作都是一个 JSON 对象，主要包括 Insert、Select、Update、Mutate、Delete、Wait、Commit、Abort、Assert 操作。

4.6 其他南向接口协议

4.6.1 XMPP

XMPP（Extensible Messaging and Presence Protocol，可扩展消息处理现场协议）是一种基于 XML 的协议，目的是解决及时通信标准，最早是在 Jabber 上实现的。它继承了在 XML 环境中灵活的发展性。因此，基于 XMPP 的应用具有超强的可扩展性。并且 XML 流很容易穿过防火墙，所以用 XMPP 构建的应用不易受到防火墙的阻碍。利用 XMPP 作为通用的传输机制，不同组织内的不同应用都可以进行有效的通信。

所有 XMPP 信息是以 XML 为基础的，是信息交换的事实标准，可扩展性强。

XMPP 系统是一个分布式系统，每台服务器控制自己的资源，但是如果需要，它能与外部系统进行通信。XMPP 服务器利用开放的 XML 协议来进行 S2S（Server to Server）通信，就像 C2S（Client to Server）通信一样。相比之下，大多数的即时通信（Instant Messaging，IM）系统使用了只支持 C2S/S2C 通信的协议，因此 Jabber/XMPP 服务器具有更强的灵活性。

XMPP 是公开的，程序则开放源码，定义了客户端和服务器的交互要经由 XML 流。普通消息类型，如改变状态、传递消息内容或查询/更新应用则用每个指定的命名空间来建立。

Jabber/XMPP 系统是模块化的，而且 Jabber/XMPP 的设计强调如何实现可伸缩性、安全性和可扩展性。

XMPP 中定义了 3 个角色：客户端、服务器、网关。通信能够在这三者的任意两个之间双向发生。服务器同时承担了客户端信息记录、连接和管理信息的路由功能。网关承担着与异构 IM 系统的互联互通，异构 IM 系统可以包括 SMS（短信）、微信、QQ 等。基本的网络形式是单客户端通过 TCP/IP 连接到单服务器，然后在其上传输 XML 流。

服务系统是 XMPP 通信的智能提取层，它主要负责管理来自其他个体的会话连接或者 XML 流和来自客户端、服务器、其他个体的认证发送在 XML 流实体之中的适当的 XML 地址节点。大多数 XMPP 服务系统允许存储一些客户端数据（比如联系人列表），在这种情况下，服务系统直接面向客户端处理 XML 数据而不是其他个体。大多数客户端通过 TCP 直接连接，并且使用 XMPP 获得服务器提供的应用功能和其他服务。许多资源通过认证的客户端也可同时连接到服务器，定义在 XMPP 地址（比如<node@domain/home>和<node@domain/work>）的每个资源是不同的。建议服务器和客户端采用的端口号是 5222。网关的主要功能是将 XMPP 转换成外部消息系统使用的协议，也将返回的数据使用的协议转换成 XMPP。这些通信是基于网关和服务器、基于网关和外部消息系统的。

4.6.2　PCEP

PCEP 的全称是 Path Computation Element Communication Protocol，直译过来就是路径计算单元通信协议，简单概括就是一个通信协议，是基于 TCP 的应用层协议。

PCEP 最初的目的是将路由器上的约束最短路径优先（Constrained Shortest Path First，CSPF）功能抽取出来，实现集中计算电路（算路）的能力。PCEP 最初是不温不火的，后面随着 SDN "大热"，而 PCEP 由于具备下发路径的能力，就被拿出来说"这不就是 SDN 吗"，从而红红火火了两年；随着 SDN 的降温，近几年 PCEP 又处于不温不火的状态了。

PCEP 在发展过程中有几个关键的变更点：最初是 Stateless PCE，之后演进为 Stateful PCE，其中 Stateful PCE 又分为 Passive Stateful PCE 和 Active Stateful PCE，如今又进化为 PCE-Initiated。

最初 PCEP 的工作组为了实现 RSVP-TE 的路径计算和路径建立功能的分离（之前的 RSVP-TE 的路径计算都在路由器上，是一个分布式路径计算的系统），在网络中增加一个路径计算的服务器节点，为所有路由器上的 RSVP-TE 进行路径计算，从而可以做到集中算路。这就要求路由器和算路服务器之间的通信有一个协议，于是 PCEP 应运而生。

图 4.24 所示是 PCEP 通信架构示意，其中路径计算单元（Path Computation Element，PCE）是算路服务器，路径计算客户端（Path Computation Client，PCC）是算路请求客户端。路径计算通过 PCEP 在 PCE 和 PCC 之间完成，而路径建立是由路由器之间通过资源预留协议（Resource Reservation Protocol，RSVP）完成，这也是一个数控分离的原始形态。

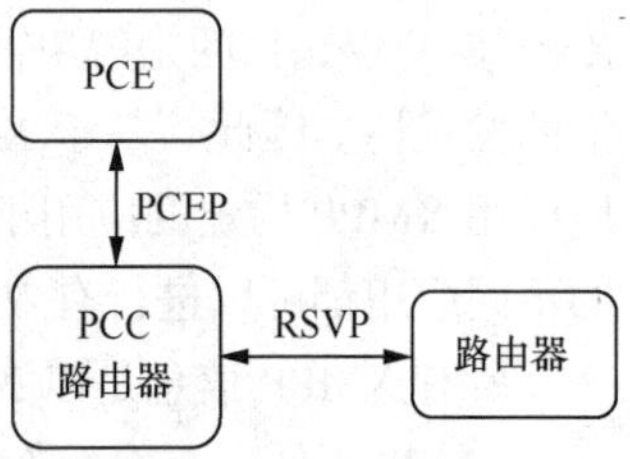

图 4.24　PCEP 通信架构示意

（1）Stateless PCE。Stateless PCE 相当于一个集中的 CSPF 算路能力。之所以称为"无状态"是相对于标签交换路径（Label Switched Path，LSP）的，是指 PCE 并不记录每条 LSP 的路径和状态，PCE 每次收到一条 LSP 的路径计算请求，会根据当前网络资源状态进行计算，计算完成后会将结果返回给请求者，不会记录和 LSP 相关的任何信息。

标准 PCEP 既定义了基础的 PCEP 消息，也定义了 Stateless PCE。

（2）Stateful PCE。Stateful 是相对 Stateless 的。有状态，顾名思义，是 PCE 保存了 LSP 的路

径和状态信息，因此从 PCE 上即可获取网络中 LSP 的所有信息。标准 PCEP 的 Stateful PCE 扩展协议定义了 Stateful PCE 和相关消息。

在标准中又定义了两种不同的模式：Passive Stateful PCE 和 Active Stateful PCE。Passive 是指 LSP 的控制权是属于 PCC 路由器的，PCE 只提供路径计算的服务，每次算路由 PCC 发起，PCE 虽然可以看到 LSP 的路径和状态，但无法主动变更 LSP 的路径和状态。与 Passive Stateful PCE 相反，在 Active Stateful PCE 中，PCC 路由器将 LSP 的控制权完全上交给 PCE，什么时候发起算路，以及什么时候触发 LSP 的路径和状态变取决于 PCE。从这里可以看出，Active Stateful PCE 具备更强的控制器能力，与 SDN 的概念更加贴合了。

（3）PCE-Initiated。在设备上配置一条 RSVP-TE Tunnel 后就会生成相应的 LSP 信息，所以可以认为之前的 RSVP-TE LSP 都是配置生成的。因此 PCE-Initiated 提出了一种 PCE-Initiated LSP，即不通过配置下发，而通过一个 PCEP 的消息创建 RSVP-TE LSP。

4.6.3　I2S

I2S（Inter-IC Sound）总线，又称集成电路内置音频总线，是飞利浦公司为数字音频设备之间的音频数据传输而制定的一种总线标准，该总线广泛应用于各种多媒体系统。I2S 采用了沿独立的导线传输时钟与数据信号的设计，通过将数据和时钟信号分离，避免了时差诱发的失真，为用户节省了购买抵抗音频抖动的专业设备的费用。

在飞利浦公司的 I2S 标准中，I2S 主要有 3 个信号。

（1）位时钟 BCLK（也叫串行时钟 SCLK），即对应数字音频的每一位数据，BCLK 对应 1 个脉冲。BCLK 的频率=2×采样频率×采样位数。

（2）帧时钟 LRCK（也称 WS），用于切换左右声道的数据。LRCK 为 "1" 表示正在传输的是右声道的数据，为 "0" 则表示正在传输的是左声道的数据。LRCK 的频率等于采样频率。

（3）串行数据 SDATA，就是用二进制补码表示的音频数据。

有时为了使系统间能够更好地同步，还需要另外传输一个信号 MCLK，称它为主时钟，也叫系统时钟（Sys Clock），其频率是采样频率的 256 倍或 384 倍。随着技术的发展，在统一的 I2S 接口下，出现了多种不同的数据格式。根据 SDATA 相对于 LRCK 和 BCLK 的位置不同，分为左对齐（较少使用）、I2S 格式（即飞利浦规定的格式）和右对齐（也叫日本格式、普通格式）。

4.6.4　OpFlex

OpFlex 是 Cisco 提出的一个可扩展 SDN 南向接口协议，用于控制器和数据平面设备之间交换网络策略。自 SDN 出现之后，其数据与控制分离的设计使得交换机趋向于白盒（White Box）化，严重冲击了传统设备厂商的市场地位。为了应对这一趋势，网络设备厂商领域的 "领头羊" Cisco 推出了 ACI（Application Centric Infrastructure），即以应用为中心的基础设施。ACI 的技术重点在底层的硬件设施而不在控制平面，但 ACI 支持软件定义数据平面的策略，所以 ACI 也是一种广义的 SDN 实现方式。在 ACI 架构中可以通过集中式的 APIC（Application Policy Infrastructure Controller）来给数据平面设备下发策略，实现面向应用的策略控制。APIC 和数据平面设备之间的南向接口协议就采用了 OpFlex。2014 年 4 月，OpFlex 的第一版草案被提交到了 ITF，开始了标准化进程。它在标准化期间得到了微软、IBM、F5 和 Citrix 等企业的支持，并于 2015 年 10 月开始了第三版的标准化草案修改。

OpFlex 可以基于 XML 或者 JSON 来实现，并通过 RPC 来实现协议操作。OpFlex 架构如图 4.25

所示。目前 OpenDaylight（ODL）已经支持 OpFlex 协议，数据平面的交换设备如 OVS 在部署 OpFlex 代理之后也可以支持 OpFlex。在 OpFlex 协议中，协议的服务器是逻辑集中式的策略库（Policy Repository，PR），客户端为分布式的交换设备或第四到第七层的网络设备，称为策略元件（Policy Element，PE）。在 ACI 中，PR 可以部署在 APIC 上，也可以部署在其他网络设备上。PR 用于解析 PE 的策略请求及给 PE 下发策略信息，而 PE 是执行策略的实体，其是软件交换机或者支持 OpFlex 的硬件交换机。

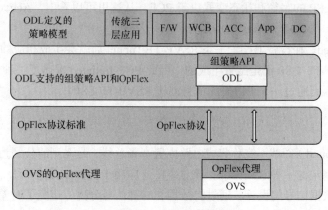

图 4.25　OpFlex 架构

第 5 章
SDN 控制平面

控制平面是 SDN 的核心。控制器连接了底层交换设备与上层业务应用，需要为网络开发人员提供一个灵活的开发平台、为用户提供一个便于操作使用的用户接口，有助于网络开发人员和用户对控制器体系架构的理解与设计。本章首先介绍 SDN 控制器概述，然后介绍开源控制器和商用控制器，最后介绍控制器编程等。

本章的主要内容是：

（1）SDN 控制器架构、功能和扩展；

（2）NOX/POX、Ryu、Floodlight、OpenDaylight 等开源控制器；

（3）开源控制器编程。

SDN 控制平面

5.1 SDN 控制器概述

SDN 控制平面主要由一个或者多个控制器组成。作为数控分离的 SDN 的"操作系统"，控制器具有举足轻重的地位，它是连接底层交换设备与上层应用的"桥梁"。一方面，控制器通过南向接口协议对底层网络交换设备进行集中管理、状态监测、转发决策以处理和调度数据平面的流量；另一方面，控制器通过北向接口向上层应用开放多个层次的可编程性，允许网络用户根据特定的应用场景灵活地制定各种网络策略。控制器是 SDN 的重要组成部分，其设计与实现是 SDN 最为关键的技术环节之一，因此理解控制器的体系架构对于深入研究 SDN 技术是极其重要的。本节将首先对 SDN 控制器的体系架构进行深入剖析，并在此基础上给出 SDN 控制器的主要评估要素。

5.1.1 SDN 控制器体系架构

控制器连接了底层交换设备与上层业务应用，可以看作 SDN 的操作系统。正如第 2 章的介绍，传统网络的操作系统与硬件设备在物理上是紧密耦合的，而 SDN 中数据平面和控制平面是完全分离的，这种分离增强了实现的灵活性。控制器作为 SDN 的核心部分，与计算机操作系统的功能类似，需要为网络开发人员提供灵活的开发平台、为用户提供便于操作使用的接口。因此，参考计算机操作系统的体系架构，将有助于网络开发人员和用户对 SDN 控制器体系架构的理解与设计。

计算机发展早期，开发者出于简单的目的，常常基于"模块组合"架构来设计计算机操作系统。在这种体系架构下，整个操作系统将一些功能模块简单地组合在一起，以实现其整体功能。随着人们不断向操作系统中集成新的功能，模块化组合的体系架构逐渐暴露出很大的弊端，主要体现在其过于简单随意的组合难以支撑繁多、复杂的功能，导致整体操作系统的可扩展性很差，同时管理者也很难对这种架构的系统进行维护。

为了解决模块组合架构存在的问题，人们提出了"层次化"的操作系统体系架构，即根据模块所实现功能的不同，对它们进行分类：最为基础的模块放在最底层；一些较为核心的模块作为第二层；其余模块根据分类情况依次向上叠加。层次化的体系架构中各模块都处于明确的层次，相比于模块组合架构，层次化架构对各模块的组织管理更加容易，系统的可扩展性也得到了显著的增强。

上述思想对于 SDN 控制器设计具有重要的借鉴意义，接下来据此对 SDN 控制器的体系架构进行分析。与计算机操作系统一样，控制器的设计目标是通过对底层网络进行完整的抽象，以允许开发者根据业务需求设计出各式各样的网络应用。SDN 控制器如果按照模块组合的架构实现，当控制器的功能逐渐增多时，系统的可扩展性差的问题必然会凸显出来，开发新的网络应用将会变得无比困难。因此，市面上大多数开源控制器的设计采用了类似于计算机操作系统的层次化体系架构，如图 5.1 所示。

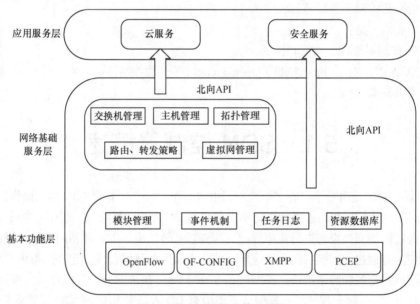

图 5.1　控制器层次化体系架构

从图 5.1 可以看到，在这种层次化的体系架构下，控制器被分为基本功能层与网络基础服务层两个层面，下面将对这两个层面进行详细的分析。

1. 基本功能层

基本功能层主要提供控制器所需要的基本功能。通用的控制器应该能够方便地添加接口协议，这对于动态灵活地部署 SDN 非常重要，因此在基本功能层首先要完成的就是协议适配工作。总结起来，需要适配的协议主要包含两类：第一类是用来与底层交换设备进行信息交互的南向接口协议，第二类是用于控制平面分布式部署的东西向接口协议。协议适配主要有以下 3 方面作用：一是网络的维护人员可以根据网络的实际情况，使用较合适的协议来优化整个 SDN；二是考虑到与传统网络的兼容性问题，可以借鉴使用现有网络协议作为南向、东西向接口协议，这样可以以最小的代价来升级和改造传统网络；三是通过协议适配功能，控制器能够完成对底层多种协议的适配，并向上层提供统一的 API，达到对上层屏蔽底层多种协议的目的。

协议适配工作完成后，控制器需要提供用于支撑上层应用开发的功能。这些功能主要包括以下 4 方面内容。

● 模块管理：重点完成对控制器中各模块的管理。允许在控制器不停止运行的情况下加载新的应用模块，实现上层业务变化前后底层网络环境的无缝切换。

● 事件机制：定义事件处理的相关操作，包括创建事件、触发事件、事件处理等操作。事件作为消息的通知者，在模块之间划定了清晰的界限，提高了应用程序的可维护性和可重用性。

● 任务日志：提供基本的日志功能。开发者可以用它来快速地调试自己的应用程序，网络管理人员可以用它来高效、便捷地维护 SDN。

● 资源数据库：包含底层各种网络资源的实时信息，主要包括交换机资源、主机资源、链路资源等，方便开发人员查询使用。

2. 网络基础服务层

对一个完善的控制器体系架构来说，仅实现基本功能层是远远不够的。为使开发者能够专注于上层的业务逻辑，提高开发效率，需要在控制器中加入网络基础服务层，以提供基础的网络功能。网络基础服务层中的模块作为控制器实现的一部分，可以通过调用基本功能层的接口来实现设备管理、状态监测等一系列基本功能。网络基础服务层涵盖的模块有很多，取决于控制器的具体实现，下面介绍 5 个主要的功能模块。

● 交换机管理：控制器从资源数据库中得到底层交换机信息，并将这些信息以更加直观的方式提供给用户以及上层应用服务的开发者。

● 主机管理：与交换机管理模块的功能类似，重点负责提取网络中主机的信息。

● 拓扑管理：控制器从资源数据库中得到链路、交换机和主机的信息后，就会形成整个网络的拓扑结构图。

● 路由、转发策略：提供数据分组的转发策略，最简单的策略有根据二层 MAC 地址转发、根据 IP 地址转发数据分组。用户也可以在此基础上继续开发来实现自己的转发策略。

● 虚拟网管理：虚拟网管理可有效利用网络资源，实现网络资源价值的最大化。但出于安全性的考虑，SDN 控制器必须能够通过集中控制和自动配置的方式实现对虚拟网络的安全隔离。

在这两层的基础上，控制器通过向上层应用开发者提供各个层次的编程接口，向网络开发者调用从信令级到各种网络服务的 SDN 可编程性，灵活、便捷地完成对整个 SDN 的设计与管理。这种层次化的架构设计中，基础功能层提供了 SDN 控制器作为网络操作系统最为基本的功能，包括对底层硬件的抽象和对上层网络功能模块的管理，网络应用都基于基础功能层提供的接口进行开发；网络基础服务层的可扩展性得以显著地增强，可为上层网络应用的开发、运行提供强大的通用平台。

5.1.2　SDN 控制器的基础功能

SDN 控制器提供了基本的网络服务与通用的 API。网络管理员仅需制定策略来管理网络，而无须关注网络设备特征是否异构和动态等细节。因此，控制器在 SDN 中相当于 NOS。

SDN 控制平面包含一个或多个控制器，负责管理和控制底层网络设备的分组转发。控制器将底层的网络资源抽象成可操作的信息模型提供给应用层，根据应用程序的网络需求来控制网络工作状态，并发出操作指令。

一般认为 SDN 控制器应该具有以下基本功能。

● 路由管理：根据交换机收集到的路由选择信息，创建并转发优化的最短路径信息。

- 通知管理：接收、处理和向服务事件转发报警、安全与状态变化信息。
- 安全管理：在应用程序与服务之间提供隔离和强化安全性。
- 拓扑管理：建立和维护交换机互联的拓扑结构的信息。
- 统计管理：收集通过交换机转发的数据量信息。
- 设备管理：配置交换机参数与属性，管理流表。

1. SDN 东西向接口

SDN 东西向接口用于连接 SDN 中的多个控制器。SDN 东西向接口面临两个问题：一是控制平面的扩展，二是多个设备的控制平面之间的协同工作。通过控制器的东西向扩展可以形成分布式集群，避免单一控制器可能存在的可扩展性、性能等方面的问题。为了确保控制器集群对 SDN 的控制效果与系统的可靠性，使用两种方法，如下。

一种方法是采用主–从控制器结构。主控制器负责生成和维护全网控制器和交换机状态信息，当主控制器失效时，需要从集群的从控制器中选举一个成为新的主控制器。

另一种方法是控制器集群对交换机透明，即在 SDN 的运行过程中，交换机无须关心当前接收的是哪个控制器发来的指令，同时在其向控制器发送数据时，能够保持与之前单一控制器一样的操作方式，从而确保控制器在逻辑上的集中。

由于 SDN 西向接口用于多控制器之间，以及控制器与其他网络之间的连接与通信，因此东西向接口标准对于 SDN 组网方法、网络结构与控制器之间的协作至关重要。

2. SDN 南北向接口

SDN 南向接口层中包含多种南向接口协议的实现。其中，OVSDB 协议用于虚拟交换机网络配置；NETCONF 是 IETF 研发的网络管理协议；位置标识分离协议（Locator Identity Separation Protocol，LISP）用于位置/身份分离；边界网关协议（Border Gateway Protocol，BGP）是外部网关协议；PCEP 是用于虚拟专用网（Virtual Private Network，VPN）配置的路径计算单元通信协议；SNMP 是简单网络管理协议；SNBI 是 SDN 接口协议；等等。

SDN 北向接口位于控制平面和应用层之间，用于使应用程序能够访问控制平面的功能与服务。网络业务开发者通过北向接口，以软件编程的方式调用控制器提供的数据中心、局域网、城域网与广域网等各种网络资源，获知网络资源的工作状态并对其进行调度，以满足对业务资源的需求。

北向接口是直接为网络业务提供服务的。应用层业务的复杂性与多样性要求北向接口具有高度的灵活性和可扩展能力，并具有良好的可操作性，以满足复杂多变的业务创新需求。因此，北向接口能否被应用层不同种类的业务广泛调用，将会直接影响 SDN 的应用前景。

与南向接口不同，北向接口可视为 API 而不是协议。北向接口没有被广泛接受的标准，主要是因为北向接口直接为业务服务，而业务需求具有多样化的特征，很难统一。不同的 SDN 控制器根据不同的应用需求研发了各种异构、独特的 API，从而使北向接口的标准化变得非常复杂。

目前，SDN 北向接口分为两类：功能型北向接口与目的型北向接口。

功能型北向接口通常从网络系统的角度设计，自底向上地考虑北向接口能提供怎样的网络能力。功能型北向接口是与网络技术相关的北向接口，它是面向具体的网络功能所对应的网络功能模型和网络管理模型。功能型北向接口的实例包括设备和链路发现、分配接口 ID、设置设备转发规则、网络状态管理信息等。

目的型北向接口从需求的角度，自顶向下地对网络对象与能力进行抽象，体现了使用者的意图，表达了使用者想做什么而不是如何去做。目的型北向接口表示期望控制器能提供的服务，将控制器变成一个网络资源分配和管理的"黑盒子"。

市场上有多种北向接口，它们都基于 RESTful 接口规范。需要注意的是：RESTful 不是一种具体的接口协议，而是满足 REST 架构约束条件和原则的接口设计。

RESTful 接口规范的约束准则的核心如下。

- 网络中的所有事物可以被抽象为资源。
- 每个资源有唯一的资源标识。
- 对资源的操作不会改变资源标识。
- 所有的操作是无状态的。
- 客户端与服务器之间的通信必须是统一的。

尽管目前很多 SDN 控制器都表示遵循 RESTful 接口规范，但是对外提供的接口并不完全相同。运营商在北向接口标准的选择上采取两种方法：一种是允许各厂商接口存在差异，由运营商提供与北向接口的适配；另一种是针对关键功能制定统一接口规范，如拓扑管理、隧道管理、VPN 管理。当前，实现多厂商接口统一存在一定难度，只有随着产业链的逐步形成以及各标准组织的推进，才可能制定出统一的接口规范。

5.1.3 SDN 控制器的扩展

1. 控制器数量的变化

在 SDN 提出初期，其控制平面的一种设计是将所有的控制功能移到一个集中控制器（即单控制器）上。一经提出，研究人员便将全部精力集中在控制器性能及应用的高效性、创新性和实用性上，尤其是数据中心网络，经常利用中央控制器来进行协调和资源调度，其在有关文献中均有体现。其中一篇文献实时地为流计算新的路径，强制性地回包路由使其能够符合策略。主服务器用于存储分布式文件系统的元数据，大量实验拓扑结构证明，在大多数情况下，使用单控制器足够管理一个较大的网络。

然而大数据时代，在对大规模网络进行管控时，控制器中存储的数据量过大，所需处理的请求事件过于频繁，必将导致 SDN 控制器流表的爆炸性增长，流的映射及查询开销剧烈增加。同时，单控制器的处理能力及 I/O 能力均有限，在面对大规模网络的复杂应用时，必然会产生系统性能瓶颈。相关文献介绍了一种解决方案，即将简单的控制功能移植到交换机上，减少提交给交换机的事件请求，诸如此类思想的产品有 DIFANE 和 DevoFlow。这虽也提高了控制平面的可扩展性，但交换机需要特殊的 ASIC 和一般性能的 CPU 来实现这些简单功能，这就需要生产商的支持，从而增加了难度，也违背了 SDN 的设计理念。

早期关于 SDN 的提议均是基于流的，都会产生额外的流初始化时延。相关文献中详细阐述了单控制器在可扩展性方面所面临的问题，即若网络直径足够大，控制器的部署位置同样会对流的建立延迟产生影响。

2. 控制器布控问题

多控制器解决了单控制器的性能瓶颈问题，但同时也带来许多新的问题，其中较相关的是控制器的数量和部署以及全局状态的一致性问题。

部署问题，即对于给定的网络拓扑，控制器该如何放置、每个控制器管理哪些交换机等。以不同的性能指标（如可靠性、安全性和一致性等）为标准，又有不同的放置方案。国外已有相关研究，以平均时延和最坏时延为衡量标准，针对不同的拓扑结构，来研究控制器所需数量以及控制器在拓扑中所放置的位置对时延的影响，也证明了随机部署与科学部署对时延的影响。但本书并未得出一个一般性的、适用于所有网络拓扑的结论，控制器的数量和位置应随拓扑的变化而变化。

而控制器的部署，重点是分区问题，即对于广域网，需要将其划分为多个子网，多个控制器分别管理其域内交换机。相关文献中介绍了更具有普遍性的多控制器管控网络的区域划分算法，引入了 DevolvedController 的概念，提出了 Path-partition 和 Partition-path 两种启发式算法，前者先路由再划分区域，而后者先划分区域再路由。通过测试分析，两者各有优劣，前者能够使每个控制器监控的链路数更少，但由于其需要考虑每个控制器中已划分的链路，故其所找到的路径更长，更适合常规网络，而后者更适合非常规网络，如 Fat-Tree 网络等。具体情况需具体分析，恰当地选取更合适的算法。

时延只是控制器部署所需考虑的一个因素，可靠性是必须考虑的一个因素。可靠性主要是指控制器与交换机、控制器之间的通信可靠性。某条链路或者交换机出了故障，都会破坏正常的数据转发或者全局的一致性。相关文献提出了"受保护"交换机概念，使故障快速恢复的可能性最大，但只适合单控制器的情况。有文献提出了一种贪婪的控制器放置算法，但其可靠性近似公式准确性欠佳。而另一文献在前两者基础上提出了基于聚类的控制器放置算法和基于贪婪的控制器放置算法，分别实现了全局和局部的可靠性优化效果。但与随机放置算法相比，其优势不明显。

另外，在 SDN 控制平面的安全性方面，相关研究较少。集中化的控制平面承载着网络环境中的所有控制流，是网络服务的中枢机构，其安全性直接关系着网络服务的可用性、可靠性和数据安全性，是 SDN 安全首先要保证的。AVANT-GUARD 这种新的架构，通过在 OpenFlow 数据平面增加相关功能来应对 SDN 安全问题。其能够抵御渗透攻击，比如 TCP-SYN 洪，增强了 SDN 的弹性和可扩展性。但为了实现此功能，OpenFlow 交换机需要足够的指令来处理模块操作。

5.1.4　SDN 控制器的评估要素

前文提到，通过在 SDN 控制器上开发网络应用可提供灵活、个性化的网络服务，控制器作为应用开发以及运行的平台，将直接影响网络运行状态。近年来，随着 SDN 技术的不断发展和演进，学术界和产业界纷纷推出形形色色的 SDN 控制器，令人难以抉择。本节将详细讲述 SDN 控制器的十大评估要素，便于网络管理人员根据需求进行合理的选择。

1. 对 OpenFlow 的支持

OpenFlow 是主流的 SDN 南向接口协议，也是 ONF 组织力推的标准化协议。是否支持OpenFlow 协议可作为 SDN 控制器是否具有普适性的一个重要标准。OpenFlow 协议存在多个版本，本身也在不断完善中，故在选用控制器时需重点考量 OpenFlow 所支持的功能，包括支持可选功能和扩展功能。同时需要了解网络供应商的路线图，保证 SDN 控制器能够支持 OpenFlow 的新版本。

2. 网络虚拟化

网络虚拟化是指多个逻辑网络共享底层网络基础设施，从而提高网络资源利用率，加速业务部署，以及提供业务 QoS 保障。SDN 控制器拥有全局网络视角，其集中式管控的优势可极大地简化资源的统一调配，能够动态地创建基于策略的虚拟网络，这些虚拟网络能够形成虚拟网络资源池，类似于服务器虚拟化的计算资源池。

3. 网络功能

在云服务提供商提供的多租户网络服务中，出于安全考虑，租户希望其流量和数据与其他租户是互相独立的，因而 SDN 控制器在提供网络虚拟化能力的同时需要提供严格的隔离性保障功能。同时，OpenFlow 1.0 提供基于流（12 元组）的匹配转发方式，便于流的细粒度处理，SDN 控制器可提供基于流的 QoS 保障功能。此外，SDN 控制器拥有全局网络视角，有能力发现源端到目的端的多条路径并提供多路径转发功能,可打破 STP 的性能和可扩展性限制。相比于传统的 TRILL 和最短路径桥接(Shortest Path Bridging,SPB)方案,SDN 控制器可提供相同的能力而无须对网络进行任何改动。

4. 可扩展性

SDN 的集中式架构便于网络管理人员根据需求灵活地在控制器中添加、更改和删除相应的网络服务模块,使得对全网的管理就如同在一台网络设备中。因而评估 SDN 控制器可扩展性的一个至关重要的指标是可支持 OpenFlow 交换机的数量。通常来说,1 台 SDN 控制器应该能够支持至少 100 台 OpenFlow 交换机,当然对于不同的应用场景,这个数量并不是绝对的。此外,如何减少广播对网络带宽和流表规模的影响,也是评估 SDN 控制器可扩展性的一个重要因素。

5. 性能

SDN 控制器最重要的功能是将处理每一条流的第一个数据分组的处理结果,以流表项的方式写入交换机的流表中,便于后续报文的处理。因而,SDN 控制器对流的处理时延以及每秒处理新流的数目是评价 SDN 控制器性能的主要性能指标。

6. 网络可编程性

在传统网络环境中,对网络功能的更改需要依次在相关设备上进行配置,这不仅实施费力,还容易出错,且无法根据网络的动态变化实时调整,这种原始的静态网络编程特性使网络性能难以得到保障。作为新兴的网络技术,SDN 控制器的一个重要特性是可编程性,具体包括数据流的重定向、精确的报文过滤以及为网络应用提供友好的北向可编程接口。

7. 可靠性

可靠性是评价网络的一个十分重要的标准,SDN 控制器作为整个网络的控制中枢,其单点故障可能引起整个网络的瘫痪。当前为提高 SDN 控制器的可靠性,主流的做法是利用集群技术,为 SDN 控制器提供主从热备份机制,一旦检测的主 SDN 控制器出现故障,可立即切换到备份 SDN 控制器。此外,除了从 SDN 控制器自身提高可靠性,还可以通过 SDN 控制器计算源端到目的端的多条转发路径,并在组表中存储备份路径,当网络链路出现故障时,可自动切换到备份路径,从而提高网络可靠性。

8. 网络安全性

为提供网络安全性,SDN 控制器需要实现企业级身份验证和授权,同时为了使网络管理人员更加灵活地对网络进行控制,SDN 控制器需要具备实现对各种关键流量访问进行管控的能力,如管理流量、控制流量等的能力。此外,SDN 控制器自身作为网络攻击的重点对象,需在控制平面中限制控制信令的速率以及提供告警机制。

9. 集中管理和可视化

SDN 的一个优势在于能够给网络管理人员提供物理网络和虚拟网络的可视化信息,如流量、拓扑等。另外,网络管理人员通常希望能够通过标准的协议与技术对 SDN 控制器进行监控,因此,在理想情况下,SDN 控制器需要通过 REST API 提供对网络信息访问的支持。

10. 控制器供应商

SDN 技术作为未来网络领域的一片"蓝海",近些年来各大网络厂商争相进入。考虑到 SDN 市场的不稳定性和特殊性,在选择 SDN 控制器时除了参考上述技术层面的指标,还需关注供应商的财务、技术资源、当前正在进行的 SDN 研发和进展以及其专注在 SDN 市场的定位和竞争能力。

5.2 开源控制器

随着 SDN 技术的快速发展以及控制器在 SDN 中核心作用的突显，控制器软件正呈现百花齐放的发展形势，特别是开源社区在该领域贡献了很大的力量，目前已向业界提供了很多开源控制器。不同的控制器拥有各自的特点和优势，本节选取已经被 SDN 业界广泛采用的几种典型控制器（NOX/POX、Ryu、Floodlight、OpenDaylight）进行详细介绍，同时对其他开源控制器做简要介绍，以期为读者理解控制平面提供基本参考。

5.2.1 NOX/POX

NOX 是全球第一个开源的 SDN 控制器，2008 年由 Nicira 公司主导开发。作为 SDN 操作系统的先驱，NOX 的出现在 SDN 发展进程中具有里程碑式的意义。NOX 在很大程度上推动了 OpenFlow 技术的发展，也是早期 SDN 领域众多研究项目的基础。NOX 底层模块由 C++实现，上层应用可以用 C++或 Python 语言编写。图 5.2 展示了 NOX 的框架。从图 5.2 中可以看出，NOX 的核心与组件提供了用于与 OpenFlow 交换机进行交互的 API 和辅助方法，包括网络服务器和协议引擎，同时还提供了如主机跟踪、路由计算、拓扑发现以及 Python 接口等可选择的附加组件。

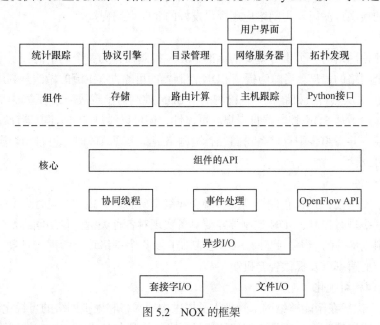

图 5.2 NOX 的框架

由于 NOX 代码量较大和复杂度较高，在一定程度上给网络研究人员对网络问题本身的研究带来了较大障碍，故在 2011 年，Nicira 公司推出了 NOX 的兄弟版控制器 POX。POX 完全采用 Python 语言编写，保持与 NOX 一致的事件处理机制和编程模式。由于 Python 语言简单、易学，因此 POX 更加易于被研究人员接受，得到了广泛关注和应用。总结来看，POX 控制器主要包含如下技术特征：一是基于 Python 语言实现了 OpenFlow 接口；二是可以与 PyPy（PyPy 是 Python 语言的动态编译器）进行捆绑运行，易于部署；三是支持 Linux、macOS、Windows 等多种操作系统，灵活、易操作。

为了方便用户开发基于 POX 控制器的各种应用，POX 控制器提供了相应的核心 API 和一系列组件。其中，核心 API 提供了对报文、地址的解析封装以及对事件的操作等基本接口，通过这些基本的接口，开发者可以方便地开发网络控制器的应用。在核心 API 的基础上，POX 控制器提供了一系列组件，表 5.1 详细介绍了部分组件的功能。

表 5.1　　　　　　　　　　　　　　POX 控制器部分组件的功能

组件类型及说明	组件	功能
基础组件	pox.coreobject	POX API 的核心，主要用于完成组件的注册以及组件之间相关性和事件的管理
	pox.lib.addresses	主要用于完成对各类地址（IP 地址、Ethernet 地址等）的操作
	pox.lib.revent	定义了事件处理相关的操作，包括创建事件、触发事件、事件处理等操作
	pox.lib.packet	主要用于完成对报文的封装、解析、处理等操作
与 OpenFlow 协议相关的组件	OpenFlow.of-01	主要用来与 OpenFlow 1.0 交换机进行通信
应用类组件	forwarding.hub	传统的 Hub 策略
	forwarding.l2_ learning	传统的二层交换机策略
	forwarding.l3_ learning	三层学习交换，其主要使用场景是处理 ARP 响应
	forwarding.l2_ multi	根据整个网络的拓扑来完成二层分组的转发
	OpenFlow.spanning tree	实现生成树策略
	web.webcore	POX 的 Web 服务组件
	messenger	用于将基于 JSON 格式的信息与外部进程进行交互
	OpenFlow.discovery	使用 LLDP 报文来发现整个网络的拓扑
	proto.dhcpd	实现简单的 DHCP 服务器
	proto.dhcp_ client	DHCP 客户端组件
	proto.arp responder	完成查询、修改、增加 ARP 表的功能
	info.packet dump	将 Packet-in 信息写入 Log 文件中
	proto.dns spy	监听 DNS 应答分组并存储结果
	log	POX 的日志模块

5.2.2　Ryu

Ryu 是由日本电报电话公司（NTT）主导开发的一个开源 SDN 控制器项目，其字面意思是日语中的 Flow，旨在提供一个健壮又不失灵活性的 SDN 操作系统。Ryu 使用 Python 语言开发，提供了完备、友好的 API，目标是使网络运营者和应用商可以高效、便捷地开发新的 SDN 管理和控制应用。当前，Ryu 提供了非常丰富的协议支持，如 OpenFlow 1.0/1.2/1.3/1.4 等、OF-CONFIG 协议、NETCONF 协议，以及 Nicira 公司产品中的一些扩展功能，同时它有着丰富的第三方工具，如防火墙 App 等。

Ryu 的整体架构如图 5.3 所示，最上层的 Quantum 与 OF REST 分别为 OpenStack 和 Web 提供编程接口，中间层是 Ryu 自行研发的应用组件，最下层是 Ryu 底层实现的基本组件。

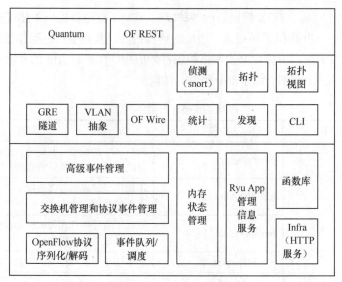

图 5.3　Ryu 的整体架构

　　尤其值得说明的是，Ryu 基于组件的框架进行设计，这些组件都以 Python 模块的形式存在，表现为一个或者多个线程形式，这样可以便于提供一些接口用于控制组件状态和产生事件，事件中封装了具体的消息数据。由于事件会在多个组件中使用，因此事件对象是只读的。目前 Ryu 中包含的常用组件的功能说明如表 5.2 所示。

表 5.2　　　　　　　　　　　　　　　　　Ryu 中常用组件的功能

组件类型及说明	组件	功能
基本组件	base.app manager	提供对其他组件的管理，被 ryu-manager 自动调用
	controller.dpset	管理 OpenFlow 交换机的组件，今后的版本中可能会被 ryu/topology 代替
	controller.ofp handler	对控制器、交换机间握手、协商过程进行处理
	controller.ofp event	完成 OpenFlow 消息—事件的转化，提供北向接口
	controller.controller	控制器组件，管理与 OpenFlow 交换机连接的安全信道，接收 OpenFlow 消息，调用 ofp_event，并发布相应的事件，以触发订阅了该事件的组件的处理逻辑
与 OpenFlow 协议相关的组件	Ofproto l x（x=0/1/2/3/4）	定义相应协议版本的参数
	Ofproto l x_parser（x=0/1/2/3/4）	定义相关协议版本消息的封装格式
基本应用类组件	app.simple_ switch	传统的二层交换机策略
	app.simple_ switch stp	无广播环路的二层交换机策略
	app.simple_ isolation	基于 MAC 的过滤策略
	app.simple vlan	实现基本的 VLAN
	appgre tunnel	实现多种隧道策略
	topology	交换机与链路状态监测组件，用于拓扑图的构建
基于 REST API 的应用组件（用于 Web 可视化管理）	app.ofctl rest	用于管理 OVS 中的流表项
	app.rest conf switch	用于配置 OpenFlow 交换机
	app.rest_ quantum	与 Quantum 的通信接口

续表

组件类型及说明	组件	功能
基于 REST API 的应用组件（用于 Web 可视化管理）	app.rest router	路由策略
	app.rest topology	用于对拓扑进行管理
	app.rest tunnel	隧道策略

5.2.3　Floodlight

Floodlight 是一款基于 Java 语言的开源 SDN 控制器，遵循 Apache 2.0 软件许可，支持 OpenFlow 协议。Floodlight 的日常开发与维护工作主要由开源社区支持，其中包括部分来自 Big Switch Networks 公司的工程师，同时 Floodlight 也是该公司商用控制器产品的核心部分。Floodlight 作为免费的开源控制器，提供了与商业版本控制器相同的 API，使得开发者可以将 Floodlight 上的程序快速移植到商用版本的控制器上。

Floodlight 与 NOX、POX 等其他控制器类似，也使用了层次化架构来实现控制器的功能，同时提供了非常丰富的应用，可以直接在网络中部署数据转发、拓扑发现等基本功能。此外，Floodlight 还提供了友好的前端 Web 管理界面，用户可以通过管理界面查看连接的交换机信息、主机信息以及实时网络拓扑信息。Floodlight 通过向 OpenFlow 交换机下发流表等方式来实现数据分组转发决策，以达到对交换设备进行集中控制的目的。

Floodlight 的整体架构由控制器核心功能以及运行于其上的应用组成，应用和控制器之间可以通过 Java API 或 REST API 交互，如图 5.4 所示。

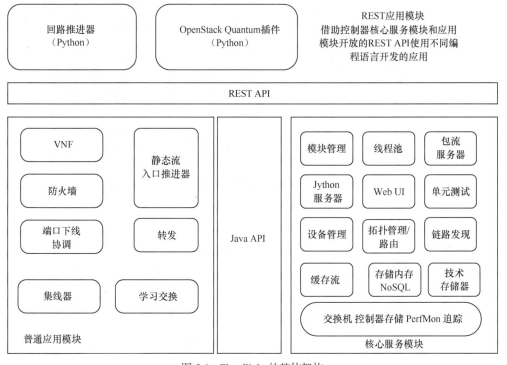

图 5.4　Floodlight 的整体架构

Floodlight 使用模块框架实现控制器特性和应用，在功能上 Floodlight 可看作由控制器核心服务模块、普通应用模块和 REST 应用模块 3 部分构成：核心服务模块为普通应用模块和 REST 应用模块提供 Java API 或 REST API 基础支撑服务；普通应用模块依赖于核心服务模块，并为 REST 应用模块提供服务；REST 应用模块依赖核心服务模块和普通应用模块提供的 REST API，REST 应用只需调用 Floodlight 控制器提供的 REST API 就可以完成相应的功能，可使用任何编程语言进行灵活的开发，但受到 REST API 的限制，只能实现有限的功能。开发者可以使用系统提供的 API 创建应用，也可以添加自己开发的模块，并将 API 开放给其他开发者使用。这种模块化、分层次的部署方式有效地实现了控制器的可扩展性。表 5.3 所示为 Floodlight 控制器的模块说明。

表 5.3　　　　　　　　　　　　　Floodlight 控制器的模块

模块类型及说明	模块	功能
核心服务模块	FloodlightProvider	处理控制器和交换机连接以及 OpenFlow 消息分发
	DeviceManagerImpl	管理网络中的主机等终端设备
	LinkDiscoveryManager	负责管理网络中的链路，发现交换机之间的连接关系
	TopologyService	维护拓扑信息
	RestApiServer	提供 REST API 服务
	ThreadPool	为其他模块分配线程
	MemoryStorageSource	提供数据存储及变更通知服务
	Flow Cache	流缓存，用于控制器记录所有有效的流。当事件被不同模块监听或者随时查询交换机时，流缓存就会更新，这样可以整合不同模块对流的更新和检索
	Packet Streamer	提供数据分组流服务，使用此项服务可以让任何交换机、控制器和观察者之间有选择地交换数据
普通应用模块	Firewall	通过检测 Packet-in 行为使得流在 OpenFlow 交换机上强制执行 ACL
	LearningSwitch	实现一个普通交换机的二层转发功能
	VirtualNetworkFilter	实现在一个二层的域中建立多个虚拟的二层网络
	Forwarding	实现两个设备之间的数据分组转发
	Port Down Reconciliation	实现在端口关闭的时候处理网络中的流
REST 应用模块	Circuit Pusher	用于创建两台设备之间的虚链路
	OpenStack Quantum Plygin	支持 Floodlight OpenStack 的 Quantum 插件，用来管理网络

5.2.4　OpenDaylight

OpenDaylight 项目在 2013 年初由 Linux 基金会联合业内 18 家公司（包括 Cisco、Juniper、Broadcom 等多家传统网络公司）创立，旨在推出一个开源的通用 SDN 平台。OpenDaylight 项目的设计目标是降低网络运营的复杂度，扩展现有网络架构中硬件的生命周期，同时能够支持 SDN 业务和能力的创新。OpenDaylight 开源项目希望能够提供开放的北向 API，同时支持包括 OpenFlow 在内的多种南向接口协议，底层支持传统交换机和 OpenFlow 交换机。OpenDaylight 拥有一套模块化、可插拔且灵活的控制器，能够被部署在任何支持 Java 的平台上。目前，OpenDaylight 的基本版本已经实现了传统二层/三层交换机的基本转发功能，并支持任意网络拓扑和最优路径转发。

OpenDaylight 使用模块化方式来实现控制器的功能和应用，其发布的 Hydrogen 版本总体架构

如图 5.5 所示。在 OpenDaylight 总体架构中，南向接口通过插件的方式来支持多种协议，包括
OpenFlow 1.0/1.3、BGP 等。服务抽象层（Service Abstraction Layer，SAL）一方面可以为模块和
应用提供一致性的服务；另一方面支持多种南向接口协议，可以将来自上层的调用转换为适合底
层网络设备的协议格式。在 SAL 之上，OpenDaylight 提供了网络服务的基本功能和拓展功能，基
本网络服务功能主要包括拓扑管理、状态管理、交换机管理、主机追踪以及最短路径转发等，拓
展网络服务功能主要包括 DOVE（Distributed Overlay Virtual Ethernet，分布式覆盖虚拟以太网）管
理、Affinity 服务（上层应用向控制器下发网络需求的 APD）、流重定向、LISP 服务、VTN（Virtual
Tenant Network，虚拟租户网络）管理等。OpenDaylight 采用了 OSGI（Open Service Gateway Initiative，
开放服务网关协议）体系架构，实现了众多网络功能的隔离，极大地增强了控制平面的可扩展性。

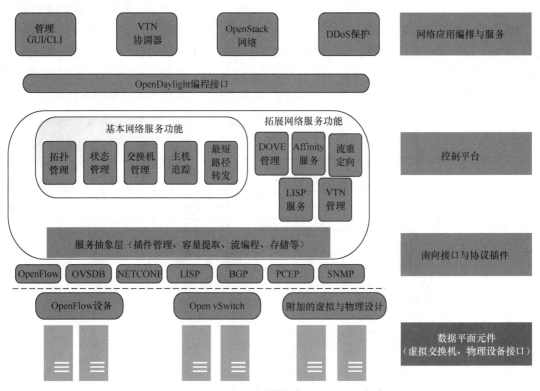

图 5.5　OpenDaylight 的总体架构（Hydrogen 版本）

表 5.4 所示为 OpenDaylight 控制器主要模块的功能。

表 5.4　　　　　　　　　　　　　　　OpenDaylight 控制器主要模块的功能

模块	功能
SAL（服务抽象层）	控制器模块化设计的核心，支持多种南向接口协议，屏蔽了协议间差异，为上层模块和应用提供一致性的服务
Topology Manager（拓扑管理）	负责管理节点、连接、主机等信息，负责拓扑计算
Stats Manager（状态管理）	负责统计各种状态消息
Host Tracker（主机追踪）	负责追踪主机信息，记录主机的 IP 地址、MAC 地址、VLAN 以及连接交换机的节点和端口信息。该模块支持 ARP 请求发送及 ARP 消息监听，支持北向接口的主机创建、删除及查询

续表

模块	功能
Forwarding Rules Manager（转发规则管理）	负责管理流规则的增加、删除、更新、查询等操作，并在内存数据库中维护所有安装到网络节点的流规则信息，当流规则发生变化时负责维护规则的一致性
Switch Manager（交换机管理）	负责维护网络中节点、节点连接器、接入点属性、三层配置、SPAN 配置、节点配置、网络设备标识
ARP Handler（ARP 处理器）	负责处理 ARP 报文

SAL 是整个控制器模块化设计的核心，它为上层控制模块屏蔽了各种南向接口协议的差异。SAL 框架如图 5.6 所示，服务基于插件提供的特性来构建，上层服务请求被 SAL 映射到对应的插件，然后采用合适的南向接口协议与底层设备进行交互。各个插件相互独立并与 SAL 松耦合，SAL 支持上层不同的控制功能模块，包括拓扑服务（Topology Service）、数据分组服务（Data Packet Service）、流编程服务（Flow Programming Service）、统计服务（Statistics Service）、清单服务（Inventory Service）、资源服务（Resource Service）、连接服务（Connection Service）等。

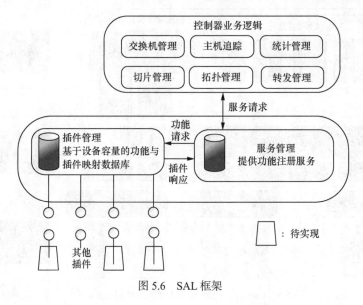

图 5.6　SAL 框架

5.2.5　ONOS

ONOS 是一个采用 OSGI 技术来管理子项目的 SDN 控制器开源项目，在最初设计时有如下几个目标是明确的。

- 代码模块化：支持把新的功能作为新的独立单元引入。
- 特性可配置：无论是在启动还是在运行时，支持动态加载和卸载特性。
- 协议无关：应用不需要和具体的协议库实现绑定。

（1）模块化的实现：ONOS 项目由一组子项目组成，每个项目有自己的"源码树"，可以独立构建。为此，ONOS 的源码采用分层的方式来组织以便利用 Maven 的级联 POM 文件组织。每个子项目有自己的 POM 文件和目录，子 POM 文件会继承父 POM 文件的共享依赖项和配置，使它们能够独立于不相关的子项目构建。root 目录包含用于建立完整的项目及私有模块的顶层 POM 文件。

（2）特性可配置：ONOS 使用 Karaf 作为其 OSGI 框架，除了在运行时的动态模块加载和启动时的依赖解析，Karaf 还支持以下几个特性。

- 支持使用标准的 JAX-RS API 来开发安全的 API，支持将特性定义为一组 Bundle 来进行集中的自定义设置。
- 对代码包有严格的语义版本声明，包括第三方依赖，有易扩展的命令行框架，支持本地和远端的 SSH 控制台登录。
- 支持不同级别的日志记录。

（3）协议无关：ONOS 被划分为以下几个部分。

- 和网络交互的协议感知模块。
- 协议无关的系统 Core，跟踪和提供网络状态信息。
- 基于 Core 提供的系统信息进行消费和操作的应用。

图 5.7 中的每一层都是分层体系架构，其中面向网络的模块通过南向 API（面向提供者）与 Core 进行交互，Core 与应用程序通过北向 API（面向消费者）进行交互。南向 API 提供了将网络状态信息传递给核心控制器的一组协议中立的接口和方法，使得不同厂商或不同类型的网络设备可以与核心控制器进行通信和交互，无论其底层使用的是何种网络协议或技术。北向 API 为应用程序提供了描述网络组件和属性的抽象，以便它们可以根据策略定义其所需的动作。

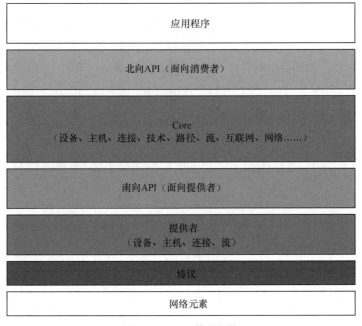

图 5.7　ONOS 体系架构

5.3　商用控制器

开源控制器在促进 SDN 技术发展和应用推广中起到了非常重要的作用，但是其获得厂商、社区的支持和服务有限。为了更好地推动 SDN 技术的发展，一些 IT 企业推出了针对具体应用场景、支持具体交换机并提供相应服务的商用控制器。这些控制器可以有针对性地解决现有网络中存在的某些具体问题，同时会得到企业更加专业的支持与维护，具有更好的稳定性、可靠性以及性能。

5.3.1 Cisco XNC

为了积极应对 SDN 给传统网络设备商带来的冲击，Cisco 公司于 2012 年 6 月推出了 ONE 战略。ONE 集成了一组丰富的平台 API、控制器和代理以及虚拟化的网络基础设施，用户可以借助 ONE 提供的跨层网络可编程性来灵活地管控网络。

如图 5.8 所示，Cisco ONE 是一个全面的系统框架，主要包括 3 个部分。

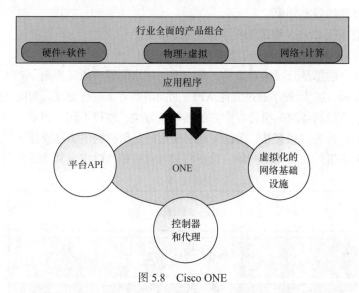

图 5.8　Cisco ONE

● 平台 API：为开发人员提供编写应用程序的能力，应用程序通过 API 获取网络设备中的数据，在此基础上，可以对网络元素进行操作以达到管控网络的目的。Cisco ONE 平台套件（onePK）是一个供开发人员使用的工具套件，包含大量支持 Cisco IOS、IOS XR 和 NX-OS 软件的平台 API。

● 控制器和代理：使用多种工具、技术和协议与底层网络基础设施进行通信，提取所需状态信息。

● 虚拟化的网络基础设施：为网络基础设施和服务资源提供高度抽象的虚拟化能力，使得物理网络与逻辑网络的区别越来越小。

Cisco 推出的扩展网络控制器（eXtensible Network Controller，XNC）是一个 SDN 控制器，支持业界标准的 OpenFlow 协议，同时使用异构、与平台无关的方式提供针对 Cisco 以及第三方网络设备的可编程性。表 5.5 和表 5.6 分别列出了 XNC 提供的核心功能和高级功能。

表 5.5　　　　　　　　　　　　　　　XNC 提供的核心功能

功能	功能简介
多协议接口支持	不仅支持 Cisco onePK，还提供对 OpenFlow 协议的支持
提供可视化和可编程性的功能	包括网络拓扑发现、网络设备管理以及获取详细的网络统计数据等功能
SAL	SAL 可以通过 OpenFlow 或 Cisco onePK 实现模块化的设备支持
对控制器访问的管理能力	上层应用可以通过 REST API 或其他北向 API 来管理访问控制器
安全功能	基于角色的访问控制可以与企业的认证、授权和计费（AAA）以及其他安全控制协议进行集成

表 5.6	XNC 提供的高级功能
功能	功能简介
监听管理	用于网络挖掘的 SDN 应用实例
拓扑无关转发	允许管理员自定义网络中数据流的传输路径
虚拟网划分	通过网络切片的方式对网络进行逻辑分区
基于高可用性的集群	增强网络的可扩展性和容错能力

Cisco XNC 通过北向接口为开发者和独立软件供应商提供网络的可编程性。为了支持 ONF 提出的混合集成模式，Cisco XNC 的控制平面采用了与传统控制协议共存的方式。在混合集成模式中，网络设备继续遵循已有的网络控制协议（如 OSPF、IS-IS），Cisco XNC 的控制平面则重点实现其他协议（如 OpenFlow 协议）。

网络设备中的 OpenFlow 代理广泛存在于 Cisco 的网络设备（如 Cisco Nexus 和 Catalyst 交换机等）中，会对控制器的 OpenFlow 请求做出响应，使得网络的可编程性具有跨平台、跨数据中心、跨园区广域网的能力。

Cisco 控制器的模块化设计使它能够快速支持新兴的 SDN 协议，例如 IETF 正在制定的接口路由系统（I2RS）协议。Cisco XNC 对于多协议、多设备类型以及多厂商平台集成支持的特性，不仅为大型网络提供了集中的控制点，也为 SDN 应用开发者提供了更强的灵活性。

5.3.2　VMware 的 NSX–T 控制器

NSX-T（Transformer）是 VMware 的另一个 NSX 平台，NSX-T 可与 VMware Photon 平台集成。NSX-T 专注于处理异构 endpoint 和技术堆栈的新兴应用程序框架和架构的解决方案。除了 vSphere 管理程序，这些环境还可能包括其他 Hypervisor、容器、裸机和公有云。NSX-T 可提供分布式防火墙、逻辑交换和分布式路由。同 NSX-V 一样，NSX-T 内置了独立的数据平面、控制平面和管理平面。NSX-T 数据中心的工作方式就是实现 3 个单独而集成的工作面：管理平面、控制平面和数据平面。这些工作面是作为位于两种类型的节点上的一组进程、模块和代理实现的：NSX 管理器节点和传输节点。

NSX-T 是围绕 4 个基本属性设计的。这 4 个属性描述了跨越任何站点、任何云和任何端点设备属性的通用性。这不仅在基础设施级别（如硬件、管理程序）、公有云级别（如 AWS、Azure）和容器级别（如 K8、Pivotal）上实现了更大的解耦，同时可维护跨域实现的平台的 4 个基本属性。NSX-T 的基本属性如下。

● 策略和一致性：允许通过 RESTful API 一次性定义策略并实现最终状态，以满足当今自动化环境的需求。NSX-T 维护多个独立系统清单信息和控制以实现不同域中的期望结果。

● 网络和连接性：允许与多个 vSphereQ 和 KVM 节点进行一致的逻辑交换和分布式路由，无须绑定到计算管理器或计算域。连接通过特定域的实现在容器和云之间进一步扩展，同时仍然提供跨异构端点的连接。

● 安全和服务：允许与网络一样使用统一的安全策略模型连通性。这样就可以实现跨多个计算域的负载均衡、NAT、EdgeFW 和 DFW 等服务。安全操作规定阐述了提供在虚拟机和容器工作负载的一致安全对于确保整体框架的完整性至关重要。

● 可见性：允许通过跨计算域的公共工具集进行一致的监视、指标收集和流跟踪。这对于混合工作负载的操作是至关重要的。通常，以虚拟机和容器为中心的这两种工作负载都具有完成类似任务的截然不同的工具。

这些属性能实现异构性，能应用一致性和可扩展性来支持不同需求。此外，NSX-T 支持 DPDK 库以提供线速有状态服务（如负载均衡、NAT）。

NSX-T 在软件中复制了整套网络服务（如交换、路由、防火墙、QoS）。这些服务可以以编程方式任意组合，在几秒内生成唯一的、独立的虚拟网络。NSX-T 通过 3 个独立但集成的平面即管理平面、控制平面和数据平面来完成工作。这 3 个平面作为一组进程、模块和代理实现，这些进程、模块和代理驻留在 3 种类型的节点即管理器、控制器和传输设备上。

每个节点托管一个管理平面代理。NSX 管理器节点托管 API 服务和管理平面集群守护进程。它支持具有 3 个节点的集群，它在节点集群上合并策略管理器、管理中央控制服务。NSX 管理器集群可提供用户界面和 API 的高可用性。管理平面和控制平面节点的融合减少了必须由 NSX-T 数据中心管理员部署和管理的虚拟设备数。NSX 控制器节点托管中央控制平面集群守护进程。传输节点托管本地控制平面守护进程和转发引擎。

其中管理组件可管理多达 16 个虚拟中心、容器编排和公有云环境；数据平面（网络传输节点）上驻留管理平面代理来完成域 NSX-T 管理器节点的通信。在之前的 NSX 版本中，各管理组件是基于角色的独立设备，包括 1 个管理设备和 3 个控制设备，NSX 总共需要部署 4 个管理设备以及各种服务设备。在后面的讨论中，NSX 管理器、NSX 策略管理器和 NSX 控制器在一个公共虚拟机中共存。

而集群可用性需要 3 个独特的 NSX-VM 设备来实现。NSX-T 依赖于由 3 个这样的 NSX 管理器组成的集群来进行向外扩展和冗余。NSX-T 管理器存储的所有信息在内存数据库中，这样它可即时同步整个集群，而写磁盘、配置或读操作可以在其中的任何一个设备上执行。鉴于大多数操作发生在内存中，NSX 管理器的磁盘性能要求显著降低。这 3 个设备，每个设备有一个专用的 IP 地址，其管理器进程可以直接访问或通过负载均衡器访问。NSX 管理器提供了一个基于 Web 的用户界面，可以在其中管理 NSX-T 环境。另外它还托管用于处理 API 调用的 API 服务器。它有一个名为 admin 的内置账户，该账户具有所有资源的访问权限，但无权访问操作系统以安装软件。NSX-T 升级文件是唯一允许安装的文件。你可以更改 admin 账户名和角色权限，但不能删除 admin 账户。在 NSX 管理器上，每个会话的会话 ID 和令牌是唯一的，并在用户注销或处于不活动状态一段时间后过期。此外，每个会话具有一个时间记录，通过加密会话通信防止会话被劫持。

NSX-T 将控制平面分为两部分，如下。

（1）CCP（Central Control Plane，中控室）：它实际就是管理集群中的一台 VM 设备（多称为 CCP 设备）。该设备（管理网络）在通信逻辑上与所有数据平面（业务网络）流量隔离，因此它的流量和故障不会对实际的业务流量造成影响，业务网络里的数据也不会窜入管理网络，导致管控风险。

（2）LCP（Local Control Plane，端控室）：该组件部署在传输节点（数据节点）上，负责在数据平面的传输节点上转发路由条目和防火墙规则等。

5.4 基于控制器的编程

PLC（Programmable Logic Controller，可编程逻辑控制器）的工作有两个要点：入出信息变换、可靠物理实现。入出信息变换主要由运行存储于 PLC 内存中的程序实现。这种程序既有系统的（又称监控程序，或操作系统），又有用户的。系统程序为用户程序提供编辑与运行平台，同时，还进行必要的公共处理，如自检，I/O 刷新，与外设、上位计算机或其他 PLC 通信等处理。用户程序由用户按照控制的要求进行设计，有什么样的控制，就有什么样的用户程序。

5.4.1　基于 POX 编程

POX 控制器由内核（Core）、组件（Component）组成，内核是所有组件的"集结地"。有了内核，一个组件想使用另一个组件无须导入，而只需向内核注册，组件之间可以通过内核来交互。内核主要模块有 of_01（与 OpenFlow 1.0 交换机通信）和 OpenFlow。

1. of_01

运行一个线程，该线程循环监听与交换机的 TCP 连接，当交换机送来某个协议消息时，of_01 会触发该消息对应的事件。of_01 在此处会触发两个 source 事件：（1）该交换机的 connection，（2）任意交换机传上来的消息会触发 OpenFlow 的事件。

2. OpenFlow

OpenFlow 是一个 source 事件，它能被任何交换机的任意消息触发。OpenFlow 可以控制所有已经连接到 POX 上的交换机，而 connection 只能控制某一个交换机。

POX 控制器部分组件说明如下。

（1）forwarding.hub：该组件为每个交换机添加洪泛通配符规则，将所有交换机等效于以太网集线器。

（2）forwarding.l2_learning：该组件使 OpenFlow 交换机实现 L2 层上的地址学习（类似网桥）。但当该组件学习地址学习时，向流表下发的规则应尽可能准确，而不仅仅是 L2 层的地址。例如不同的 TCP 连接将产生不同的表项。

（3）forwarding.l2_pairs：类似于 forwarding.l2_learning，forwarding.l2_pairs 让交换机进行地址学习，但该组件是尽可能地简化规则学习，所有安装的表项只使用 L2 层信息（如 MAC 地址）。

（4）forwarding.l3_learning：该组件并不是一个完整的路由器，而是基于 POX 的 packetlibrary（一个用于创建 SDN 控制器的 Python 库）的一个实现样例，可以构造 ARP 请求和回复。forwarding.l3_learning 关心 IP 地址从哪里来，但不关心 IP 地址的填充域，如子网等。

POX 中的部分 API 说明如下。

（1）event.connection.send()方法：控制器通过这个方法能够向 OpenFlow 交换机下发消息。

（2）ofp_action_output 类：通常用在 ofp_packet_out 类和 ofp_flow_mod 类中，ofp_packet_out 类代表 packet_out 报文，ofp_flow_mod 类代表 flow_mod 报文。ofp_action_output 类指定了数据包要发往哪个端口。

（3）ofp_match 类：描述了需要匹配的包头字段以及输入端口。不过所有的字段是可选的。以下是部分常用匹配字段。

① dl_src：源 MAC 地址。

② dl_dst：目的 MAC 地址。

③ in_port：输入端口号。

（4）ofp_flow_mod()：能够对交换机上的流表进行修改，流表项的内容包括指定的匹配域，以及为流表指定的动作。动作包括 Output、Drop、set_vlan_vid 等。以下是部分常用匹配字段。

① dle_timeout：流表在交换机中的超时时间，当流表被匹配到之后，流表时间会刷新，重新开始记时。如果不指定，默认没有超时时间。

② hard_timeout：同样是流表在交换机中的超时时间，与 idle_timeout 字段不同的是，流表时间不会被刷新，到了指定的时间流表会被删除。

③ actions：为流表指定的一系列动作。

④ priority：为流表设定的优先级，高优先级流表会优先匹配。

⑤ buffer id：同 ofp_packet_out 类中的 buffer_id 字段。

⑥ in_port：输入端口，同 ofp_packet_out 中的输入端口。

例如：

```
def sendFlow (self, event):
msg = of.ofp_ flow_ mod ()
msg.priority= 100
msg.match.dl_ type = 0x0800
msg.match.in port= 3
msg.match.dl_ sr=Ethddr ('00:00:00:00:00:01')
msg.actions.append(of.ofp_ action output(port = of.OFPP_ NONE))
event.connection.send(msg)
```

5.4.2　基于 Ryu 编程

Ryu 是一个基于组件的 SDN 框架。Ryu 为软件组件提供定义良好的 API，使开发人员可以轻松创建新的网络管理和控制应用程序。Ryu 支持各种用于管理网络设备的协议，例如 OpenFlow、NETCONF、OF-CONFIG 等。关于 OpenFlow，Ryu 完全支持 1.0、1.2、1.3、1.4、1.5 版本和 Nicira Extensions。Ryu 目录结构如图 5.9 所示。

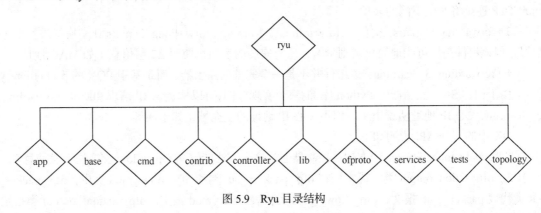

图 5.9　Ryu 目录结构

base 中有一个非常重要的文件即 app_manager.py，其是 Ryu 应用的管理中心，用于加载 Ryu 应用程序，接收从应用程序发送过来的信息，同时也完成消息的路由。其主要的函数有 App 注册、注销、查找，定义了 RyuApp 基类，并定义了 RyuApp 的基本属性，包含 name、threads、events、event_handlers 和 observers 等成员，以及对应的许多基本函数，如 start()、stop()等。

controller 文件夹中有许多非常重要的文件，如 events.py、ofp_handler.py、controller.py 等。其中 controller.py 中定义了 OpenFlowController 基类，用于定义 OpenFlow 控制器，处理交换机和控制器的连接等事件，同时还可以产生事件和路由事件。事件系统的定义，可以查看 events.py 和 ofp_events.py。

Ryu 架构如图 5.10 所示。

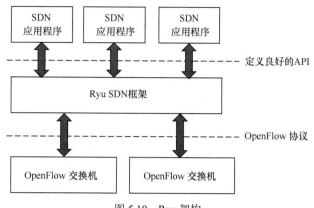

图 5.10　Ryu 架构

Ryu 事件处理函数、进程与线程说明如下。

（1）Applications：该类继承自 ryu.base.app manager.RyuApp，用户逻辑被描述为应用程序。

（2）Event：继承自 ryu.controller.eventEventBase，应用程序之间的通信由 transmitting and receiving events 完成。

（3）Event Queue：每一个应用程序都有一个队列用于接收事件。

（4）Threads：Ryu 使用第三方库 eventlets 运行多线程。因为线程是非抢占式的，因此，当执行耗时的处理程序时要非常小心。

（5）Event loops：创建一个应用程序时，会自动生成一个线程，该线程运行一个事件循环。当队列事件不为空时，这个事件循环会加载该事件并且调用相应的事件处理函数（注册之后）。

（6）Additional threads：可以使用 hub.spawn() 添加其他线程，用来处理特殊的应用。

（7）eventlets：这是一个第三方库，里面的函数被封装到 Hub 模块中被开发人员加载使用。

（8）Event handlers：使用 ryu.controller.handler.set_ev_cls 修饰一个事件处理函数。当该类型的事件触发后，事件处理函数就会被应用程序的事件循环调用。

第6章
SDN 北向接口

北向接口是 SDN 控制器与上层应用程序之间的接口，主要负责将上层应用程序的需求转换为控制器的指令，进而控制底层网络设备。本章首先介绍北向接口概述，然后介绍 REST API，最后介绍 RESTCONF 协议。

本章的主要内容是：

（1）REST API 工作机制；

（2）RESTCONF 协议模型、消息和操作等。

SDN 北向接口

6.1　北向接口概述

SDN 的本质是控制平面与数据平面相分离，目的是为用户提供网络的可编程性。控制器通过南向接口协议对底层硬件进行了抽象，但是通过这种最底层的抽象来设计、管理网络的成本是难以接受的。为了提高 SDN 的可编程性，控制器作为 SDN 的"操作系统"，需要向上为开发者提供网络高层的逻辑抽象和业务模型，北向接口就是一套具有这样功能的编程接口。

实际上，北向接口提供了 SDN 中开发者与控制器间的交互能力，从更为宽泛的角度考虑，北向接口在 SDN 控制器中的作用类似于命令行在传统 NOS 中的作用，都是用于实现网管人员对网络的设计与管理。但在传统网络中这种设计是非常死板的，因为设备可以提供的功能都是出厂时固化好的，网管人员只能选择用或者不用，难以设计出完全适应其所处网络环境所需要的网络功能。相比之下，SDN 则为开发者提供了更大的灵活性，控制器的北向接口可以实现一些基本的、更为通用的网络物理/逻辑抽象，如拓扑视图、虚拟化网络切片、链路/网络层数据库接口，以 API 的形式展示出强大的二次开发能力，使开发者可以着力关注更高层的应用业务而非底层硬件实现。与计算机操作系统类似，只有有足够多的网络应用，SDN 控制器才会有强大的生命力，而友好、完备的北向接口是吸引 SDN 应用开发者的关键。本节将对 SDN 北向接口做简要介绍。

6.1.1　ONF 北向接口

主导 SDN/OpenFlow 标准的组织 ONF 于 2013 年 10 月成立 SDN 北向接口工作小组（Northbound Interface Working Group，NBI-WG），旨在通过北向接口的标准化加速 SDN 的商用。

1. 成立背景

ONF 成立之初并未提出要将 SDN 北向接口标准化，因为它倡导的是用户决定应用，觉得标准化会大大限制用户的创新。但是随着控制器市场的百花齐放，ONF 发现这些控制器提供的北向接口非常混乱，时常会给用户带来很大的困扰，于是 ONF 决定将 SDN 北向接口标准化。NBI-WG 成立的另外一个原因，就是防止控制器通过提供"杀手级"应用形成厂商锁定的局面，因为这会违背 ONF 成立的初衷。

2. 目标与规划

其实之前 ONF 组织中就存在一个小组负责研究不同应用领域内的 SDN 北向接口，单独成立了 NBI-WG 后，ONF 的目标是在一年内提出一套具有建设性的标准化方案，以支持一些 SDN 商用解决方案，以期为市场所接受。既然希望统一北向接口，需要考虑的方面就非常多。首先，这套 API 对网络设备而言必须具有良好的稳定性，对控制器而言必须具有很强的可扩展性，对应用开发而言必须具有灵活性和敏捷性。其次，标准化的北向接口必须具备底层无关性，这就意味着这套 API 的设计需要能够适应包括 OpenFlow 在内的各种南向接口协议，兼容各厂商设备的底层差异，并在一致性的基础上允许不同控制器间的差异化。最后，这套 API 必须具有简洁明了的功能，接口间的层次必须十分清晰，允许传统网络工作者在不了解 SDN 底层实现的情况下使用网络各个层次的可编程性。

图 6.1 给出了 ONF 北向接口的设计层次。其中控制器基础功能 API 提供了控制平面中最为底层的能力，例如，通过北向接口可以控制南向信令的收发。网络服务 API 提供了基础网络服务的编程接口，例如，通过开放二层交换的信息与三层路由的信息以保障网络连通性。而北向接口应用 API 提供了业务逻辑层的抽象，如 QoS 策略的制定等。

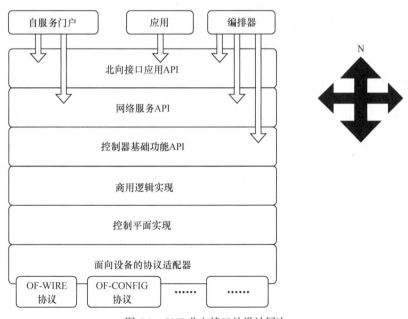

图 6.1　ONF 北向接口的设计层次

实现上述设计目标的基础在于 ONF 如何定义 SDN 北向接口的功能集。网络协议栈的不同层次与应用的不同场景构成了北向接口功能集的两个维度，定义时需要进行二维的综合考量，图 6.2 给出了 ONF 组织对北向接口功能集的初步设计。

图 6.2 中 OpenFlow 与交换机主要提供控制器收发信令的基础能力，信令可以是 OpenFlow 消息，也可以是其他的南向接口协议。编程语言、自动校验功能集主要提供自验证能力、开发所用

的编程语言。网络切片、拓扑生成、路径发现、交换/路由等提供了网络层的编程接口。其余部分则提供了更高层的业务逻辑，如服务链增值、QoS、统一通信等。这种设计架构的目标是提供一套层次清晰、功能完善的北向接口，但是架构的复杂性也大大增加了设计的难度，这部分工作目前仍在进行中。

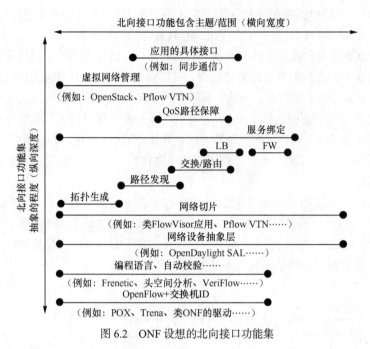

图 6.2　ONF 设想的北向接口功能集

3. 发展情况

NBI-WG 于 2013 年 10 月成立，它的工作看起来容易，只需要定义一些函数接口，但考虑接口的复杂性与统一性问题，实际上工作难度是相当大的。ONF 在 NBI-WG 的白皮书中给出了工作时间表，预期在前 6 个月完成调研工作并完善工作计划，一年之内给出一套 SDN 北向接口的标准草案。

6.1.2　SDN 其他北向接口

随着 Web 的普及，REST API 以其灵活易用性在 SDN 北向接口设计中得到了广泛的应用。REST 定义了一组体系架构原则，开发者可以根据这些原则设计以系统资源为中心的 Web 服务。在这种架构下，每个资源具有唯一的标识，对资源的操作包括获取、创建、修改和删除。将 REST用在 SDN 北向接口的设计中，可将控制器基本功能模块和各网元看作网络资源，对其进行标识，通过增加、删除、查找、修改的方法操作相应资源的数据。REST API 操作简单，界面友好，很多控制器都提供了这种通过 Web 对 SDN 进行管理与设计的方式。

另外值得一提的是 Cisco 公司推出的 onePK 开发平台。在传统网络架构遭受 SDN 强劲冲击的大环境下，Cisco 作为传统网络设备行业的"龙头"，也随之在 SDN 领域布局，并于 2012年 6 月提出了 Cisco ONE 战略，以在传统设备的基础上提供可编程性。其中 onePK 作为 ONE战略下重要的技术平台，为 Cisco 的传统设备提供了一个完整的可编程环境，其架构如图 6.3所示。

onePK 提供了一套通用的编程接口 onePK API，上层应用可以基于这套 API 使用不同的高级语言进行开发，并通过 onePK API 基础架构实现上层 API 和底层网络操作系统间的适配与代理。作为从传统网络到 SDN 的过渡性解决方案，onePK 的可编程性可跨越传统的 Cisco IOS、Cisco NX-OS、Cisco IOS XR 交换机操作系统实现，同时若在 onePK 中集成对其他 SDN 南向接口协议的支持，就可以实现支持其他 SDN 协议的网络架构模型。

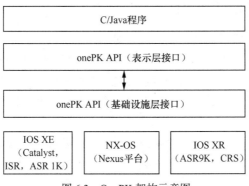

图 6.3　OnePK 架构示意图

6.1.3　SDN 北向接口的前景

控制器本质上就是 SDN 的"操作系统"，它通过南向接口与网络设备通信，对用户屏蔽底层实现细节；通过北向接口与上层应用交互，提供更高层次的业务逻辑抽象。SDN 的最终价值在于根据丰富的上层应用需求更加灵活地部署和控制网络，而北向接口是否友好、完备，直接决定着控制器的生命力，是控制器能否获得大规模应用的决定因素。

SDN 北向接口的发展现状目前不甚明朗。市场上控制器五花八门，各种控制器都提供了一些应用模块，但是这些模块大多只是独立地实现了业务逻辑，并没有提供数据、消息的交互接口，开发人员很难使用这些模块进行二次开发，往往只能通过控制器提供的信令收发能力，从底层开始进行程序设计，大大降低了研发效率。并且，由于还没有统一的北向接口标准，开发人员在使用不同控制器进行开发时常常会感到十分困惑。

上述现状促使标准化工作迫在眉睫，但业界迟迟没有动作，原因就是在网络的一致性与差异性之间难以找到一个平衡点。不同的产业对 IT 能力的需求大相径庭，同一产业不同用户的网络环境也各不相同，因此标准化功能集的定义就很难达成共识。因此，ONF 计划制定的这套 API 标准功能集，仍然需要很长一段时间去普及和推广。

在 SDN 北向接口上，不同利益方考虑的方面是不同的，ONF 之所以推进标准化的工作不单单是因为它是一个标准化组织，更深层次的原因是 ONF 是由一些互联网"巨头"发起的，它们希望借此来解除网络设备厂商的锁定。大型 SDN 服务供应商则希望通过差异化服务来控制市场，而标准的制定无疑会大大束缚它们的手脚。传统设备厂商在跟进 SDN 的战略中，短期内仍会坚持走硬件技术相对封闭的路线。

尽管 SDN 北向接口的前景不甚明朗，但毫无疑问，SDN 未来要进行大规模的商用，离不开北向接口的标准化，就像 UNIX 家族系统的成功离不开 POSIX 标准一样。看准这一方向，ONF 开始推动北向接口标准化工作，但其在技术和市场上究竟会走向何处，让我们拭目以待。

6.2 REST API

6.2.1 什么是 REST API

SDN 适用的 API 的显著特点在于它们通过对参数的设置间接地影响网络设备中的数据平面的行为，这些参数的范围从基本的操作参数一直到特定于流的信息。这些 API 所定义的流的细致程度应当类似于 OpenFlow 所提供的细致程度。传统 API 在经过改造后也能对特定的流进行配置，但是这种解决方案只是针对传统设备上的原有接口进行扩展，使之能够支持新功能而已。SDN 适用的 API 要做得更多。

首先，它们是动态的、灵活的，并且被设计来对网络设备的性能产生直接的影响。这一点与传统 API 正好相反。很多时候，在设备上的某些进程被重启之前，传统 API 的配置是无法立即生效的。

其次，SDN 适用的 API 是被设计来由集中控制器使用的，它不仅是为了让某个孤立的网络设备能够支持某项特定的功能，也是为了能够参与到整个设备网络的编程之中。SDN 适用的 API 的一个重要的例子是 REST API。

REST API 也称为 RESTful API，是遵循 REST 架构规范的 API 或 Web API，支持与 RESTful Web 服务进行交互。REST 由计算机科学家 Roy Fielding 创建。

REST 是一组架构规范，并非协议或标准。API 开发人员可以采用各种方式实施 REST。当客户端通过 RESTful API 提出请求时，它会将资源状态表述传递给请求者或终端。该信息或表述通过 HTTP 以下列某种格式传输：JSON、HTML、XLT、Python、PHP 或纯文本。JSON 是常用的编程语言，尽管它的原意为 "JavaScript 对象标记"，但它适用于各种语言，并且人和机器都能识读。还有一些需要注意的地方：头和参数在 RESTful API HTTP 请求的 HTTP 方法中也很重要，因为其中包含请求的元数据、授权、统一资源标识符（Uniform Resource Identifier，URI）、缓存、Cookie 等重要标识信息。头有请求头和响应头，每个头有自己的 HTTP 连接信息和状态码。

用于接入设备执行监控和配置任务的协议和机制已经被适度地应用于 SDN，例如 SNMP、CLI、TLI、NETCONF 和 TR-069。作为 SDN 适用的 API 的一种新技术选择，REST 使用了 HTTP 或 HTTPS。基于这一技术的 API 称为 RESTful API。

6.2.2 REST API 的设计规范

从最基本的层面上讲，API 是一种机制，它使一个应用程序或服务能够访问另一个应用程序或服务中的资源。执行访问的应用程序或服务称为客户端，包含该资源的应用程序或服务称为服务器。某些 API 采用了严格的开发人员框架。但是，REST API 几乎可以使用任何编程语言进行开发，并支持多种数据格式。唯一的要求是要符合以下 6 个 REST 设计原则，也称为架构约束。

（1）统一接口。无论请求来自何处，对同一资源发出的所有 API 请求应该看起来相同。REST API 应确保同一条数据（例如用户的姓名或电子邮件地址）仅属于一个 URI。资源不应过大，但应包含客户可能需要的每一条信息。

（2）客户端/服务器解耦。在 REST API 设计中，客户端和服务器应用程序必须彼此完全独立。客户端应用程序只需知道所请求资源的 URI 即可，它不能以任何其他方式与服务器应用程序交互。

同样，除了通过 HTTP 将客户端应用程序传递到所请求的数据外，服务器应用程序不应修改客户端应用程序。

（3）无状态。REST API 是无状态的，这意味着每个请求需要包含处理它所需的全部信息。换句话说，REST API 不需要任何服务端会话。不允许服务器应用程序存储与客户端请求相关的任何数据。

（4）可缓存性。如果可能，资源应该可以在客户端或服务器中缓存。服务器响应还需要包含是否允许对交付的资源进行缓存的信息，目标是提高客户端的性能，同时增强服务器的可扩展性。

（5）分层系统架构。在 REST API 中，调用和响应都会经过多个不同的层。根据经验，请不要将客户端和服务器应用程序直接相互连接。通信环路中可能包含多个不同的中介服务器。设计 REST API 时，应让客户端和服务器都无法判断它是与最终应用程序还是与中介服务器进行通信。

（6）按需编码（可选）。REST API 通常发送静态资源，但在某些情况下，响应也可以包含可执行代码（例如 Java 小程序）。在这些情况下，代码应按需运行。

6.2.3 开源控制器的 REST API

（1）Ryu 的 REST API

Ryu 是一个基于组件的 SDN 框架。

Ryu 可提供具有明确定义的 API 的软件组件，使研发人员能够轻松创建新的网络管理和控制应用程序。Ryu 支持通过各种协议来管理网络设备，例如 OpenFlow、NETCONF、OF-CONFNG 等。所有代码可以在 Apache 2.0 许可认证下免费获得。Ryu 是完全用 Python 编写的。

ryu.app.ofctl_ rest 提供了用于检索交换机统计信息和更新交换机统计信息的 REST API。

其中检索交换机统计信息如下。

① 获取所有交换机。获取连接到控制器的所有交换机的列表。

用法：

方法	URI
GET	/stats/switches

响应消息正文：

属性	描述	示例
dpid	数据路径 ID	1

使用示例：

```
$ curl -X GET http://localhost:8080/stats/switches
```

响应：

```
[
1,
2,
3
]
```

② 获取统计数据。获取在 URI 中使用数据路径 ID 指定的交换机的 desc 统计信息。

用法：

方法	URI
GET	/stats/desc/<dpid>

响应消息正文：

属性	描述	示例
dpid	数据路径 ID	1
mfr_desc	制造商描述	Nicira, Inc.
hw_desc	硬件描述	Open vSwitch
sw_desc	软件描述	2.3.90
serial_num	序列号	None
dp_desc	数据路径可读描述	None

使用示例：

```
$ curl -X GET http://localhost:8080/stats/desc/1
```

响应：

```
{
  "1": {
    "mfr_desc": "Nicira, Inc.",
    "hw_desc": "Open vSwitch",
    "sw_desc": "2.3.90",
    "serial_num": "None",
    "dp_desc": "None"
  }
}
```

③ 获取所有流统计信息。获取在 URI 中使用数据路径 ID 指定的交换机的所有流量统计信息。

用法：

方法	URI
GET	/stats/flow/\<dpid\>

响应消息正文：

属性	描述	示例
dpid	数据路径 ID	1
length	该条目长度	88
table_id	表号	0
duration_sec	时间流持续几秒	2
duration_nsec	时间流在持续时间超过 duration_sec 后处于几纳秒的活动状态	6.76e+08
priority	条目的优先级	11111
idle_timeout	到期前空闲秒数	0
hard_timeout	到期前的秒数	0
flags	OFPFF_*标志的位图	1
cookie	不透明的控制器发出的标识符	1
packet_count	流中的数据包	0
byte_count	流中的字节数	0
match	要匹配的字段	{"in_port": 1}
actions	指令系统	["OUTPUT:2"]

使用示例:

```
$ curl -X GET http://localhost:8080/stats/flow/1
```

响应:

```json
{
  "1": [
    {
      "length": 88,
      "table_id": 0,
      "duration_sec": 2,
      "duration_nsec": 6.76e+08,
      "priority": 11111,
      "idle_timeout": 0,
      "hard_timeout": 0,
      "flags": 1,
      "cookie": 1,
      "packet_count": 0,
      "byte_count": 0,
      "match": {
        "in_port": 1
      },
      "actions": [
        "OUTPUT:2"
      ]
    }
  ]
}
```

④ 获取字段筛选的流统计信息。获取按 OFPFlowStats 字段筛选的交换机的流统计信息。这时使用 POST 方法获取所有流统计信息的版本。

用法:

方法	URI
POST	/stats/flow/<dpid>

请求消息正文:

属性	描述	示例	默认值
table_id	表号（整数）	0	OFPTT_ALL
out_port	要求匹配条目包括此作为输出端口（整数）	2	OFPP_ANY
out_group	要求匹配条目包括此作为输出组（整数）	1	OFPG_ANY
cookie	要求匹配条目包括此 cookie 值（整数）	1	0
cookie_mask	用于限制必须匹配的 cookie 位的掩码（整数）	1	0
match	需要匹配的字段（字典）	{"int_port": 1}	{}#wildcarded
priority	条目的优先级（整数）（参见注释）	11111	#wildcarded

响应消息正文:
与③获取所有流统计信息的相同。
使用示例:

```
$ curl -X POST -d '{
    "table_id": 0,
    "out_port": 2,
```

```
    "cookie": 1,
    "cookie_mask": 1,
    "match":{
        "in_port":1
    }
}' http://localhost:8080/stats/flow/1
```

响应：

```
{
  "1": [
    {
      "length": 88,
      "table_id": 0,
      "duration_sec": 2,
      "duration_nsec": 6.76e+08,
      "priority": 11111,
      "idle_timeout": 0,
      "hard_timeout": 0,
      "flags": 1,
      "cookie": 1,
      "packet_count": 0,
      "byte_count": 0,
      "match": {
        "in_port": 1
      },
      "actions": [
        "OUTPUT:2"
      ]
    }
  ]
}
```

检索交换机统计信息在此不赘述，接下来介绍更新交换机统计信息。

① 添加流表项。将流表项添加到交换机。

用法：

方法	URI
POST	/stats/flowentry/add

请求消息正文：

属性	描述	示例	默认值
dpid	数据路径 ID（整数）	1	(Mandatory)
cookie	不透明的控制器发出的标识符（整数）	1	0
cookie_mask	用于限制 cookie 位的掩码（整数）	1	0
table_id	放置流的表 ID（整数）	0	0
idle_timeout	丢弃前的空闲时间（秒）（整数）	30	0
hard_timeout	丢弃前的最长时间（秒）（整数）	30	0
priority	流表项的优先级（整数）	11111	0
buffer_id	要应用的缓冲数据包，或 OFP_NO_BUFFER（整数）	1	OFP_NO_BUFFER
flags	OFPFF_*标志的位图（整数）	1	0
match	要匹配的字段（字典）	{"in_port":1}	{} #wildcarded
actions	指令集（字典列表）	[{"type":"OUTPUT", "port":2}]	[] #DROP

使用示例:

```
$ curl -X POST -d '{
    "dpid": 1,
    "cookie": 1,
    "cookie_mask": 1,
    "table_id": 0,
    "idle_timeout": 30,
    "hard_timeout": 30,
    "priority": 11111,
    "flags": 1,
    "match":{
        "in_port":1
    },
    "actions":[
        {
            "type":"OUTPUT",
            "port": 2
        }
    ]
}' http://localhost:8080/stats/flowentry/add

$ curl -X POST -d '{
    "dpid": 1,
    "priority": 22222,
    "match":{
        "in_port":1
    },
    "actions":[
        {
            "type":"GOTO_TABLE",
            "table_id": 1
        }
    ]
}' http://localhost:8080/stats/flowentry/add

$ curl -X POST -d '{
    "dpid": 1,
    "priority": 33333,
    "match":{
        "in_port":1
    },
    "actions":[
        {
            "type":"WRITE_METADATA",
            "metadata": 1,
            "metadata_mask": 1
        }
    ]
}' http://localhost:8080/stats/flowentry/add

$ curl -X POST -d '{
    "dpid": 1,
    "priority": 44444,
    "match":{
        "in_port":1
```

```
        },
        "actions":[
            {
                "type":"METER",
                "meter_id": 1
            }
        ]
    }' http://localhost:8080/stats/flowentry/add
```

② 修改所有匹配的流表项。修改交换机的所有匹配的流表项。

用法：

方法	URI
POST	/stats/flowentry/modify

请求消息正文：

属性	描述	示例	默认值
dpid	数据路径 ID（整数）	1	(Mandatory)
cookie	不透明的控制器发出的标识符（整数）	1	0
cookie_mask	用于限制 cookie 位的掩码（整数）	1	0
table_id	放置流的表 ID（整数）	0	0
idle_timeout	丢弃前的空闲时间（秒）（整数）	30	0
hard_timeout	丢弃前的最长时间（秒）（整数）	30	0
priority	流表项的优先级（整数）	11111	0
buffer_id	要应用的缓冲数据包，或 OFP_NO_BUFFER（整数）	1	OFP_NO_BUFFER
flags	OFPFF_*标志的位图（整数）	1	0
match	要匹配的字段（字典）	{"in_port":1}	{} #wildcarded
actions	指令集（字典列表）	[{"type":"OUTPUT", "port":2}]	[] #DROP

使用示例：

```
$ curl -X POST -d '{
    "dpid": 1,
    "cookie": 1,
    "cookie_mask": 1,
    "table_id": 0,
    "idle_timeout": 30,
    "hard_timeout": 30,
    "priority": 11111,
    "flags": 1,
    "match":{
        "in_port":1
    },
    "actions":[
        {
            "type":"OUTPUT",
            "port": 2
        }
    ]
    }' http://localhost:8080/stats/flowentry/modify
```

③ 严格修改流表项。严格按照匹配通配符和优先级修改流表项。

用法：

方法	URI
POST	/stats/flowentry/modify_strict

请求消息正文：

属性	描述	示例	默认值
dpid	数据路径 ID（整数）	1	(Mandatory)
cookie	不透明的控制器发出的标识符（整数）	1	0
cookie_mask	用于限制 cookie 位的掩码（整数）	1	0
table_id	放置流的表 ID（整数）	0	0
idle_timeout	丢弃前的空闲时间（秒）（整数）	30	0
hard_timeout	丢弃前的最长时间（秒）（整数）	30	0
priority	流表项的优先级（整数）	11111	0
buffer_id	要应用的缓冲数据包，或 OFP_NO_BUFFER（整数）	1	OFP_NO_BUFFER
flags	OFPFF_*标志的位图（整数）	1	0
match	要匹配的字段（字典）	{"in_port":1}	{} #wildcarded
actions	指令集（字典列表）	[{"type":"OUTPUT", "port":2}]	[] #DROP

使用示例：

```
$ curl -X POST -d '{
    "dpid": 1,
    "cookie": 1,
    "cookie_mask": 1,
    "table_id": 0,
    "idle_timeout": 30,
    "hard_timeout": 30,
    "priority": 11111,
    "flags": 1,
    "match":{
        "in_port":1
    },
    "actions":[
        {
            "type":"OUTPUT",
            "port": 2
        }
    ]
}' http://localhost:8080/stats/flowentry/modify_strict
```

④ 删除所有匹配的流表项。删除交换机的所有匹配的流表项。

用法：

方法	URI
POST	/stats/flowentry/delete

请求消息正文：

属性	描述	示例	默认值
dpid	数据路径 ID（整数）	1	(Mandatory)
cookie	不透明的控制器发出的标识符（整数）	1	0
cookie_mask	用于限制 cookie 位的掩码（整数）	1	0

续表

属性	描述	示例	默认值
table_id	放置流的表 ID（整数）	0	0
idle_timeout	丢弃前的空闲时间（秒）（整数）	30	0
hard_timeout	丢弃前的最长时间（秒）（整数）	30	0
priority	流表项的优先级（整数）	11111	0
buffer_id	要应用的缓冲数据包，或 OFP_NO_BUFFER（整数）	1	OFP_NO_BUFFER
out_port	输出端口（整数）	1	OFPP_ANY
out_group	输出组（整数）	1	OFPG_ANY
flags	OFPFF_*标志的位图（整数）	1	0
match	要匹配的字段（字典）	{"in_port":1}	{} #wildcarded
actions	指令集（字典列表）	[{"type":"OUTPUT", "port":2}]	[] #DROP

使用示例：

```
$ curl -X POST -d '{
    "dpid": 1,
    "cookie": 1,
    "cookie_mask": 1,
    "table_id": 0,
    "idle_timeout": 30,
    "hard_timeout": 30,
    "priority": 11111,
    "flags": 1,
    "match":{
        "in_port":1
    },
    "actions":[
        {
            "type":"OUTPUT",
            "port": 2
        }
    ]
}' http://localhost:8080/stats/flowentry/delete
```

其余 API 不在此花费过多篇幅，若读者想进一步了解，可以查看 Ryu 官方文档。

（2）Floodlight 的 REST API

Floodlight 的 REST API 包括 4 类，分别为 ACL、Firewall、Static Entry Pusher、Virtual Network Filter，用法示例如表 6.1 所示。

表 6.1　　　　　　　　　　　　　Floodlight 的 REST API 用法示例

API 类型	URI	方法	描述	参数	控制器版本
ACL	/wm/acl/rules/json	POST	添加规则 '{"<key>":"<value>", "<key>":"<value>",…}'	键值对 "nw-proto":"any valid network protocol number" "src-ip":"ip/mask" "dst-ip":"ip/mask" "tp-dst":"any valid transport port number" "action":"ALLOW|DENY"	v1.1 以上

续表

API 类型	URI	方法	描述	参数	控制器版本
ACL	/wm/acl/rules/json	DELETE	控制器概述（# of Switches、# of Links 等）	rule：添加规则时返回的 ID	v1.1 以上
	/wm/acl/rules/json	GET	列出全部规则	无	v1.1 以上
	/wm/acl/clear/json	GET	删除全部规则	无	v1.1 以上
Firewall	/wm/acl/rules/json/ wm/firewall/module/ status/json	GET	询问防火墙状态	无	全部
	/wm/firewall/module/ enable/json	PUT	启用防火墙	空字符串	全部
	/wm/firewall/module/ disable/json	PUT	列出全部规则 禁用防火墙	空字符串	全部
	/wm/firewall/module/ subnet-mask/json	GET	获取防火墙配置的子网掩码	无	全部
Static Entry Pusher	/wm/staticflowpusher /json	POST DELETE	添加/删除静态流	HTTP POST data（添加流）、HTTP DELETE（删除流）	全部
	/wm/staticflowpusher /list/<switch>/json	GET	列出一个交换机或所有交换机的静态流	switch：有效的交换机 DPID（XX:XX:XX:XX:XX:XX:XX:XX 或"all"）	全部
	/wm/staticflowpusher /clear/<switch>/json	GET	清除一个交换机或所有交换机的静态流	switch：有效的交换机 DPID（XX:XX:XX:XX:XX:XX:XX:XX 或"all"）	全部
Virtual Network Filter	/networkService/v1.1/ tenants/<tenant>/ networks/<network>	PUT POST DELETE	创建新的虚拟网络，名称和 ID 为必填项，网关为可选项	tenant：暂时忽略 network：网络 ID HTTP data: {"network":{ "gateway": "<IP>", "name":"<Name>"}} IP："1.1.1.1"格式的网关 IP 地址，可为空 name：网络名称字符串	v0.91 以上
	/networkService/v1.1/ tenants/<tenant>/ networks/<network>/ ports/<port>/ attachment	PUT DELETE	将主机附加到虚拟网络	tenant：暂时忽略 network：网络 ID port：逻辑端口名称 HTTP data: {"attachment":{"id": "<Network ID>", "mac":"<MAC>"}} Network ID：网络 ID 字符串，创建时分配 MAC："XX:XX:XX:XX:XX:XX"格式的 MAC 地址	v0.91 以上
	/networkService/v1.1/ tenants/<tenant>/ networks	GET	以 JSON 格式显示所有网络及其网关、ID 和主机 MAC 地址	tenant：暂时忽略	v0.91 以上

6.3 RESTCONF 协议

6.3.1 RESTCONF 概述

在谈 RESTCONF 前，刚接触这个概念的人都会有这样一个疑问——RESTCONF 和 REST 到底有没有关系？

在回答这个问题前，先来回忆一下什么是 REST，以及 REST 出现的背景。

REST 是建立在 HTTP 基础上，对其进行规范的一种架构风格要求。

注意，REST 是一种设计的风格，而不是标准。其认为，网络中的实体都是以资源的方式存在，但资源存在着多种表现形式，取决于使用者的需要。比如一个用户的信息，可以用 XML、JSON，甚至是 TXT 等多种方式表现出来。将不同的网络资源转换成不同的表现形式，就是其表现层的功能。而对状态转移来说，由于 HTTP 本身是无状态的协议，所以资源的状态都保存在服务器。当对服务器的资源进行操作时，必然存在数据状态的改变。但由于状态的改变基于表现层，所以称为表现层状态转移。

在具体实现上，URI 定义了访问资源的具体路径，而 HTTP 中 Header 的 Content-Type 和 Accept 决定了表现层的形式。

使用 HTTP 中的方法（如 PUT、GET、DELETE 等）可以改变服务器的资源状态。比如查询书店具有的图书：

GET http://www.store.com/products

通过 REST 的方式，可以更合理地实现 Web 服务之间的交互。

这时再看 RESTCONF，就很好理解了。RESTCONF 是通过 REST 来实现对网络设备管理的协议。其本质和 NETCONF 很像，使用 YANG 进行数据的定义和约束，使用 HTTP 进行交互。使用 NETCONF 中 datastore 的概念进行信息的存储。

由此看来，RESTCONF 是一种基于 HTTP 的协议，可提供 RESTful 风格的编程接口，支持对网络设备的数据进行增加、删除、修改、查找操作。

随着网络规模的增大、复杂性的增加，自动化运维的需求日益增加。NETCONF 可提供基于 RPC 机制的 API。但是 NETCONF 已无法满足网络发展中对设备编程接口提出的新要求，希望能够提供支持 Web 应用访问和操作网络设备的标准化接口。

RESTCONF 是在融合 NETCONF 和 HTTP 协议的基础上发展而来的。RESTCONF 使用 HTTP 的方法提供了 NETCONF 协议的核心功能，编程接口符合 IT 界流行的 RESTful 风格，可为用户提供高效开发 Web 化运维工具的能力。

对 RESTCONF 协议与 NETCONF 协议进行比较，如表 6.2 所示。

表 6.2   RESTCONF 与 NETCONF 的比较

比较项目	NETCONF+YANG	RESTCONF+YANG
传输通道（协议）	NETCONF 传输层首选推荐 SSH 协议，XML 信息通过 SSH 协议承载	RESTCONF 基于 HTTP 访问设备资源。RESTCONF 提供的编程接口符合 IT 界流行的 RESTful 风格
报文格式	采用 XML 编码	采用 XML 或 JSON 编码

续表

比较项目	NETCONF+YANG	RESTCONF+YANG
操作特点	NETCONF 的操作复杂，例如： （1）NETCONF 支持增加、删除、修改、查找操作，支持多个配置数据库，也支持回滚等。 （2）NETCONF 操作方法需要两阶段提交	RESTCONF 的操作简单，例如： （1）RESTCONF 支持增加、删除、修改、查找操作，仅支持\<running/\>配置数据库。 （2）RESTCONF 操作方法无须两阶段提交，操作直接生效

6.3.2　资源模型

RESTCONF 协议操作的对象是有层次结构的资源，首先处理的是它的顶级 API 资源。每个资源代表设备中的一个可管理组件。

可以认为资源是由概念数据集和允许操作该数据的方法集组成的。它可以包含子资源，即嵌套资源或域。子资源的类型和允许操作它们的方法是数据模型相关的。

资源有它自己的媒体类型标识符，用 HTTP 响应头中的"Content-Type"字段表示。一个资源可以包含 0 个或多个嵌套资源。一个资源的创建和删除操作可以独立于它的父资源（如果它的父资源存在）。

RESTCONF 协议定义了一些与应用相关的媒体类型，用于标识每个可用的资源。表 6.3 总结了资源和媒体类型的对应关系。

表 6.3　　　　　　　　　RESTCONF 协议的资源和媒体类型的对应关系

资源	媒体类型
API	application/vnd.yang.api
Datastore	application/vnd.yang.datastore
Data	application/vnd.yang.data
Event	application/vnd.yang.event
Operation	application/vnd.yang.operation
Patch	application/vnd.yang.patch

客户端应该首先获取顶级 API 资源，使用入口点 URI，即"/.well-known/restconf"。

RESTCONF 协议不包含资源发现机制。相反，服务器发布的 YANG 组件定义了这个机制，用于构建可预测操作和数据资源标识符。

当获取子资源时，使用请求参数"depth"可以控制返回子资源的层级。这个参数可以和 GET 方法一起使用，用于发现指定资源中的子资源。

6.3.3　消息

RESTCONF 协议中使用的消息有请求消息头和响应消息头，它们通常应用于数据来源，头部内容如表 6.4 和表 6.5 所示。

RESTCONF 报文在 HTTP 中的编码依据 RFC 2616。UTF-8 字符集适用于所有的报文。RESTCONF 报文是在 HTTP 消息体中被发送的，是通过 XML 或者 JSON 格式被编码的。

XML 编码规则是在 RFC 6020 中定义的。相同的编码规则适用于所有的 XML 内容。

JSON 编码规则在 I-D.lhotka-netmod-json 中被定义。普通的 JSON 不能被使用，因为有特殊的编码规则被用来处理多种模块的命名空间，还要提供一致的数据类型。

表 6.4　　　　　　　　　　　　RESTCONF 请求消息头

名称	描述
Accept	可接受的响应内容类型（例如：text/html）
Content-Type	请求消息体的类型（例如：application/json）
Host	服务主机地址
If-Match	只有实体与 ETag 匹配才生效
If-Modified-Since	只有在特定时间（例如：上一次最后修改时间）后的行为为修改才起作用
If-Unmodified-Since	只有在特定时间（例如：上一次最后修改时间）后的行为不为修改才起作用

表 6.5　　　　　　　　　　　　RESTCONF 响应消息头

名称	描述
Allow	定义了在返回 405 错误时合法的行为（例如：GET）
Content-Type	响应消息体的类型（例如：application/json）
Date	发送消息的时间，包含日期和时、分、秒
ETag	一个标识符号，用于指定资源的特定版本
Last-Modified	某一资源的最后修改时间，包含日期和时、分、秒
Location	一个资源标识符，用于指定一个新创建的资源

请求输入文本编码格式被定义成 Content-Type 头。如果存在一个报文要发送，这个字段就必须出现。

响应输出文本编码格式是标识 Accept 头的，用于查询参数的"格式"，如果没有指定，就使用请求输入文本的编码格式。如果没有输入请求，默认输出的编码是 XML 编码。文件扩展编码在请求中不被用来识别格式编码。

YANG 到 JSON 的映射依据 I-D.lhotka-netmod-json 编码规则，该方式不支持属性。因为 YANG 不支持在数据节点中定义元数据。本节将详细介绍如何将 RESTCONF 简单元数据按 JSON 格式编码。

（1）在一个特定的数据节点中一个元数据实例只能出现 0 次或 1 次。

（2）根据 I-D.lhotka-netmod-json 编码规则，一个元数据实例与一个资源相关的编码就好像一个 YANG 叶子类型的字符串，除了以@（%40）字符开头的标识符。

（3）一个元数据实例关联到一个资源内的域的编码，就好像它是一个容器的元数据的值和容器内域的值的原生编码。这种编码方式根据 I-D.lhotka-netmod-json 原则，除了以@（%40）开头的元数据。由容器的名称与容器的值组成的键值对会在这个容器中重复出现，这个容器也包含域的名称与实际值的键值对。

由于数据存储的内容存在不可预测的时间变化，因此 RESTCONF 服务器的响应通常不会被缓存。

对每个响应来说，服务器应该包括一个"缓存-控制"头，它用于指定是否应该缓存响应。通过"Pragma"头可以指定"不缓存"，也可以指定不支持"缓存-控制"头。

检索请求一个资源可以包括标题，如"如果没有匹配（If-None-Match）"或"如果修改是因为（If-Modified-Since）"，这会让服务器返回一个"304"错误，即如果资源没有改变就不可修改状态栏。如果这个目标资源的元数据被维护着，客户端的检索消息头可使用的字段包括"Etag"和"Last-Modified"。

6.3.4　操作

RESTCONF 协议使用 HTTP 方法来为针对特别资源的请求定义增加、删除、修改、查找操作。

（1）OPTIONS 方法

OPTIONS 方法是由客户端发送的，用来确定服务器针对特定资源支持哪种方法。它支持所有的媒体类型。请注意这个方法的实现是 HTTP 的一部分，本节不会引入任何额外的请求。

请求必须包含一个至少包含输入点组件的 URI 请求。

服务器会返回包含 "204 No Content" 的 "Status-Line" 头，并且在响应中包含一个 "Allow" 头。这个头会根据目标多媒体类型来填值。响应中可能也会有其他头。

示例如下。

客户端可能请求一种方法，支持名为 "library" 的数据资源：

```
OPTIONS/.well-known/restconf/datastore/example-jukebox:jukebox/library/artist
HTTP/1.1
Host: example.com
```

服务器应该响应（如果 config=true）：

```
HTTP/1.1 204 No Content
Date:Mon,23 Apr 2012 17:01:00 GMT
Server:example-server
Allow:OPTIONS,HEAD,GET,POST,PUT,PATCH,DELETE
```

（2）GET 方法

GET 方法由客户端发出，用来从资源那里获取数据和元数据。操作资源之外的资源类型都支持该方法。请求必须包含一个至少包含一个端点组件的请求 URI。

服务器肯定不会返回那些用户并没有读取权限的数据资源。如果用户没有被授权读取目标资源的任何部分，就会有一个包含 "403 Forbidden" 的错误响应消息被返回到客户端。如果用户被授权读取某部分而不是全部的目标的资源，未被授权的内容就会从响应消息体中省略，而得到授权的内容则会返回给客户端。

示例如下。

客户端请求 JSON 格式的 "library" 资源，消息头如下：

```
GET /.well-known/restconf/datastore/example-jukebox:jukebox/
    library/artist/Foo%20Fighters/album?format=json HTTP/1.1
  Host: example.com
  Accept: application/vnd.yang.api+json
```

服务器的响应如下：

```
HTTP/1.1 200 OK
  Date: Mon, 23 Apr 2012 17:02:40 GMT
  Server: example-server
  Content-Type: application/vnd.yang.data+json
  Cache-Control: no-cache
  Pragma: no-cache
  ETag: a74eefc993a2b
  Last-Modified: Mon, 23 Apr 2012 11:02:14 GMT

  {
    "album" : {
```

```
        "name" : "Wasting Light",
        "genre" : "example-jukebox:Alternative",
        "year" : 2011
    }
}
```

（3）POST 方法

如果目标资源的类型是一个数据存储或数据资源，那么 POST 是适合这种请求来创建一个资源或子资源的。如果 POST 方法成功，状态栏会返回 "204 No Content" 且不会有消息体响应。如果用户是未经授权创建目标资源的，状态栏会给客户端返回错误的响应 "403 Forbidden"。

（4）PUT 方法

PUT 方法由客户端发送，用来替换目标资源。

请求必须包含一个请求 URI，并包含目标资源标识要替换的资源。

如果 PUT 方法成功，会在状态栏返回 "200 OK"，不会返回消息体。

如果用户没有被认证就替换目标资源，就会返回一个包含 "403 Forbidden" 的响应状态行给客户端。

（5）PATCH 方法

PATCH 方法使用 HTTP 的 PATCH 方法，它由 RFC 5789 定义，它给资源的 patch 机制提供了一个可扩展的框架。每一个 patch 类型需要唯一的媒体类型。大多数的 patch 类型能得到服务器的支持。还有两种强制性的 patch 类型是服务器必须要实现的。

① Plain Patch type：如果指定的媒体类型是 "application/vnd.yang.data"，那么 PATCH 方法对目标资源来说是一个简单的合并操作。消息体是包含 XML 或者 JSON 编码的资源内容，这些内容可以与目标资源合并。

② YANG Patch type：如果指定的媒体类型是 "application/vnd.yang.patch"，那么 PATCH 方法是一个 YANG Patch 格式的编辑列表。在 "ietf-restconf" 的 YANG 模块中，消息体包含由 XML 或 JSON 编码的指定 patch 容器实例。

PATCH 方法被用来创建或者删除存在的资源或子资源的可选段。

如果 PATCH 方法成功，状态栏会返回一个 "200 OK"，没有任何消息体。

如果用户没有被认证就更新目标资源，服务器就会在状态栏返回一个包含 "403 Forbidden" 的错误响应给客户端。

（6）DELETE 方法

DELETE 方法用于删除目标资源。

如果 DELETE 方法成功，就会在状态栏返回 "200 OK"，不会返回消息体。

如果用户没有被认证就删除目标资源，服务器就会在状态栏返回一个包含 "403 Forbidden" 的错误响应给客户端。

应用篇

第7章
SDN 在数据中心的应用

近年来，社会的发展和科技的进步，尤其是互联网行业的兴起，催生出以各类业务为基础的应用，极大丰富了人们的生活。然而应用类型的不断丰富使得传统数据中心难以满足日益增长的各类业务的快速部署上线的需求，同时传统数据中心还存在资源利用率低、资源可扩展性差、跨域迁移困难、设备维护烦琐等问题，因此如何实现业务的快速上线、资源的高效利用、虚拟机的灵活迁移成为当前研究的重点。在此背景下，云数据中心应运而生。云数据中心是一种基于云计算架构的新型数据中心，具有虚拟化程度高、模块化程度较高、自动化程度较高、绿色节能等特点，而网络性能的高低直接决定服务质量的好坏。SDN 技术的出现为实现数据中心的业务快速上线、资源高效利用、绿色节能等提供了良好的解决方案。

本章首先介绍基于 SDN 的数据中心网络架构、基于 SDN 的校园网络设计，然后介绍面向数据中心网络的控制器设计，最后介绍多粒度安全控制器架构设计。

本章的主要内容是：

（1）基于 SDN 的数据中心网络架构；

（2）面向数据中心网络的控制器设计；

（3）多粒度安全控制器架构设计。

7.1　软件定义的数据中心网络技术

数据中心是提供各种网络数据业务（数据处理、数据交换、数据存储）的服务中心。它由计算机系统、通信系统、数据存储系统、制冷设备、管理设备等组成，采用有线与无线方式接入互联网，要求机房湿度、温度每天必须保持在一定范围之内。2017 年，我国数据中心已经接近 100 万座，以小型数据中心居多，主要分布在东部一线城市。数据中心是互联网的一部分，不能脱离互联网单独存在，所以，我们可以将数据中心视为互联网分工（细分化、专业化）的新发展。反过来，数据中心又打破了不同企业间的信息壁垒，扩展了互联网的高度、深度和广度，促进了互联网的发展。

7.1.1　传统行业数据中心发展面临数据架构瓶颈

自互联网于 20 世纪 90 年代兴起以来，人类创造信息的数量便呈几何级数爆炸式增长。目前，我国的数据中心都面临着"信息爆炸"的严峻挑战（数据量已经远远超出了数据中心设计负载的上限），不得不投入更多的硬件来存储数据，投入更多的服务器来转发数据，并设法提高现有系统处理数据的能力，加大每天的数据吞吐量。随之带来的是耗能巨大、资金紧张、空间有限、管理困难、人才短缺、网络设备不兼容、软件升级困难、运维难度大等一系列问题。

当前，行业数据中心普遍沿用传统网络架构，路由器、交换机、应用软件、系统软件高度集成耦合，数据平面与控制平面统一，形成封闭式结构，进行分布式控制。这种网络架构难以适应大数据的发展，已经成为数据中心发展的瓶颈。

首先，由于数据流量总在变化，而网络架构却是固定不变的，所以各台服务器之间难以实现流量均衡，经常发生网络拥堵，甚至吞吐量崩溃；由于控制平面与数据平面集中在一起，服务器的内存利用率接近饱和，而 CPU 利用率在 10%以下（甚至 3%），且不能均衡配置数据层与应用层的负载；由于实行分布式控制，链路资源利用率一般只有 30%。其次，目前网络设备交换能力最高只能达到 GB 级，而数据中心每天的数据吞吐量达到了 TB 级（不包括暂时没有接入数据中心的移动无线通信的海量数据），已经难以适应"4G 时代"。而在城市土地价格年年上涨的情况下，继续买下更多的场地，更多的路由器、服务器、交换机来扩大数据中心规模的粗放式发展模式已经不可取。于是只好求助越来越复杂的智能算法来分配数据流量，结果就是数据中心的网络拓扑结构越来越复杂，大大降低了网络的稳定性与灵活性。最后，数据中心拥有的网络资源在不断增长，而分布式设计使网络架构不可能及时跟上并全方位覆盖新的网络资源；分布式设计更造成了数据中心的网络控制平面不统一，不同执行架构、安全架构、运维架构"叠床架屋"，增大了系统的脆弱性。由于缺乏统一的网络控制平面，也就不能对整个网络实行实时、动态的全面流量控制，不能灵活修改路由协议与网络参数，造成了大量系统资源与带宽资源的闲置与浪费，同时，一些服务器出现数据堵塞、吞吐量崩溃等。

7.1.2　基于 SDN 的云数据中心网络架构

基于 SDN 的云数据中心网络架构从逻辑上将网络划分为 4 个平面，从上到下分别是应用平面、编排平面、控制平面和数据平面，如图 7.1 所示。应用平面主要由云管理平台与若干 SDN 应用程序组成，同时还包括传统网管与 SDN 网管。编排平面主要由 SDN 编排器组成，主要负责对多个 SDN 控制域进行协同编排，以便根据应用平面的业务需要灵活地对网络资源进行统一管理和自动化部署，综合实现网络资源的控制功能。控制平面由一组 SDN 控制器组成，能够在每个控制域内实现资源调度，以满足 SDN 应用及服务器对网络资源的需求。数据平面主要由 SDN 网络设备组成，由于现存网络中还存在传统网络设备，故数据平面也包含部分传统网络设备，基于 SDN 的数据中心网管系统中也会出现传统网管和 SDN 网管并存的现象。SDN 网管系统可以独立建设，也可以与传统网管系统集成。

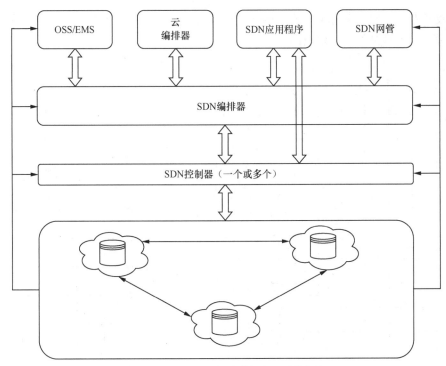

图 7.1　基于 SDN 的云数据中心网络架构

7.1.3　数据中心的叶脊组网架构

1953 年，贝尔实验室有一位名叫 Charles Clos 的研究员，发表了一篇名为 "A Study of Non-blocking Switching Networks" 的文章，介绍了一种 "用多级设备来实现无阻塞电话交换" 的方法。自 1876 年电话被发明之后，电话交换网络历经了人工交换机、步进制交换机、纵横制交换机等多个阶段。20 世纪 50 年代，纵横制交换机处于鼎盛时期。纵横制交换机的核心是纵横连接器，如图 7.2 和图 7.3 所示。

图 7.2　纵横连接器

这种交换架构，是一种开关矩阵，每个交点（Crosspoint）是一个开关，如图 7.4 所示。交换机通过控制开关完成从输入到输出的转发。

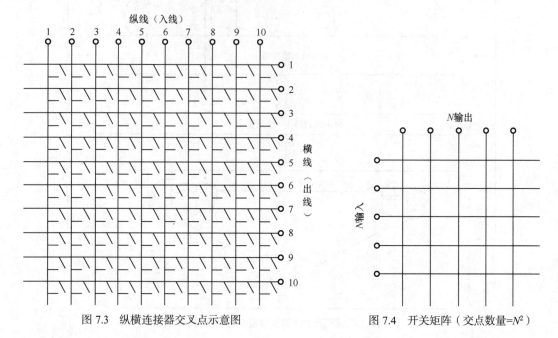

图 7.3　纵横连接器交叉点示意图　　　　　图 7.4　开关矩阵（交点数量=N^2）

可以看出，开关矩阵很像一块布的纤维。所以，交换机的内部架构被称为 Switch Fabric。Fabric，就是"纤维、布料"的意思。Fabric 这个词，我相信核心网工程师和数通工程师都非常熟悉，"Fabric 平面""Fabric 总线"等概念经常出现在工作中。随着电话用户数量急剧增加，网络规模快速扩大，基于 crossbar 模型的交换机在能力和成本上都无法满足要求。于是，才有了 Charles Clos 的那篇研究文章。

Charles Clos 提出的网络模型，核心思想是：用多个小规模、低成本的单元，构建复杂、大规模的网络，如图 7.5 所示。

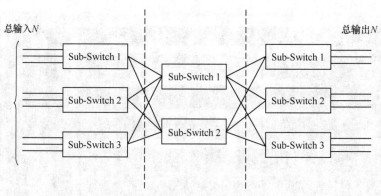

图 7.5　Charles Clos 提出的网络模型

图 7.5 中的矩形，都是低成本的转发单元。当输入和输出增加时，中间的交点并不会增加很多。这种模型，就是后来产生深远影响的 CLOS 网络模型。到了 20 世纪 80 年代，随着计算机网络的兴起，开始出现了各种网络拓扑结构，例如星形、链形、环形、树形（见图 7.6）。

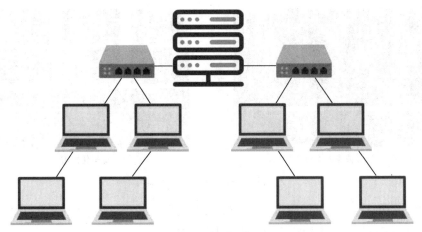

图 7.6　树形网络

2000 年之后，互联网行业从经济危机中复苏，以谷歌和亚马逊为代表的互联网"巨头"开始崛起。它们开始推行云计算技术，建设大量的数据中心，甚至超级数据中心。面对日益庞大的计算规模，传统树形网络肯定无法满足需求。于是，一种改进型树形网络开始出现，它就是"胖"树（Fat-Tree）。胖树就是一种 CLOS 网络架构。相比于传统树形网络，胖树更像是真实的树，越到树根，枝干越粗，从叶子到树根，网络带宽不收敛。胖树架构如图 7.7 所示。

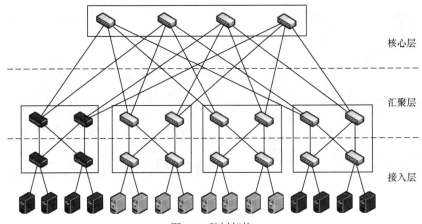

图 7.7　胖树架构

胖树架构的基本理念是：使用大量的低性能交换机，构建出大规模的无阻塞网络。对于任意的通信模式，总有路径让它们的通信带宽达到网卡带宽。胖树架构被引入数据中心之后，数据中心变成了传统的三层结构。

接入层：用于连接所有的计算节点。通常以 TOR 交换机的形式存在。

汇聚层：用于接入层的互联，并作为接入层和核心层的边界。各种防火墙、负载均衡设备等也部署于此。

核心层：用于汇聚层的互联，并实现整个数据中心与外部网络的三层通信。

2010 年之后，为了提高计算和存储资源的利用率，数据中心都开始采用虚拟化技术，网络中开始出现大量的虚拟机（Virtual Machine，VM），如图 7.8 所示。

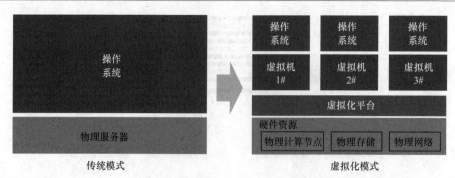

图7.8　传统模式与虚拟化模式

与此同时，微服务架构开始流行，很多软件开始推行功能解耦，单个服务变成了多个服务，被部署在不同的虚拟机上。虚拟机之间的流量大幅增加。

核心交换机和汇聚交换机的工作压力不断增加。要支持大规模的网络，就必须有性能最好、端口密度最大的汇聚层、核心层设备。这样的设备，价格非常昂贵。于是，网络工程师们提出了"Spine-Leaf 网络架构"，也就是叶脊网络（有时候也被称为脊叶网络）架构。Spine 的中文意思是脊柱，Leaf 的中文意思是叶子。叶脊网络架构和胖树结构一样，同属于 CLOS 网络架构。相比于传统网络的三层架构，叶脊网络架构进行了扁平化，变成了两层架构，如图 7.9 所示。

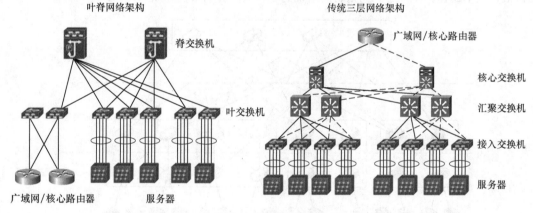

图7.9　叶脊网络架构

叶交换机，相当于传统三层架构中的接入交换机，作为 TOR 交换机直接连接物理服务器。叶交换机之上是三层网络，之下都是独立的 L2 广播域。如果两个叶交换机下的服务器要通信，需要经由脊交换机进行转发。

脊交换机，相当于核心交换机。叶交换机和脊交换机之间通过 ECMP 动态选择多条路径。脊交换机下行端口数量决定了叶交换机的数量，而叶交换机上行端口数量决定了脊交换机的数量。它们共同决定了叶脊网络的规模，如图 7.10 所示。

叶脊网络的优势非常明显，如下。

1. 带宽利用率高

每个叶交换机的上行链路以负载均衡方式工作，充分地利用了带宽。

2. 网络延迟可预测

叶交换机之间连通路径的条数可确定，均只需经过一个脊交换机，东西向网络延时可预测。

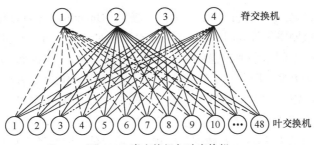

图 7.10　脊交换机与叶交换机

3．可扩展性好

当带宽不足时，增加脊交换机数量，可水平扩展带宽。当服务器数量增加时，增加脊交换机数量，也可以扩大数据中心规模。总之，规划和扩容非常方便。

4．对交换机的要求降低

南北向流量可以从叶节点出去，也可从脊节点出去。东西向流量分布在多条路径上。这样一来，不需要昂贵的高性能、高带宽交换机。

5．安全性和可用性高

传统网络采用 STP，当一台设备故障时就会重新收敛，这会影响网络性能，甚至导致发生故障。叶脊网络架构中，一台设备故障时，不需重新收敛，流量继续在其他正常路径上通过，网络连通性不受影响，带宽也只减少一条路径的带宽，性能影响微乎其微。

7.1.4　数据中心的 Overlay 网络

Overlay 网络是通过网络虚拟化技术，在 Underlay 网络上构建出的虚拟的逻辑网络。不同的 Overlay 网络虽然共享 Underlay 网络中的设备和线路，但是 Overlay 网络中的业务与 Underlay 网络中的物理组网和互联技术相互解耦。Overlay 网络的多实例化既可以服务于同一租户的不同业务（如多个部门），也可以服务于不同租户，是 SD-WAN 以及数据中心等使用的核心组网技术。

Overlay 网络和 Underlay 网络是一组相对概念，Overlay 网络是建立在 Underlay 网络上的逻辑网络。而为什么要建立 Overlay 网络，就要从底层 Underlay 网络的概念以及局限讲起。

1．Underlay 网络

Underlay 网络，正如其名，是 Overlay 网络的底层物理基础。如图 7.11 所示，Underlay 网络可以是由多个类型设备互联而成的物理网络，负责网络之间的数据包传输。

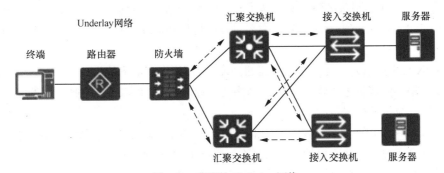

图 7.11　典型的 Underlay 网络

在 Underlay 网络中，互联的设备可以是各类型交换机、路由器、负载均衡设备、防火墙等，但网络的各个设备之间必须通过路由协议来确保连通性。Underlay 网络可以是二层网络，也可以是三层网络。其中二层网络通常应用于以太网，通过 VLAN 进行划分。三层网络的典型应用就是互联网，其在同一个自治域使用 OSPF、IS-IS 等协议进行路由控制，在各个自治域之间则采用 BGP 等协议进行路由传递与互联。随着技术的进步，也出现了使用 MPLS 这种介于二、三层的广域网（Wide Area Network，WAN）技术搭建的 Underlay 网络。然而传统的网络设备对数据包的转发都基于硬件，用其构建而成的 Underlay 网络也产生了如下的问题。

- 由于硬件根据目的 IP 地址进行数据包的转发，所以传输的路径依赖十分严重。
- 新增或变更业务需要对现有底层网络连接进行修改，重新配置耗时严重。
- 互联网不能满足私密通信的安全要求。
- 网络切片和网络分段实现复杂，无法做到网络资源的按需分配。
- 多路径转发烦琐，无法融合多个底层网络来实现负载均衡。

2. Overlay 网络

为了摆脱 Underlay 网络的种种限制，现在多采用网络虚拟化技术在 Underlay 网络之上创建虚拟的 Overlay 网络，如图 7.12 所示。

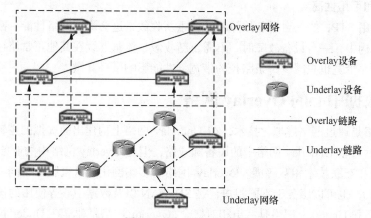

图 7.12　Overlay 网络拓扑

在 Overlay 网络中，设备之间可以通过逻辑链路，按照需求完成互联形成 Overlay 网络拓扑。相互连接的 Overlay 设备之间建立隧道，数据包准备传输出去时，设备为数据包添加新的 IP 头部和隧道头部，并且屏蔽掉内层的 IP 头部，数据包根据新的 IP 头部进行转发。当数据包传递到另一个设备后，外部的 IP 报头和隧道头将被丢弃，得到原始的数据包，在这个过程中 Overlay 网络并不感知 Underlay 网络。Overlay 网络有着各种网络协议和标准，包括 VXLAN、NVGRE、SST、GRE、NVO3、EVPN 等。

随着 SDN 技术的引入，加入了控制器的 Overlay 网络有着如下的优点。

- 流量传输不依赖特定线路。Overlay 网络使用隧道技术，可以灵活选择不同的底层链路，使用多种方式保证流量的稳定传输。
- Overlay 网络可以按照需求建立不同的虚拟拓扑组网，无须对底层网络做出修改。
- 通过加密手段可以解决保护私密流量在互联网上的通信问题。
- 支持网络切片与网络分段，将不同的业务分隔开来，可以实现网络资源的最优分配。
- 支持多路径转发。在 Overlay 网络中，流量从源地址传输到目的地址可通过多条路径，从而实现负载分担，最大化利用线路的带宽。

3. 数据中心的 Overlay 网络

随着数据中心架构的演进，现在数据中心多采用叶脊网络架构构建 Underlay 网络，通过 VXLAN 技术构建互联的 Overlay 网络，业务报文运行在 VXLAN Overlay 网络上，与物理承载网络解耦，如图 7.13 所示。

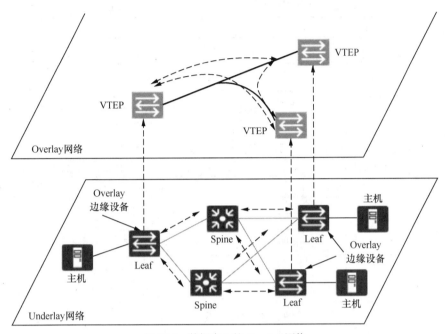

图 7.13　数据中心的 Overlay 网络

Leaf 与 Spine 全连接，等价多路径提高了网络的可用性。Leaf 节点作为网络功能接入节点，提供 Underlay 网络中各种网络设备接入 VXLAN 的功能，同时也作为 Overlay 网络的边缘设备担任 VXLAN 隧道终点（VXLAN Tunnel EndPoint，VTEP）的角色。Spine 节点即骨干节点，是数据中心网络的核心节点，提供高速 IP 地址转发功能，通过高速接口连接各个功能 Leaf 节点。

7.2　校园网数据中心网络 SDN 规划应用

7.2.1　数据中心网络 SDN 总体设计

高校校园网传统数据中心基本上都采用层次化、模块化的建设方法。这种建设方法存在着资源利用率不高、建设及交付时间长、资金投入重复、网络规划复杂等问题。计算虚拟化技术的应用和普及，使高校校园网数据中心实现了计算资源池化部署。为了满足计算虚拟化对网络技术提出的"大二层"互通等新需求，VXLAN 等网络虚拟化技术得到应用。网络管理部门负责规划建设和扩容，业务部门按照自身的需求主动申请池化资源，项目新建及扩容工作不会再与业务部门具体需求强相关和强耦合。随着云计算技术的发展，数据中心的网络支撑进入"SDN 时代"。云平台上集中整合了数据中心的计算、存储、网络池化资源，帮助业务部门将业务上线时间大大缩短，真正实现了面向应用的自动化部署。

数据中心 SDN 架构如图 7.14 所示。

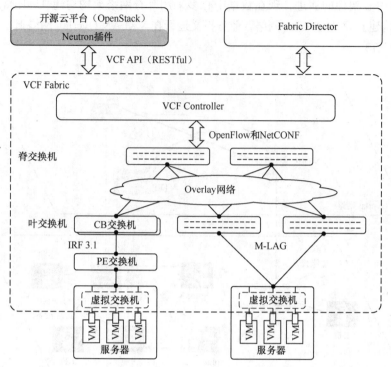

图 7.14　数据中心 SDN 构架

数据中心 SDN 构架由三大关键部分构成，形成"一网双平面"的松耦合架构。作为业务平面，开源云平台面向交付，用来支撑 DevOps 模型；作为运维平面，Fabric Director 面向运营，用来支撑业务运营体系；VCF Fabric 作为面向云的新一代 IT 基础架构，包含 SDN 控制器 VCFC 以及所有软硬件网元，负责接入数据中心的计算及存储池化资源，统筹实现用户从业务平面及运维平面下发的业务模型和运维指令。

7.2.2　数据中心 SDN 整体部署

在云平台申请计算资源、存储资源、虚拟网络的场景下，计算资源和存储资源是业务部署需要的，而虚拟网络则必须要将计算资源和存储资源有机地连接起来，所以必须支持完整的 SDN 模型来保证满足不同业务的网络互通或隔离需求，必须提供完整的网络抽象模型，抽象端口，二层、三层网络及应用层网络服务。用户可以自由定义网络，而物理网络保持不变。

考虑到各类 Overlay 组网及网关角色的特点，主机/混合 Overlay 会配合集中式网关使用，Overlay 网络会配合分布式网关使用。结合不同的网络数据平面、控制平面，典型组网场景有如下几类，多场景对比如表 7.1 所示。

（1）组网场景一：主机/混合 Overlay+集中控制模型+集中式网关

由于运行在内核态的虚拟交换机没有实现完整的 TCP/IP 协议栈，无法承担 VXLAN 的 L3 网关功能，也无法支持以太网虚拟专用网（Ethernet Virtual Private Network，EVPN）协议，因此主机/混合 Overlay 组网通常会选择集中控制模型和集中式网关。

同时，虚拟交换机严格按照控制器下发的流表进行转发，由于不受硬件转发芯片的格式限制，控制器可以将源和目的均为本数据中心内主机的 L3 转发表项也下发到虚拟交换机，使其具备一部分分布式网关的功能。对于源或目的不是本数据中心内主机的情况，仍然需要送到专门的 VXLAN 的 L3 网关处理。

该场景的 VXLAN L3 网关及 L2 VTEP 均可使用软件网元承担，它适用于传统数据中心的 SDN 改造。

（2）组网场景二：Overlay 网络+集中控制模型+集中式网关

与场景一相比，场景二使用硬件设备作为 VTEP，转发性能更高；缺点是硬件 VXLAN L2 网关受芯片格式限制，无法处理同一设备下接入的不同 VXLAN 间的三层转发，必须绕行到专门的 VXLAN 的 L3 网关，流量路径不是最优的。

（3）组网场景三： Overlay 网络+松散控制模型+分布式网关

Overlay 网络组网通常为叶脊网络架构全硬件组网，硬件设备可以很好地支持 EVPN/VXLAN 协议，使用分布式网关也保证了硬件转发流量路径最优。该场景的转发性能高，同时分布式网关适合网络横向扩容，是新建数据中心大规模组网的理想选择。

表 7.1　　　　　　　　　　　　　　多场景对比

关键特性	场景一：主机/混合 Overlay+集中控制模型+集中式网关	场景二：Overlay 网络+集中控制模型+集中式网关	场景三：Overlay 网络+松散控制模型+分布式网关
转发性能	中	高	高
流量模型	最优	存在绕行	最优
计算虚拟化兼容性	与厂商支持度相关	好	好
组网规模	中小规模组网	中小规模组网	无限制
网络可靠性	中	中	高

1. Underlay 网络自动化部署

Underlay 网络自动化部署，由 Director 软件和叶脊网络设备配合完成。

（1）Fabric 的划分和规划

Fabric 的划分和规划包括以下几个步骤。

● 将物理设备根据设计的拓扑（包括冗余线路等）连线，在服务器部署 Director 软件，让物理设备和 Director 软件同时接入管理网络。

● Underlay 网络是基础物理网络，同样需要完成网络规划，包括接入 IP 地址、路由等配置，规划部署完成后会自动生成基于叶脊网络的规划拓扑。

● 使用 Director 软件对已生成的 Underlay 网络进行软件定义，其中主要是一些自动化预配置。基于 Spine 的设备角色，通过 Director 软件完成设备自动化配置，同时采用两个 Border Leaf 的方案，指定 Fabric 的 Border Leaf 角色。

（2）自动化配置下发

Underlay 网络自动配置完成后，会提供一个 IP 路由可达的三层网络作为 Overlay 自动化配置下发使用，包括以下几个步骤。

● 设备上电，基于 Spine 设备和 Leaf 设备的不同角色，自动获取管理 IP 地址、版本信息和预配置模板等。

● 根据 Underlay 网络拓扑动态生成 Underlay 网络载体设备配置。

● 自动下发智能弹性架构（Intelligent Resilient Framework，IRF）配置至设备，并配置开放最短通路优先协议（Open Shortest Path First，OSPF）路由。

（3）可视化部署

Director 软件会根据已配置的 IP 地址段扫描设备和 Underlay 网络的动态拓扑，实时呈现自动化状态和部署进度。

● 自动化部署初始化。根据设备角色加载预配置的软件版本和模板，进入设备自动化开始状态。

● 查看实时拓扑状态和 IRF 状态变更。设备物理互联接口发生起宕后，端口获取到 IP 地址，路由发生变化和收敛，会上报至可视化管理平台。设备加入 IRF、完成加入 IRF、IRF 发生分裂，会分别以 IRF 开始、IRF 结束、设备离开 IRF 这 3 个状态上报至可视化管理平台。同时 Spine 设备和 Leaf 设备的链路三层互联状态和性能也会以图形的形式在管理平台展示。

● 自动化部署结束后，Fabric 自动化部署过程会呈现结束状态。

（4）资源纳管

Underlay 网络部署自动化完成后，Underlay 网络内的所有支撑节点会被 Director 软件纳管。

2．Overlay 网络部署

（1）SDN 模型建立

如图 7.15 所示，SDN 控制器同时也可以支持整合 OpenStack Neutron 网络模型，既可以通过云平台也可以通过 Director 软件管理界面配置虚拟化网络，从而实现 SDN 的功能。

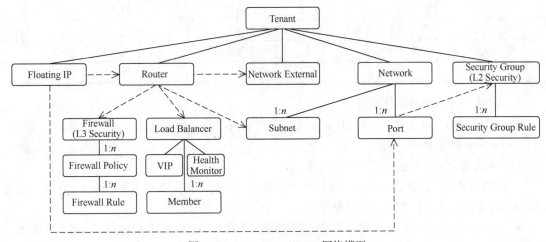

图 7.15　OpenStack Neutron 网络模型

（2）Overlay 配置下发到设备

虚拟网络模型转换为具体配置后，将向纳管网元下发配置，其中包含 VPN 实例配置、三层网络 VNI 配置、接口配置、AC 管理器配置。同时也会带入 VXLAN 和传统 VLAN 的对应关系配置。

下发配置的方式按下发配置的时间节点分为两种：一种是配置预先下发，在配置完成后立刻下发到网元，以备设备上线后直接使用；还有一种是配置按需下发，使得 AC 配置在主机上线时下发。

（3）Fabric 接入设置

如果将 Fabric 整体看成一台虚拟网络设备，数据中心的所有软硬件资源，包括计算资源及存储资源、数据中心出口的外部网络，必须接入 Fabric 的某个端口，才能正常使用。支持接入的资源如下。

● VM 接入：VM 通过 ARP/DHCP 报文上线，VM 迁移时支持配置及策略随迁。

● 外部网络网元接入：通过配置服务网关组或者配置虚拟 Border 实现。

- 第三方防火墙接入：为了实现安全引流的功能，需要通过控制器下发引流策略。

7.3　面向数据中心网络的 SDN 控制器设计

7.3.1　控制器功能设计

控制器有 4 个主要功能，分别为基础信息管理、信息处理与决策、业务与服务、可视化，如图 7.16 所示。

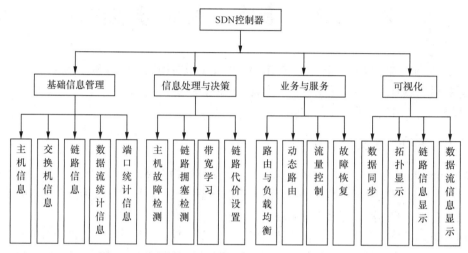

图 7.16　面向数据中心网络应用的 SDN 控制器功能设计

7.3.2　控制器系统架构

控制器系统架构如图 7.17 所示，主要包括基础层、决策层、业务层以及扩展数据库和可视化界面。

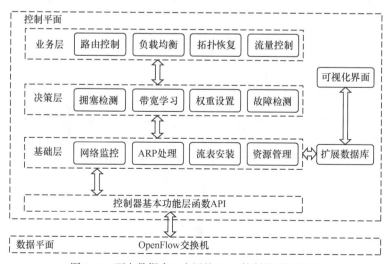

图 7.17　面向数据中心应用的 SDN 控制器系统架构

基础层：主要包括网络监控模块和资源管理模块，通过南向接口获取网络状态信息，对信息进行维护和存储，是 SDN 控制器拥有全局网络信息的必要部分。

决策层：对基础层提供的网络拓扑信息、数据统计信息等进行整理，对网络状态进行分析处理，当网络状态满足一定的条件时，触发事件，进行业务层的处理。

业务层：进行业务的部署和策略的下发，进行网络资源的调度和分配，基于网络负载情况进行路由选择，动态调整路由，并对网络故障问题进行处理，根据服务实现流量控制。

扩展数据库和可视化界面：将全网的状态信息和统计信息通过数据库实现持久化存储，进行界面的开发，通过可视化界面展示网络状态信息。

7.4 多粒度安全控制器架构

一方面，传统的 TCP/IP 网络体系架构中存在的安全威胁仍然会成为 SDN 安全问题的一部分。作为底层的网络架构，必然会受到窃听、伪装、重播、篡改等攻击的威胁。另一方面，SDN 在新架构的环境下，会出现新的安全问题。

7.4.1 控制器安全问题

在以 OpenFlow 为实现方式的 SDN 体系中，控制器作为网络的直接管理者，其运行状态关乎整个网络的运行。而控制器的数量是有限的，管理设备的集中化导致其成为整个网络的弱点，攻击者一旦成功攻击控制器，那么整个网络也就在攻击者的掌控之中了。

在网络遇到拒绝服务攻击时，由于控制器处于上层，攻击往往并不能直接针对控制器。但是根据 OpenFlow 协议，网络中大量的待处理流量需要通过控制器进行处理，这可能导致控制器的负载急剧增大，甚至丧失处理能力。与此同时，交换机的缓存也将被大量待处理的数据包填满，正常数据包无法进入，最终导致网络瘫痪。

如图 7.18 所示，假设主机 1 和主机 3 在攻击者的控制下向网络中连续发送大量未知流量，其上层 OpenFlow 交换机由于无法匹配流表而向控制器发送请求，以得到匹配数据包的流表。控制器有限的处理资源被连续的大量请求耗尽，主机 1 和主机 3 的上层交换机的缓存也被无法处理的

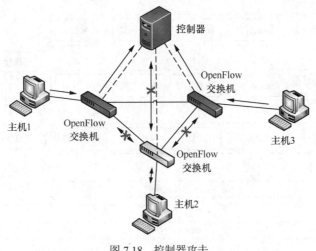

图 7.18 控制器攻击

数据包占满，最终导致主机 2 以及其上层交换机无法进行网络通信。

7.4.2　流表安全问题

在 OpenFlow 中，流表是网络功能实现的基本保障。如果说控制器是管理者，那么流表就是执行者。所以保障流表的稳定无误是保障 SDN 安全必不可少的条件。而网络运行中添加流表产生的策略不一致问题，或恶意的流表写入都可能导致网络的功能异常，甚至瘫痪。

在控制器配置网络的过程中，网络设备中可能已经存在许多流表，这些流表是根据之前网络配置策略写入的。但是每次的配置可能与已有的策略产生冲突，如果不加以协调，那么就可能导致网络配置的混乱。攻击者可以通过北向接口写入恶意的流表，致使网络转发功能失效或为恶意攻击开辟通道。同时，流表下发时，时延问题会导致交换机之间的逻辑不一致，这也会引发一定的问题。

如图 7.19 所示，在网络配置之初，网络管理者在 OpenFlow 交换机 A 上配置了流表，用于过滤主机 1 到主机 3 的流量。假设由于主机 2 故障，管理者将主机 2 提供的服务迁移到了主机 3 上，同时在 OpenFlow 交换机 B 上配置流表，将发送到主机 2 的数据包目的地址改为主机 3。那么主机 1 就可以通过向主机 2 发送数据包绕过流量过滤，成功地将数据包发送到主机 3。

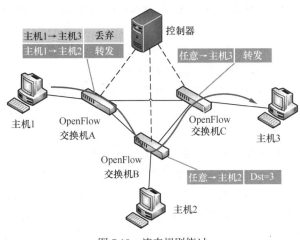

图 7.19　流表规则绕过

7.4.3　应用安全问题

作为 SDN 的一大特点，开放的北向接口允许开发者开发运行在控制器上的网络应用。而开放的接口可能被用于攻击，容易产生其他问题。

如果北向接口可以被自由地无约束地使用，那么攻击者利用恶意的应用程序会很容易地对控制平面进行破坏。而即使是正常应用，不同应用对网络的操作也可能导致之前提到的流表安全问题。

7.4.4　南向接口安全问题

SDN 基础设施作为基本通信设备，连接其的南向接口可靠性同样是 SDN 安全性的重要指标。目前南向接口主要是指 OpenFlow 协议，OpenFlow 采用 SSL/TLS 协议作为控制器与交换机的通信安全协议。但 SSL/TLS 协议无法验证交换机是否具有威胁，许多研究者也提出了 SSL/TLS 协议的缺陷。攻击者可以利用协议的弱点，通过控制交换机等方式对控制器发动攻击。

7.4.5 安全解决方案

针对前文提出的问题，本节将在控制器攻击防御、流表管理、应用管理等方面设计安全解决方案，并依据方案完成安全控制器架构的设计。

1. 控制器防御方案

对于控制器的拒绝服务攻击，通常利用 OpenFlow 的 Packet-in 消息以未知流量形式发动。控制器在接收 Packet-in 消息时，能够得到消息的来源交换机、数据包的头部等信息。以 IP 数据包为例，可以将一个 Packet-in 消息定义为 PacketIn=(in_sw, in_port, in_res, src_mac, dst_mac, src_ip, dst_ip, src_port, dst_port)。in_sw、in_port 和 in_res 分别为发送消息的交换机、消息流入的交换机端口和消息发送原因；src_mac 和 dst_mac 分别为数据包的源物理地址和目的物理地址；src_ip 和 dst_ip 分别为数据包的源 IP 地址和目的 IP 地址；src_port 和 dst_port 分别为传输层的源端口和目的端口。依据对 Packet-in 消息的定义，采用基于 Packet-in 流量特征的检测或基于机器学习的检测等方法，对恶意的 Packet-in 消息进行识别和过滤，可以防御针对控制器的拒绝服务攻击。

在图 7.18 所示的攻击场景下，若在 Packet-in 消息发送到控制器后先进行入侵检测，那么恶意的消息将被忽略。基本的处理流程如下。

（1）解析 Packet-in 消息，根据消息字段定义为 PacketIn=(in_sw, in_port, in_res, src_mac, dst_mac, src_ip, dst_ip, src_port, dst_port)；

（2）通过控制器的入侵检测功能识别 Packet-in 消息；

（3）根据识别结果选择丢弃该消息或由控制器处理该消息。

经过入侵检测后，控制器只需要处理正常数据流产生的 Packet-in 消息，处理资源将不会因攻击而被消耗。

2. 流表管理方案

流表安全问题的主要根源是配置的一致性问题，新流表项的写入需要确保与已存在的流表项不产生逻辑冲突。在 SDN 中，流表配置往往涉及大量的交换机，所以对流表的管理来说，仅以交换机为管理单元是无法完成逻辑检测的。因此需要将全网作为整体，以每条转发策略（FlowPolicy）为单元进行管理。转发策略主要包含 3 个部分：源地址、目的地址、行动，即 FlowPolicy=(src, dst, action)。在控制器中，对每条转发策略进行存储并及时更新，利用冲突检测算法对新策略进行检测，将通过检测的策略的流表写入交换机，这样就避免了流表逻辑的混乱。

在图 7.19 所示的流表问题中，如果对所有写入交换机的流表进行管理，在转发策略转化为流表之前先进行冲突检测，那么由 OpenFlow 交换机 B 的流表修改产生的问题就会在控制器中被提前识别。冲突检测的基本过程如下。

（1）将流表策略简化，得到 FlowPolicy=(src, dst, action)的形式，用 newPolicy 和 oldPolicy 分别表示新的策略集合和已经存在的策略集合；

（2）将 newPolicy 中无法和 oldPolicy 匹配的 FlowPolicy 忽略；

（3）将 newPolicy 中与 oldPolicy 行动相同的 FlowPolicy 忽略；

（4）如果 newPolicy 和 oldPolicy 仍然存在交集，则报告冲突。

当识别到冲突后，网络管理者就可以根据实际情况更改策略，使下发到交换机的流表不会导致已有策略的失效。

3. 应用管理方案

SDN 应用创新的基础就是北向接口的开放性，相当于网络管理权限在一定程度上被提供给了应用开发者。对于运行在控制器之上的应用程序，其对网络的操作必须加以限制。首先，应用程序对北向接口的调用权限需要加以管理，使程序所需权限能够被控制器掌握并通知网络管理者。但是单纯的权限管理无法检测程序运行时产生的恶意行为，所以在应用程序运行之前应该先进行恶意代码的检测，同时必要时在沙箱环境下测试其行为。对于调用敏感权限的应用，可以实时检测其行为，防止网络运行受到破坏。

4．安全解决方案扩展

作为网络的集中控制者，控制器自身的可靠性十分重要。如果只有一台控制器，一旦其失去对网络的控制能力，那么网络只能停滞在一个状态。维护冗余的控制器，使其及时在主控制器停止工作时接管网络可以提高网络运行的可靠性。所以主控制器应该向冗余控制器备份重要信息并实时同步。

控制器也有必要为数据平面提供一定的安全防护功能。控制器对 Packet-in 消息的检测，除了过滤对自身的攻击，也应该增加对网络主机的攻击检测。同时，准入控制可以作为数据平面的安全管理工具运行在控制器之中，以提供更多的网路保护。为了使网络转发策略不违反准入控制策略，在流表管理过程中，也需要相应地增加策略的安全检测。

7.4.6　整体架构

控制平面作为 SDN 架构中关键的控制核心，应当满足 SDN 架构的基本要求，但是目前尚未有完备的设计标准，各类 OpenFlow 控制器也层出不穷。本节基于 SDN 安全解决方案，设计了一种 SDN 安全控制器架构，如图 7.20 所示，该架构分为基础控制模块和多粒度安全定制模块。基础控制模块遵循 SDN 架构要求实现基本功能，而多粒度安全定制模块实现在控制器中可自定义的安全功能。

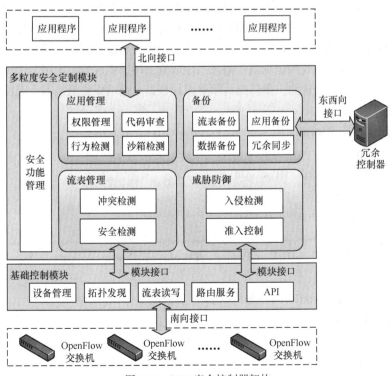

图 7.20　SDN 安全控制器架构

7.4.7 模块设计

威胁防御模块集成入侵检测、准入控制等安全防护功能子模块，入侵检测子模块可提供基于控制器主机的防御和基于 SDN 的流量检测。准入控制子模块可为网络管理者提供全网的流量规则制定和执行功能。通过南向接口，威胁防御模块对网络中的数据包进行识别，过滤非法流量。当数据包被入侵检测子模块放行后，准入控制子模块进一步根据网络管理者定义的准入规则对数据包进行过滤。

流表管理模块针对 SDN 中的流表安全问题，对流表项进行冲突检测，并对即将写入的流表项可能引发的安全问题进行识别和处理。流表管理模块与路由服务模块和应用管理模块协同工作。当路由服务或应用程序生成流表后，要交由流表管理模块进行检测。如果流表项与现存流表存在冲突，则自动生成新的安全流表项，同时如果流表项违反了安全策略，也要重新生成或直接拒绝。只有通过流表管理模块的检测，流表才能被下发到交换机中。

备份模块对控制器中的北向应用程序、全网的流表，以及安全策略等其他重要数据进行备份并不间断更新，便于单点控制器失效后的快速恢复。冗余控制器通过备份模块与主控制器同步信息，以便在主控制器出现故障时及时接管网络。

应用管理模块对控制器中的网络应用程序进行安全管理，包括程序代码的自动审查、程序请求接口的权限管理，以及程序运行中的行为检测等。安全功能管理模块管理威胁防御模块、流表管理模块、备份模块和应用管理模块，网络管理者可以通过该模块配置网络防护功能，提供可自定义的安全环境。

7.4.8 运行机制

网络的主要安全运行机制为：当 OpenFlow 交换机收到数据包后，将发送消息给控制器，控制器的路由服务模块负责处理数据包。路由服务模块在生成该数据包匹配的流表之前，先将包含数据包信息的消息发送到威胁防御模块，由入侵检测子模块和准入控制子模块先后对数据包安全性进行识别。路由服务模块收到识别结果消息后生成流表项，生成的流表项交由流表管理模块对流表项进行冲突检测和安全检测，最后路由服务模块根据处理结果将流表写入交换机。

运行机制描述如下。

（1）RTS：PID=GenPktInID(PacketIn)，PktInfo=<PID, PacketIn>

RTS→IDS：PktInfo

（2）IDS：P_i= PermissionIDS(PacketIn)

IDS→ACL：PktInfo, P_i

（3）ACL：P_a= PermissionACL(PacketIn)，$P_T=P_i \cdot P_a$

ACL→RTS：PID, P_T

（4）RTS：FID= GenPolicyID(FlowPolicy)，FPInfo=<FID, FlowPolicy>

RTS→FCD：FPInfo

（5）FCD：P_c= PermissionFCD(FlowPolicy)

FCD→FSD：FPInfo, P_c

（6）FSD：P_s= PermissionFSD(FlowPolicy)，$P_F=P_c \cdot P_s$

FSD→RTS：FID, P_F

（7）RTS：$P= P_T \cdot P_F$

其中，RTS、IDS、ACL、FCD、FSD 分别表示路由服务、入侵检测、准入控制、冲突检测和安全检测；GenPktInID 和 GenPolicyID 分别表示 Packet-in 消息和 FlowPolicy 的 ID 生成函数；PermissionIDS、PermissionACL、PermissionFCD 和 PermissionFSD 分别是 Packet-in 消息和 FlowPolicy 的检测函数；P_i 表示 IDS 检测 Packet-in 消息的结果，P_a 表示 ACL 检测 Packet-in 消息的结果，P_T 表示结合 ACL 和 IDS 检测 Packet-in 消息后的结果，P_c 表示 FCD 检测 FlowPolicy 消息的结果，P_s 表示 FSD 检测 FlowPolicy 消息的结果，P_F 表示结合 FCD 和 FSD 检测 FlowPolicy 消息的结果，P 表示最终的检测结果。表 7.2 列出了模块之间交互的消息类型。

表 7.2　　　　　　　　　　　　　　　模块交互消息类型

消息类型	消息流向	描述
PACKET_INFO	路由服务模块→威胁防御模块	携带数据包信息
PACKET_SEC	威胁防御模块→路由服务模块	数据包检测结果为允许转发
PACKET_RFS	威胁防御模块→路由服务模块	数据包检测结果为拒绝转发
FLOW_INFO	路由服务模块→流表管理模块	携带流表信息
FLOW_RSLT	流表管理模块→路由服务模块	流表允许下发，结果包含在消息中
FLOW_RFS	流表管理模块→路由服务模块	流表不允许下发

如图 7.21 所示，模块间的交互方式为：当交换机接收到无流表项匹配的数据包时控制器发送 Packet_in 消息；路由服务模块向威胁防御模块发送 PACKET_INFO 消息请求识别数据包；威胁防御模块向路由服务模块返回识别结果 PACKET_SEC 或 PACKET_RFS 消息；路由服务模块为数据包生成转发流表并向流表管理模块发送包含流表信息的 FLOW_INFO 消息；流表管理模块向路由服务模块返回处理结果 FLOW_RSLT 消息或 FLOW_RFS 消息；路由服务模块如果收到 PACKET_RFS 消息或 FLOW_RFS 消息，则将生成丢弃流表并转交给流表读写模块；如果收到 FLOW_RSLT 消息，则将消息中的流表转交流表读写模块；流表读写模块向交换机发送 FLOW_MOD 消息，将流表下发到交换机。

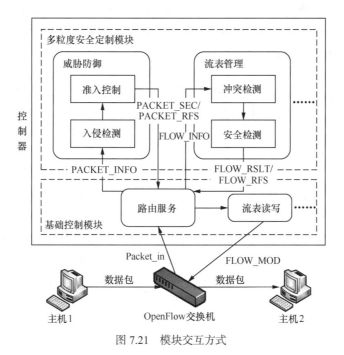

图 7.21　模块交互方式

7.4.9 粒计算理论

粒计算理论是人工智能领域的研究热点，但是粒计算的思想可以在很多领域运用。粒计算中的基本思想来源于人类智慧对问题考虑的方式，即大的问题可以细分为很多小的问题。信息的粒化由扎德（Zadeh）在 1979 年提出，之后 Hohss 引出了"粒度"的概念。粒计算就是指以粒度作为计算机对信息的度量，以不同粗细的粒度来解决特定的问题。

粒计算是一种处理问题的方法，就像人们在对待同一个问题时，会根据不同的细节和从不同的角度去分析，从而可以在整体和部分得出一定的结果。因此粒计算可以简化庞大的问题，利用小问题的计算降低代价；也可以使问题的根源从不必要的细节中显现。

粒计算主要由粒子、粒层和粒结构组成。粒子是粒计算最基本的元素，粗粒度的粒子由细粒度的粒子组成，粒子在特定问题中的特定属性使得粒子具有实际价值。粒层就是由同一粒度的粒子组成的集合，不同粒度的粒子可以构成多个粒层，一个粒层往往代表着问题在某一个特定层面的划分。粒结构代表不同粒层之间的关系，它反映整个问题在不同层面构成的系统描述。

7.4.10 安全服务粒化

SDN 在高度集中的控制下，安全功能也变得可以"软件定义"，许多企业和研究者围绕软件定义安全的概念进行了许多研究。在本节的 SDN 安全架构中，安全控制器作为安全服务的提供者。但是安全服务种类繁多，不同的安全需求需要组合不同的功能，还需要对某些功能的安全等级做出配置。复杂的安全服务会增加管理者的管理难度，也容易产生由于安全服务使用不当形成漏洞的问题。因此对安全服务进行规划十分必要，本节将基于粒计算思想对 SDN 安全服务进行划分。

1. 多粒度安全服务定义

多粒度的安全服务即由不同粒度构成的安全服务，用可变的粒度实现可变的服务。在不同的安全需求下，多粒度的安全服务应当可以灵活地提供恰当的服务粒度。如果用 S 表示多粒度安全服务，Q 表示安全粒度空间，那么 $S=(Q_1, Q_2, Q_3,...)$，其中 Q_1、Q_2、Q_3 是不同安全等级的粒层。多粒度的安全服务具备以下特性。

（1）服务的高效组合

多粒度的安全服务利用粒计算的思想，使某个安全等级所需要的安全服务可以快速得出。针对安全等级的特征，多粒度安全服务可以依次在前一个特征的基础上逐步求解服务的组合。在这个过程中，不必要的服务资源在粒度的变化中被隐藏，因此服务资源组合的效率被提高。

（2）满足自定义需求

不同的用户，安全服务需求千差万别，他们会针对自己的特定场景制定特定的安全需求。多粒度的安全服务在服务资源粒化后可以实现灵活的组合，为用户生成符合需求的安全服务。

2. 服务粒度划分

为了满足多粒度安全服务的要求，需要将安全服务粒化。在本节的 SDN 安全架构中，所提供的安全服务针对很多不同的安全问题，每一类问题又包含多个细化的安全功能。如图 7.22 所示，按照对安全问题的分类，本节将安全服务划分为 3 个粒层，每个粒层拥有不同粒度的安全功能。

顶部粒层把安全服务划分为两个粗粒度粒子，分别是域内安全服务和域间安全服务。顶层的粒度从 SDN 自治域角度，考虑域内和域间服务资源的划分。域内安全服务仅考虑在单个自治域内需要满足的安全需求，而域间安全服务主要考虑的是域间控制器通信的安全需求。

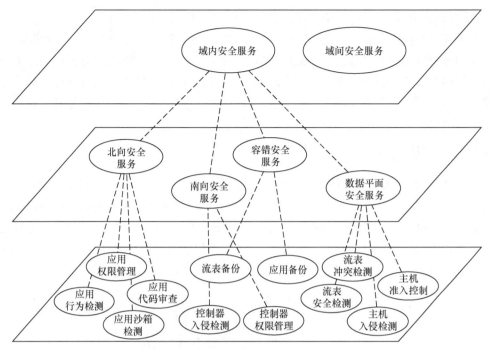

图 7.22　安全服务粒度划分

中间粒层将安全服务粒度细化，以顶层的粒度为基础，划分出每个粒子的不同安全层面。中间粒层将域内安全服务划分为北向安全服务、南向安全服务、数据平面安全服务、容错安全服务。

底部粒层的粒度划分最细，根据中间粒层进一步形成更细粒度的安全服务。多粒度安全服务最终都是由底部粒层的细粒度粒子构成的，不同的安全需求由不同服务粒子的组合满足。

7.4.11　多粒度安全服务模型

多粒度安全服务不仅依赖于安全服务资源的粒化，用户的安全需求也需要 SDN 控制器完成安全服务的组合。本节的控制器架构中，安全功能管理模块完成的就是多粒度安全服务生成。对安全服务的生成来说，首先需要解析用户的安全需求，然后依据解析结果才能在不同的粒层组合安全服务。基于安全功能管理模块的多粒度安全服务模型如图 7.23 所示。

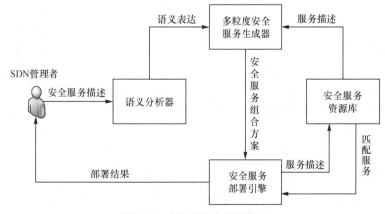

图 7.23　多粒度安全服务模型

　　SDN 管理者通过一定的安全服务描述语言，将安全需求以标准化的形式提供给语义分析器，语义分析器通过分析安全服务描述解析出其语义。多粒度安全服务生成器依据语义分析器的结果，以及安全服务资源库的服务描述，完成服务的匹配和组合，并将生成的安全服务组合方案交由安全服务部署引擎。安全服务部署引擎向安全服务资源库查找安全服务组合方案中包含的服务，得到服务后就进行部署。安全服务部署后，将部署结果返回给管理者，以方便管理者直观掌握安全需求的实现情况。

7.4.12　测试

　　为了验证上述 SDN 安全控制器架构的可行性，本节搭建了实验环境，对架构性能进行了测试，并使用攻击场景对防护效果进行了检验。实验环境基于 Floodlight 控制器及 Open vSwitch，使用 Jpcap 和 Iptables 实现威胁防御模块，并使用 sFlow 及 sFlow-RT 软件对网络流量进行监测。物理主机配置为 Intel Xeon 1.80GHz，16GB 内存。测试主机均为基于 Ubuntu 14.04 系统的虚拟机，配置为 2vCPU 1.80GHz，2GB 内存。实验环境如图 7.24 所示。

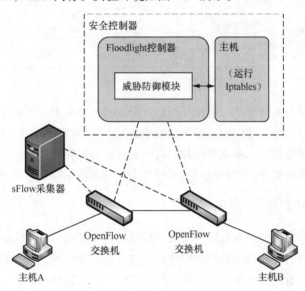

图 7.24　实验环境

　　安全控制器由 Floodlight 控制器和运行 Iptables 的一台主机构成。Floodlight 控制器中添加了自定义的威胁防御模块，而 Iptables 在外部作为控制器的安全应用，它们之间的通信基于 Jpcap。威胁防御模块将交换机发来的数据包发送到运行 Iptables 的主机，该主机开启转发功能后，经 Iptables 过滤后的数据包被转到威胁防御模块。威胁防御模块收到的数据包即被允许的数据包，使用控制器将数据包下发到数据平面的交换机，使其到达目的主机。

　　威胁防御模块的实现依赖于 Floodlight 提供的 IFloodlightModule 接口、IOFMessageListener 接口和 IOFSwitchListener 接口。模块继承了 Floodlight 的 ForwardingBase 类，实现了 IFloodlightModule 接口的 init 和 startUp 函数，为模块初始化调用的服务和配置信息。通过实现 IOFMessageListener 接口的 receive 函数，模块能够接收发送到控制器的 OpenFlow 消息，在 receive 函数中将 Packet-in 消息中的数据包提取出后使用 Jpcap 发送给 Iptables。模块实现的 IOFSwitchListener 接口主要用于在交换机连接后初始化其流表。威胁防御模块的统一建模语言（Unified Modeling Language，UML）类图如图 7.25 所示。

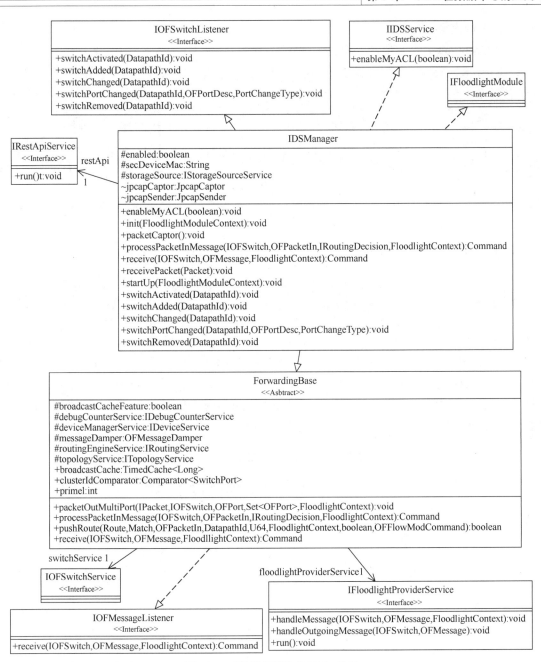

图 7.25　威胁防御模块的 UML 类图

威胁防御模块主要函数如表 7.3 所示。

表 7.3　　　　　　　　　　　　　　威胁防御模块主要函数

函数	功能
receive	接收 OpenFlow 消息并将其转发给 Iptables
processPacketInMessage	向交换机下发 Iptables 传回的数据包
packetCaptor	接收 Iptables 设备转发回的数据包
doForwardFlow	根据数据包生成转发流表并将其写入交换机
createMatchFromPacket	根据数据包生成流表的匹配域

模块关键代码如下。

（1）OpenFlow 消息接收和处理实现，如下。

```
receive(IOFSwitch sw, OFMessage msg, FloodlightContext cntx)
{
    //根据 msg.getType()判断消息类型
    IFloodlightProviderService.bcStore. get();//解析 Packet_in 携带的数据包
    ...
    new EthernetPacket();//构造链路层数据包
    ...
    jpcapSender.sendPacket(); //发送数据包
}
```

（2）接收传回的数据包，如下。

```
packetCaptor()
{
    NetworkInterface[ ] devices = JpcapCaptor.getDeviceList();//获取网卡
    jpcapCaptor = JpcapCaptor.openDevice(device[1], 2000, true, 20); //建立抓包
    jpcapCaptor.loopPacket(-1, this); //捕获数据包，由本模块处理
}
```

基于 DDoS 攻击场景，我们在实验环境中使用一台主机 A 向另外一台主机 B 发动 SYN Flood 攻击，攻击工具采用 hping。分别进行 100pps、500 pps、1000 pps 共 3 次攻击测试。在不开启防御的情况下，与主机 B 连接的交换机端口在测试期间 60s 内的流入流量速率统计如图 7.26 所示。随后在攻击期间开启防御，端口流入流量速率统计如图 7.27 所示。

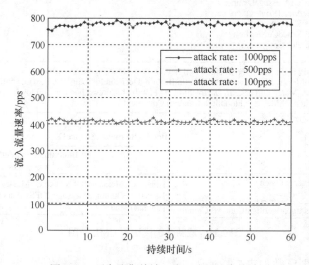

图 7.26　开启防御前端口流入流量速率统计

根据攻击测试结果，在不开启防御的情况下，主机 B 流入的流量速率平均值分别约为 95.48pps、411.23pps、776.79pps，而在开启防御后流入的流量速率约为平均 50.05pps。当在攻击过程中开启防御后，流量速率迅速在 5s 之内下降，并趋于平稳。攻击测试表明通过安全控制器对 SDN 进行安全防护具有有效性。

通过往返时延测试，我们评估了安全控制器对网络通信性能的影响。在不开启安全防护功能的情况下，测试了 100 次主机 A 与主机 B 之间的往返时延（Round-Trip Time，RTT），测试结果

如图 7.28 所示。开启安全防护功能后的时延测试结果如图 7.29 所示。

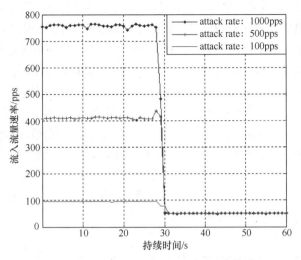

图 7.27　开启防御后端口流入流量速率统计

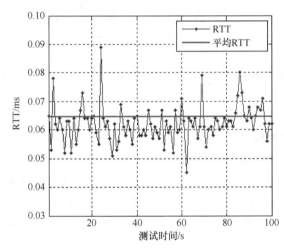

图 7.28　开启安全防护功能前网络时延统计

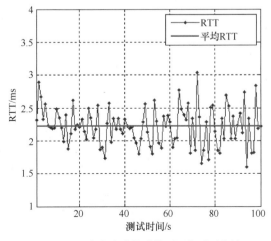

图 7.29　开启安全防护功能后网络时延统计

根据时延测试结果，在不开启安全防护功能的情况下，两台主机之间的往返时延平均值约为0.065ms，而开启安全防护功能后平均往返时延约为2.219ms，增加了2.154ms。这表明安全模块的引入对于网络性能具有一定的影响，但考虑到实验环境对性能的优化不够，同时网络设备也是虚拟交换机，引入安全模块带来的时延也只有毫秒级，并不会对网络性能造成比较大的影响。

对安全架构（VSA、SDS）也做了时延测试，两种安全架构的时延由于设计方式的不同具有比较明显的差别，其中VSA架构的时延增加了大约0.58ms，而SDS架构的时延增加了大约4.2ms。本节架构的时延测试结果处于VSA和SDS之间，数据如表7.4所示。由于VSA架构将网络流量直接导向安全设备中，数据的转发几乎全部在数据平面完成，所以处理时延较小。而SDS架构在控制器中增加了额外的应用识别服务，在一定程度上增加了处理开销。本节架构虽然比VSA架构的处理开销大，但是VSA架构存在控制器和安全设备关联性低的弊端，不易实现灵活的安全管理。同时，本节的架构与SDS架构虽然都能够实现可定制的安全服务，但本节架构安全功能更加完善，安全服务定制更加灵活，而且降低了处理开销。

表7.4 时延对比

测试架构	平均时延/ms		时延增加/ms
	正常发送数据包	开启安全防护功能	
VSA	0.4479	1.0315	0.5836
本节架构	0.065	2.219	2.154
SDS	0.4479	4.6675	4.2196

7.4.13 总结

本节在SDN架构的基础之上，分析了SDN中存在的安全问题，并设计了一种SDN多粒度安全控制器架构。该架构中的多粒度安全定制模块可为SDN提供应用安全防御、流表安全防护和网络流量检测等功能。其中各个模块通过安全控制消息交互，协同实现SDN防护。对于安全功能管理，以粒计算思想将安全服务粒化，并设计了安全服务模型。根据实验测试，该架构在基于流量检测的SDN安全防护方面具有很好的效果，同时对于网络性能的影响也较小。

第8章
SDN 在园区网的应用

园区网一般是指企业或者机构的内部网络，通常与广域网、数据中心相连。园区网的主要作用是为企业业务持续运作提供稳定可靠的网络环境。

一般情况下，园区网按规模来划分可以分成大型园区网、中型园区网、小型园区网。其中中型园区网和小型园区网有时统称为中小型园区网。有时候企业还存在不同地域的办公分支机构，这些分支机构是不包含在园区网内部的。从这个角度来说，园区网通常是指地理区域相对集中的内部网络。所以通常所说的园区网都止于公网边缘，可以理解成企业或机构内部使用的私网。

本章首先介绍 SDN 在智慧园区中的应用，然后介绍基于 SDN 的工业互联网设计，最后介绍控制器的负载均衡方法。

本章的主要内容是：

（1）基于 SDN 的工业互联网设计；

（2）分布式控制器负载均衡方法。

8.1　软件定义的园区网技术

8.1.1　传统园区网面临的挑战

爆炸式增长的移动设备和内容发展以及服务器虚拟化和云服务的出现，推动网络技术向虚拟化方向发展。许多传统网络是通过以太网交换机以树形架构分层建设的。这种静态架构已经不适合今天智慧园区网络、数据中心网络、云计算网络的动态计算和存储。一些关键计算趋势在驱动新的网络技术发展。

（1）变化的流量模式：企业数据中心的数据流量已经显著变化。与大量通信发生在单客户端与单服务器之间的客户-服务器应用相比，现在应用访问不同的数据库和服务器时，在"南-北"向通信模式返回给用户数据之前，产生了一系列"东-西"向的物-物通信流量。同时，用户也在改变流量模式，任何设备在任何地点、任何时间访问公司内容和应用的办公模式正在兴起。最后，许多企业的数据中心正在考虑效用计算模式，其中可能包括私有云、公有云或一些导致穿越广域网流量的云组合。

（2）IT 消费化：用户越来越多地使用个人移动设备，如智能电话、平板电脑和笔记本电脑访问企业网络。IT 在保护企业数据、知识产权以及合规的时候，有必要以高精度的方式适应这些个人移动设备。

（3）云服务的兴起：企业需要公有云和私有云服务，导致这些服务大幅增长。企业业务部门现在希望能够灵活地按需和有选择地访问应用程序的基础设施和其他 IT 资源。IT 的云服务规划需要在增强的安全、合规和审计需求前提下，伴随着快速变更假设条件的业务重组、合并和兼并的环境下进行。不管是私有云还是公有云提供自助服务，都需要通过一个通用的视角和一套通用的工具提供弹性计算、存储和网络资源。

（4）更高带宽：大数据或大型数据集需要互相连接的上千台服务器大规模并行处理。大数据的崛起刺激了数据中心高网络容量的需求。超大规模数据中心的网络运营商面临着网络扩展到以前难以想象的规模、任意互联而不宕机的艰巨任务。

8.1.2 智慧园区网中 SDN 技术的应用场景

在智慧园区网建设的新时代背景下，SDN 对园区网的各种应用场景具有显著的技术驱动力，下面探讨 SDN 在智慧园区网应用的几种场景。

场景一，园区网虚拟化的需求。随着园区网的需求日益复杂，可扩展解决方案也越来越需要将多个网络用户组进行逻辑分区。网络虚拟化提供了多个解决方案，能在保持现有园区网设计的高可用性、可管理性、安全性和可扩展性优势的同时，实现服务和安全策略的集中。网络虚拟化允许多个用户组访问同一物理网络，但从逻辑上对它们进行一定程度的隔离。园区网需要一个便于扩展的解决方案，保持用户组完全隔离，实现服务和安全策略的集中，并保留园区网设计的高可用性、安全性和可扩展性优势。

场景二，园区各种应用数据流智能感知。个人应用如微博、微信越来越普及，正与企业应用竞争网络资源，网络需要根据应用转发数据流，优先保证企业应用。SDN 需要提供一个简化且一致的方法标识应用流，并对网络编程高优先级转发所需应用数据流。实际上各种应用都可以与 SDN 控制器交互以提供应用所需的网络资源配置。

场景三，园区内的 BYOD（Bring Your Own Device）和无缝移动应用。企业员工携带自己的设备办公，并期望获得无缝连接以及相关移动性保证。虽然有很多解决方案可以实现 BYOD 和无缝移动能力，但依然存在灵活性问题。随着移动设备种类、操作系统和软件版本的增加，网络提供商往往不能迅速满足用户新增的需求。园区管理者需要快速提供他们自己定制的策略，而无须依赖 BYOD 提供商发布新版本升级的需求。SDN 允许园区管理者开发他们自己的增强 BYOD 应用以满足其特定的需求。

场景四，基于视频通信与协作应用。SDN 允许服务提供商根据用户需求为特定通信进程分配容量，并且为每个通信进程通过分配策略提供 QoS。这意味着服务提供商可以在某个时间段为视频网站提供比语音通话更高优先级的服务，通过提供动态服务等级协定（Service Level Agreement，SLA）服务来为视频流和视频协作等应用提供更好的服务体验，同时提供不同的收费模式。

场景五，园区通信的安全和策略增强。今天大多数设备安全策略仅限于 VLAN 或接口，大多数安全策略不能考虑应用的上下文关系。虽然有使用 802.1x 的增强策略和标识管理系统，但是仍然不能提供安全策略管理的灵活性。在 SDN 环境中，SDN 控制器了解流的上下文，包括用户、设备、位置、时间、应用和其他外部因素，这允许网络管理者精细定制策略并且可以在接入位置或中间位置交换机进行安全增强。

8.2　基于 SDN 的工业互联网设计

8.2.1　工业互联网系统软件结构设计

如图 8.1 所示，工业互联网中控制平面的 SDN 控制器通过南向接口操控数据平面中由各类路由交换设备组成的 Underlay 网络，根据上层工业云平台的需求生成 Overlay 网络（即逻辑网）。逻辑网的构建方式非常灵活，具体操作中的建议如下。

（1）网络传输服务类型，如 IPv4 无连接服务、MPLS 标签交换、VPLS 二层虚电路服务等。

（2）工业互联网协同业务呈现类型，如设计协同、供应协同、制定协同等。

（3）工业云平台的接入类型，不同厂商的云平台使用的技术差异很大，网络配置方式各异，简单起见，基于云平台提供商构建逻辑网能简化网络复杂度。

（4）QoS 类型，"工业互联网时代"QoS 保证是网络必须具备的能力，但是 QoS 需求种类繁多，不可能为每一种 QoS 构建一个逻辑网，因此通过对 QoS 参数（如带宽、时延、可靠性、抖动等）进行合理归类，可以简化逻辑网的管理。

逻辑网和物理网十分相似，都是由节点和链路组成，但不同的是，逻辑网节点本质上是物理节点上的 VPN 实例，它存在于物理设备之内，具有独立的路由转发表和各种服务策略，就像虚拟的网络设备。逻辑网链路是基于 VXLAN 隧道的，采用这种方式的原因是当前互联网存在异构性，大量的非虚拟化、非 SDN 设备广泛存在，其无法感知和支持逻辑链路。VXLAN 隧道可以很好地解决这一问题，是目前较为可行的一种技术方案。

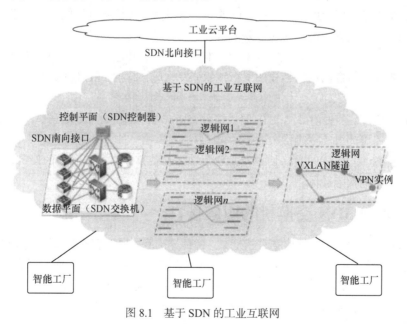

图 8.1　基于 SDN 的工业互联网

8.2.2　基于 SDN 的工业互联网系统软件结构

为满足图 8.1 的设计要求，提出了图 8.2 所示的基于 SDN 的工业互联网系统软件结构。

网络子层由南向接口代理、多协议标签转发、IP路由转发、网络虚拟化这4个功能或模块组成。从前面的论述可知，公共网络底层是由各种网络设备（如路由器、交换机、防火墙、虚拟交换机等）组成的物理网或逻辑网，但是图8.2中的网络子层并不需要包含这些网络设备，而只需要包含那些支持通过南向接口协议进行管理的，且支持多协议标签转发、IPv4转发和网络虚拟化（VXLAN）功能的网络设备即可。因此，图8.2中网络子层包含的设备必须支持类似NETCONF、OpenFlow以及OVSDB的南向接口管理和配置方式（即南向接口代理）。其他诸如多协议标签转发、IPv4转发和网络虚拟化都是网络设备具备的功能，并不需要进行额外的设计与实现。

控制子层自顶向下又分为北向接口服务、实时传输服务、QoS及流量工程管理、逻辑网管理、标签管理、IP路由管理和南向接口主控，具体说明如下。

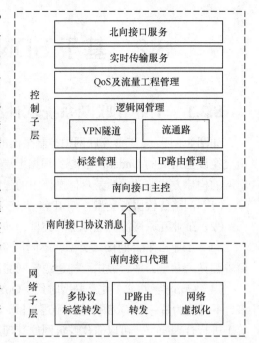

图8.2 基于SDN的工业互联网系统软件结构

（1）北向接口服务。目前SDN的北向接口几乎都是基于RESTful API，因此实现时直接使用各类SDN控制器平台（如OpenDaylight、Ryu或者ONOS）提供的规范化接口即可，无须进行二次开发。

（2）实时传输服务。基于标签和VXLAN隧道提供类似面向连接的网络传输，并利用流量工程的知识对网络进行时延方面的QoS保证，从而获得接近电路交换的实时传输能力。

（3）QoS及流量工程管理。维护一个QoS策略数据库，支持通过类似人工智能的方式对QoS参数进行归纳总结，是创建逻辑网的重要依据。

（4）逻辑网管理。负责创建逻辑网络拓扑，维护逻辑节点和逻辑链路与物理拓扑的映射关系。

（5）标签管理。负责内层标签和外层标签的分发管理，维护FEC/Label的映射关系，是实现标签转发的核心部件。

（6）IP路由管理。各种内部网关IP路由协议，如iBGP、OSPF、IS-1S等，产生公网路由表，用于提供面向无连接的IP转发服务。

（7）南向接口主控。通过发送协议消息给南向接口代理，对网络子层的设备进行配置管理，是实施逻辑网配置的实际载体。

8.2.3 面向SDN交换机的南向接口

当前网络规模日益增大、结构越来越复杂，各种异构网络同时存在，而且当前SDN也没有一个公认的标准"一统天下"，因此基于OpenFlow来管理数据平面的设备几乎不可能。而NETCONF直接使用设备现有的功能模块，可大大降低开发成本，并且可以使用设备的新特性。与NETCONF相比，OpenFlow只能在流表中控制报文转发，且体系架构固定、标准统一。而NETCONF配置设备功能的能力比SNMP更强，同时又比OpenFlow实现简单且可以解决其无法配置设备的问题，大部分厂商设备通过简单的软件升级即可扩展SDN能力，用户没必要为了支持OpenFlow将设备完全更换或更新。在这一层面上来说，NETCONF促进了SDN的推广。

NETCONF不仅可以为用户提供一套可用来修改、删除和增加网络设备配置的机制，用户还可以通过它获取网络设备的配置状态信息。网络设备可以通过 NETCONF 为应用程序提供可直接使用的 API，利用这些规范的 API，应用程序可以发送和获取网络设备的配置。

如图 8.3 所示，NETCONF 采用客户-服务器架构，在与 SDN 的结合上，SDN 控制器相当于 NETCONF 的客户端，网络设备（如 SDN 交换机）相当于服务器，SDN 控制器通过 NETCONF 实现对网络设备的配置和管理。在配置管理时，使用的传输协议是 SSH 协议，需要把 SSH 部署在被管理的设备上，以便可以更加安全地监控、管理设备。被管理的设备作为 NETCONF 代理，终端设备可以利用其上部署的网络管理系统管理网络。

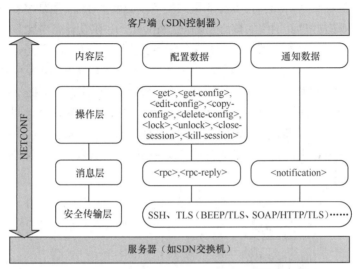

图 8.3　NETCONF 协议框架

NETCONF 协议采用了和 ISO/OSI 相似的分层结构，它分成了 4 层，如表 8.1 所示，分别是安全传输层、消息层、操作层和内容层。每层分别负责协议某一方面的包装，并为上层提供相关服务。

表 8.1　　　　　　　　　　　　　　　NETCONF 协议框架说明

层面	实例	说明
安全传输层	BEEP SSH SSL	为客户端和服务器之间的交互提供通信路径；NETCONF 可以使用任何符合要求的传输层协议承载
消息层	\<rpc\> \<rpc-reply\> \<notification\>	提供简单的、不依赖于传输协议的 RPC 请求和响应机制。客户端采用\<rpc\>元素封装操作请求信息，并将请求通过安全、面向连接的会话发送给服务器，而服务器采用\<rpc-reply\>元素封装 RPC 请求的响应信息（即操作层和内容层的内容），然后将此响应信息发送给请求者
操作层	\<get-config\>	定义一系列在 RPC 中应用的基本操作，这些操作组成 NETCONF 基本能力
内容层	配置数据	描述网络管理涉及的配置数据，而这些数据依赖于各制造商设备

8.2.4　逻辑网管理模块

控制平面中的逻辑网本质上是一种 Overlay 网络，由逻辑链路和逻辑节点组成。逻辑链路基于 VXLAN 隧道实现，逻辑节点基于 VPN 实例实现。

1. 基于 VPN 实例的逻辑节点

VPN 能够为大型的私网用户提供跨越公网的灵活组网，具有非常好的网络私密性和隔离性。如图 8.4 所示，面向工业互联的网络设计将组成物理网络中的角色分成以下几类。

（1）工厂用户接入设备 UE（User Edge）。有一个或多个接口与工业互联网服务提供商直接相连。UE 可以是一台物理的路由器，也可以是虚拟的交换机。设计中，工厂用户及其网络无须感知 VPN 的存在。

（2）工业互联服务提供商的网络边缘设备 PE（Provider Edge）。PE 与 UE 直接相连，用于提供基于 VPN 实例的网络虚拟化能力，是逻辑网络中节点的重要载体，还是 VXLAN 隧道的端点。

（3）工业互联服务提供商网络的核心设备 P（Provider）。该设备需要具备 VXLAN 的穿透能力，在提供面向连接服务时能提供类似 MPLS 的标签交换能力，并不需要考虑 VPN 的问题。

图 8.4 所示的网络拓扑中，3 个智能工厂分别通过自己的 UE 设备连入工业互联网并针对订单 1 进行生产协同。SDN 控制器为订单 1 构建同一个逻辑网。为实现上述功能，PE-1 和 PE-2 需要配置 VPN 实例，VPN 实例是 VPN 路由转发表。具有 VPN 实例的路由器，同时连接着工业互联网（公共网络，简称公网）和工厂内部网络（简称内网，图 8.4 中称为站点），因此在该路由器上同时存在公网和内网的路由信息，同时维护面向公网的路由转发表和面向 VPN 站点的 VPN 路由转发表（即 VPN 实例）。

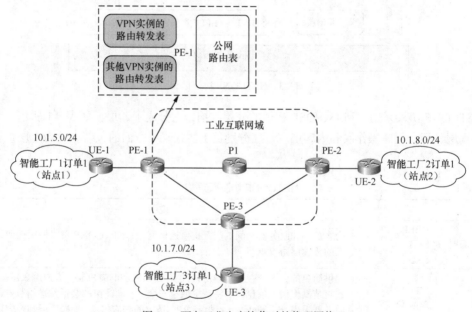

图 8.4　面向工业生产协作时的物理网络

在构建逻辑网过程中，针对每一个订单为每一个工厂到工厂的连接创建一个 VXLAN 隧道（作为逻辑链路），在 PE 上创建一个 VPN 实例（逻辑节点）组作为逻辑链路的一个端点。

每个物理 PE 上可以虚拟出若干个逻辑节点，每个逻辑节点维护的路由表彼此独立，并与公网路由表相互独立。每个逻辑节点可以被看成一台虚拟的路由器：维护独立的地址空间，与其他 VPN 站点连接构成一个逻辑链路。

2. 基于 VXLAN 隧道的逻辑链路

VXLAN 技术的原理是建立一个 UDP 格式的隧道，先将数据包封装在 UDP 中，再把物理网络的 IP 地址和 MAC 地址封装成外部包头。对网络来说只能看到封装后的参数，原始的数据报文内容作为净荷在隧道里传输，这样可以有效地解决 MAC 地址数量有限的问题。另外，在 VXLAN 里，利用 VXLAN 的网络标识（VXLAN Network Identifier，VNI）作为标识 VLAN 的 ID，它的大小为 24bit，可支持 16×10^6 个 VXLAN 段，用户标识数可以得到满足。VXLAN 采用 MAC in UDP 的技术将二层网络延伸，并把以太网报文封装在 IP 报文里，这样报文在传输的过程中就不需要知道虚拟机的 MAC 地址。且路由网络结构不受限制，可以进行大规模的扩展、故障恢复和负载均衡，虚拟机也可以通过路由网络自由地迁移。

8.2.5　标签管理模块

传统的 IP 网络采用面向无连接的存储转发机制，无法提供很好的 QoS 保证，更无法保证工业关键数据的实时传输，因此需要一种完全不同的数据转发机制。MPLS 是一种基于标签交换的快速包交换方式。与传统 IP 转发技术不同，MPLS 通过将 IP 地址段映射为标签，通过标签控制数据的转发路径，提供一种面向连接的数据包转发机制，因此其在流量工程、业务保密以及 QoS 等方面得到了广泛应用。

标签交换指的是，MPLS 在数据转发过程中并不需要查找路由表，而是将简短的标签作为转发依据。由于标签的分配是动态可回收的，因此相较于 IP 路由表，标签转发表规模大大缩小，查表过程也大大加速。

8.3　基于负载感知的分布式控制器负载均衡模型

SDN 虽然可以通过单个控制器动态配置和管理网络，但是随着网络规模迅速扩大，使用单个控制器可能存在以下几个问题。

第一，随着网络中交换机数目不断增多，交换机与控制器之间的控制流量将会增加，而控制器与交换机之间的带宽是有限的。

第二，在大规模网络中，无论单个控制器如何放置，始终有部分交换机到控制器的传输时延较大，增大了数据转发的时延。

第三，单控制器的处理能力有限，随着网络规模的不断扩大，单控制器将成为 SDN 性能的瓶颈。

因此，随着 SDN 应用场景逐渐增多和规模逐渐扩大，控制平面的可扩展性已经成为当前研究热点，而如何保证多个控制器间的负载均衡则是控制平面可扩展性研究中的一个重要方向。本节首先分析目前已有的 SDN 多控制器架构方案的优缺点；然后在此基础上提出基于负载感知的分布式控制器负载均衡模型；最后给出基于负载感知的负载均衡算法实现分布式控制器之间的负载均衡。

为了解决 SDN 单一控制器存在的问题，研究者已经提出分布式控制器解决方案，如 HyperFlow、Onix、BalanceFlow 等。分布式控制器的原理是多个控制器协同工作，共同管理 SDN。根据控制器之间组织方式的不同，分布式控制器架构可以分为完全分布式控制器架构、分层式控制器架构、负载均衡式控制器架构 3 种。

1. 完全分布式控制器架构

完全分布式控制器架构如图 8.5 所示，在这种多控制器架构中，交换机根据某种规则（如就近原则等）连接到不同的控制器上，每个控制器的处理性能相同，并且能够独立管理与之连接的交换机。控制器之间通过某种数据共享机制共享全局数据，同时一个控制器也可以通过发送消息的方式通知另一个控制器执行某种操作，HyperFlow、BalanceFlow 采用的正是这种架构。

完全分布式控制器架构中交换机由某个控制器独立管理，交换机到控制器之间的传输时延较小，具有良好的可扩展性。但是由于控制器之间需要维护共享数据的一致性，因此系统较复杂，且不易保证每个控制器的负载均衡。

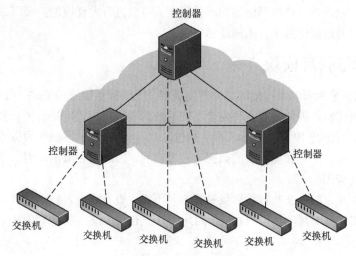

图 8.5　完全分布式控制器架构

2.　分层式控制器架构

分层式控制器架构如图 8.6 所示，控制器具有主从之分，主控制器具有全局网络视图，从控制器只具有局部网络视图。在分层式控制器架构中，交换机同样采用某种规则连接到从控制器上，所有的从控制器需要连接到主控制器上。从控制器只能处理自己交换机内部的事件，当需要与其他从控制器管理下的交换机进行通信时，则需要将事件交给主控制器进行处理。采用该架构的典型代表有 Onix。

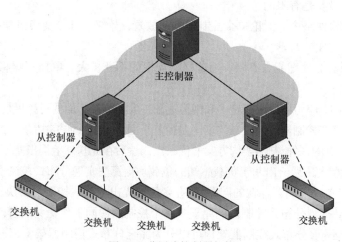

图 8.6　分层式控制器架构

分层式控制器架构处理局部网络事件时，交换机到从控制器之间的传输时延小，但处理全局事件需要较大的控制时延；与完全分布式控制器架构一样，分层式控制器架构也不易保证每个控制器的负载均衡。

3. 负载均衡式控制器架构

负载均衡式控制器架构如图 8.7 所示，在这种控制器架构中，需要在控制器的前面部署负载均衡设备，所有的交换机连接到负载均衡设备上。当有新的流请求到达时，负载均衡设备根据各个控制器的负载情况将流请求分配到某个控制器上去执行，从而达到控制器负载均衡。控制器之间通过某种共享机制实现数据共享，维护数据一致性。采用该架构的典型代表为 MSDN。

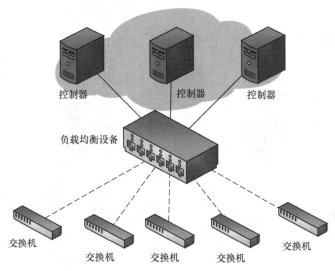

图 8.7　负载均衡式控制器架构

负载均衡式控制器架构虽然能够通过负载均衡设备实现负载均衡，但是在大规模网络中，交换机与控制器之间的传输时延相对较大，可扩展性较差，负载均衡设备有可能成为系统瓶颈。

通过以上研究分析可得，完全分布式控制器架构比分层式控制器架构有更小的时延，并且由于每个控制器具有相同的重要性，不具有主从之分，因此减少了控制器失效对整个系统性能的影响。但是与负载均衡式控制器架构相比，完全分布式控制器架构不能有效保证控制器负载均衡。BalanceFlow 为解决控制器负载均衡问题，引入了超级控制器角色，但存在单点失效的隐患和较大的复杂度。因此，本节在前人研究基础上，提出一种基于负载感知的分布式控制器负载均衡模型，解决前文提到的 BalanceFlow 超级控制器和 MSDN 中负载均衡设备瓶颈问题，并通过基于负载感知的负载均衡算法，动态分配交换机对间的流请求信息，以快速均衡分布式控制器之间的负载。

本节提出的分布式控制器负载均衡模型采用完全分布式控制器架构，每个控制器具有相同的处理性能，并具有负载均衡功能。在该模型中，交换机将与多个控制器建立安全连接，在一个时刻可能被多个控制器同时管理控制，控制器之间共享全局网络视图，对整个网络进行协同管理。本节提出的分布式控制器负载均衡模型取消了 BalanceFlow 中的超级控制器角色，解决了控制器或负载均衡设备单点失效问题，提高了网络的稳定性和健壮性，减少了交换机流表的安装时延，其架构如图 8.8 所示。

本节提出的分布式控制器负载均衡模型采用交换机对间的流请求信息作为控制器的基本管理单元，流请求信息是指当新的数据流到达交换机，在流表中未找到与之匹配的流表项时，交换机向控制器发送的 Packet_in 消息。与基于角色的分布式控制平面架构在交换机级别进行控制器分配不同，在流的级别进行负载分配不仅考虑了交换机到控制器的传输时延，还考虑了控制器的流请求处理效率。并且从交换机对的角度出发，考虑网络中交换机通常是有限的，采用控制器存储交换机对间的流请求信息的方案可行且所占存储空间相对较小。

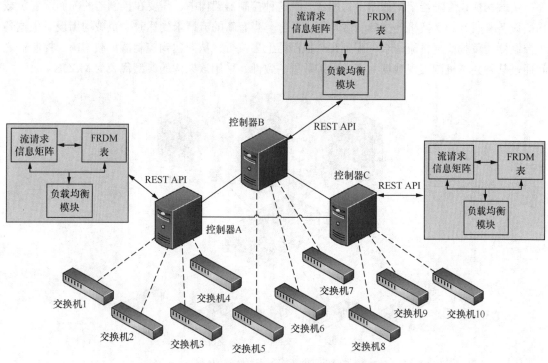

图 8.8　基于负载感知的分布式控制器负载均衡模型架构

本节提出的分布式控制器负载均衡模型中，每个控制器能实时地感知各自的负载信息，并根据预先设定的阈值进行控制器的负载状态判定。一旦检测出控制器自身负载超过给定阈值，相应的控制器就会运行负载均衡算法，将部分流请求信息分配给处于空闲状态的控制器。因此，我们在控制器中需要维护 FRDM（Flow-Requests Deviation Mean，流请求偏离均值）表，用来记录每个控制器接收的流请求信息数与网络产生的平均流请求信息数的差值。

本节提出的分布式控制器负载均衡模型的主要目标是动态适应控制器负载变化，实时调整控制器的负载，使系统负载达到最佳状态，减少网络交换机的流表安装时延。整个模型运行流程主要包括负载信息感知、负载状态判定、执行负载均衡算法 3 个部分。

8.3.1　负载信息感知和负载状态判定

为使控制器能够实时感知自己的负载信息，需要统计交换机对间的流请求信息数，因此每个控制器需要维护各自的流请求信息矩阵 Q，Q 是一个 $n \times n$ 阶矩阵，其表示形式如式（8.1）所示，其中 n 为网络中交换机个数。

$$Q = \begin{pmatrix} q_{11} & q_{12} & q_{13} & \cdots & q_{1j} & \cdots & q_{1n} \\ q_{21} & q_{22} & q_{23} & \cdots & q_{2j} & \cdots & q_{2n} \\ \vdots & \vdots & \vdots & & \vdots & & \vdots \\ q_{i1} & q_{i2} & q_{i3} & \cdots & q_{ij} & \cdots & q_{in} \\ \vdots & \vdots & \vdots & & \vdots & & \vdots \\ q_{(n-1)1} & q_{(n-1)2} & q_{(n-1)3} & \cdots & q_{(n-1)j} & \cdots & q_{(n-1)n} \\ q_{n1} & q_{n2} & q_{n3} & \cdots & q_{nj} & \cdots & q_{nn} \end{pmatrix} \qquad (8.1)$$

其中，矩阵元素 q_{ij} 有两种取值情况：$q_{ij}=-1$ 时，表示交换机对 (i,j) 间的流请求信息不由控制器处理；$q_{ij}\geqslant 0$ 时，表示控制器接收的交换机 i 到交换机 j 间的流请求信息数。

当交换机收到一个数据包时，将与交换机中的流表进行匹配，如果匹配成功，则按照流表中的行为处理；否则，交换机向控制器发送流请求信息即 Packet_in 消息，控制器根据 Packet_in 消息中附带的数据包源地址、目的地址以及端口号可以知道该数据包的源、目的交换机，从而更新流请求信息矩阵中的相应元素，同时制定转发规则并下发给沿路的交换机。控制器每隔 Δt 时间更新流请求信息矩阵。在实际应用场景中，我们采用指数加权平均法对控制器接收的交换机对间的流请求信息进行平滑处理，其更新公式如式（8.2）所示。

$$q(i,j)=(1-\delta)q_{\mathrm{pre}}(i,j)+\delta p(i,j) \tag{8.2}$$

式中，δ 是权重因子，$q_{\mathrm{pre}}(i,j)$ 为前一个周期交换机 i 到交换机 j 间的流请求信息数，$p(i,j)$ 为 Δt 时间内控制器收到的交换机 i 到交换机 j 间的流请求信息数。

为了更好地描述控制器的负载信息感知和负载状态判定，假设分布式控制器负载均衡模型中有 M 个控制器、N 个交换机，我们用符号定义以下参数：

（1）第 k 个控制器 C_k 接收的流请求信息数 $Q_{C_k}=\sum_{i=1}^{N}\sum_{j=1}^{N}q_{ij}$ ，$1\leqslant k\leqslant M$ ，$q_{ij}\geqslant 0$ ；

（2）网络产生的流请求信息总数 $R_{\mathrm{total}}=\sum_{k=1}^{M}Q_{C_k}$ ；

（3）网络产生的平均流请求信息数 $Q_{\mathrm{avg}}=\dfrac{1}{M}R_{\mathrm{total}}$ ；

（4）负载阈值 $\mathrm{threshold}=(1+\overline{\omega})Q_{\mathrm{avg}}$ ，$\overline{\omega}$ 是仿真时设定的参数，表示在平均流请求信息数基础上的波动量；

（5）控制器 C_k 的流请求偏离均值数 $\Gamma_{C_k}=Q_{C_k}-Q_{\mathrm{avg}}$ ；

（6）交换机 i 到控制器 C_k 的传输时延为 $d(i,C_k)$ ；

（7）交换机 i 到控制器的平均传输时延 $d_{\mathrm{avg}}(i)=\dfrac{1}{M}\sum_{k=1}^{M}d(i,C_k)$ ；

（8）系统负载均衡开销 Cost=count ，count 表示达到负载均衡时下发的流请求分配规则数。

本节提出的分布式控制器负载均衡模型采用分布式负载信息收集方式，即控制器每隔 T 时间互相发送各自的流请求信息数，然后计算网络产生的平均流请求信息数和各自的流请求偏离均值数，并用最新的流请求偏离均值数更新 FRDM 表。

控制器 C_k 通过流请求偏离均值数 Γ_{C_k} 和负载阈值 threshold 共同判定其负载状态，其判定规则如式（8.3）所示。

$$T_{C_k}=\begin{cases}0,\ \Gamma_{C_k}\leqslant 0\\1,\ Q_{C_k}\leqslant\mathrm{threshold}\text{且}\Gamma_{C_k}>0\\2,\ Q_{C_k}>\mathrm{threshold}\end{cases} \tag{8.3}$$

式中，$T_{C_k}=0$ 表示控制器 C_k 处于空闲状态，其条件为 $\Gamma_{C_k}\leqslant 0$ ，即控制器接收的流请求信息数小于等于当前网络产生的平均流请求信息数 Q_{avg} ；$T_{C_k}=1$ 表示控制器 C_k 处于负载正常状态，其条件为 $Q_{C_k}\leqslant\mathrm{threshold}$ 且 $\Gamma_{C_k}>0$ ，即控制器接收的流请求信息数小于等于当前网络的负载阈值但大于网络产生的平均流请求信息数 Q_{avg} ；$T_{C_k}=2$ 表示控制器 C_k 处于过载状态，即控制器接收的流请求信息数大于当前网络的负载阈值。

同时我们引入系统负载均衡度 Ω 来衡量分布式控制器负载均衡模型的整体负载均衡程度，其定义如下。

$$\Omega = \left| 1 - \sqrt{\frac{1}{M} \sum_{k=1}^{M} \left(\frac{\Gamma_{C_k}}{Q_{avg}} \right)^2} \right| \qquad (8.4)$$

式中，$\Omega \in [0,1]$，Ω 越大，说明 Γ_{C_k} 越接近 0，即每个控制器接收的流请求信息数越接近网络产生的平均流请求信息数，控制器负载程度越相近。

在此基础上，本节提出基于负载感知的负载均衡算法。分布式控制器通过互相发送各自接收的流请求信息数，计算 Q_{avg} 和 T_{C_k} 的值用以感知各自的负载状态。一旦感知到自身处于过载状态，过载控制器将分配流请求信息给处于空闲状态的控制器，减小过载控制器的流请求偏离均值数，提高系统负载均衡度，使分布式控制器能够快速恢复负载均衡状态。

8.3.2 基于负载感知的负载均衡算法

本节提出的基于负载感知的负载均衡算法的主要思路是将过载控制器上部分流请求信息分配给流请求偏离均值数小且传输时延也较小的空闲控制器，使系统负载情况得到快速改善，降低负载均衡的开销。当控制器感知到自身过载时，将执行负载均衡算法，其执行过程主要包括 3 个步骤，分别是确定合适的流请求信息分配策略、选取合适的目标控制器以及更新 FRDM 表和流请求信息矩阵。

1. 流请求信息分配策略

在执行负载均衡算法时，我们首先需要确定流请求信息分配策略，即过载控制器应该将哪些交换机对间的流请求信息分配给其他控制器。为了使分布式控制器系统快速恢复至负载均衡状态，降低负载均衡开销，我们应该避免调整流请求信息数较少的交换机对，因为分配流请求信息数少的交换机对整个系统负载均衡度 Ω 的影响甚微，反而会增加负载均衡的开销。因此，本节提出的基于负载感知的负载均衡算法优先分配较大的流请求信息数给其他控制器。

假设过载控制器为 C_k，其中 $1 \leq k \leq M$，过载控制器的流请求偏离均值数为 Γ_{C_k}。首先，控制器根据流请求信息矩阵确定其管控的交换机对集合 SP_{C_k}，并按照交换机对间的流请求信息 $q_{C_k}(i,j)$ 进行降序排列，得到交换机对序列（Switch Pair List，SPL）。然后，初始选择最大的流请求信息 $q_{C_k}(i,j)$ 作为分配对象，若找到目标控制器，则下发流请求分配规则到相应的交换机，并通过式（8.5）检查过载控制器分配流请求信息后是否处于负载正常状态。若式（8.5）成立，则过载控制器处于负载正常状态，算法停止；否则继续遍历 SPL，直到过载控制器负载正常。

$$Q_{C_k} - \sum q_{C_k}(i,j) \leq Up_{threshold} \qquad (8.5)$$

式中，$Up_{threshold} = (1+\eta)Q_{avg}$ 表示过载控制器进行流请求信息分配后可接受的负载上限，且 $0 \leq \eta \leq \bar{\omega}$。负载上限中的参数 η 越接近 0，说明过载控制器执行负载均衡算法后其接收的流请求信息数越接近网络产生的平均流请求信息数，系统负载均衡度 Ω 越高，但是需要分配的流请求信息可能就越多，即系统负载均衡开销 Cost 越大；η 越接近 $\bar{\omega}$，说明过载控制器执行负载均衡算法后其接收的流请求信息数越接近负载阈值，控制器的负载越大，系统负载均衡度 Ω 越低，需要分配的流请求信息也相应减少，即系统负载均衡开销 Cost 较小。本节后续将讨论如何选取合适的 η ，使系统负载均衡度和负载均衡开销达到平衡。

2. 目标控制器选取策略

选取合适的目标控制器是本节执行负载均衡算法中最重要的一个步骤。在执行负载均衡算法时，系统负载均衡度是衡量整个分布式控制器系统的负载均衡程度的指标，即在选择目标控制器时，需要保证分配流请求信息后系统负载均衡度最大。同时，还需要考虑交换机到控制器的传输时延，若将流请求信息分配给过远的控制器，势必增加流表的安装时延，降低系统的处理效率，尤其是当网络流量突发时，流表的建立时延将显著增大。因此，在执行流请求信息分配时，我们需要同时考虑系统负载均衡度 Ω 和交换机到控制器的传输时延两个因素，保证最小化分布式控制器的流请求偏离均值数的同时减小传输时延。由此可知，本节要解决的问题是多目标优化问题，多目标优化问题又叫作多标准优化问题，其一般性描述如下：

$$\begin{cases} \min y = F(\pmb{x}) = (f_1(\pmb{x}), f_2(\pmb{x}), \cdots, f_n(\pmb{x})) \\ \text{s.t } g_i(\pmb{x}) \leqslant 0, i = 1, 2, \cdots, q \\ \quad h_j(\pmb{x}) = 0, j = 1, 2, \cdots, p \end{cases} \tag{8.6}$$

式中，决策向量 $\pmb{x} \in \mathbf{R}^m$ ，目标向量 $\pmb{y} \in \mathbf{R}^n$ ， $f_i(\pmb{x})$ （ $i=1,2,\cdots,n$ ）是目标函数， $g_i(\pmb{x}) \leqslant 0$（ $i=1,2,\cdots,q$ ）是不等式约束，而 $h_j(\pmb{x}) = 0$（ $j=1,2,\cdots,p$ ）是系统的等式约束。

与单目标优化问题相比，多目标优化问题中各个目标可能是互相矛盾的，一个解对某个目标来说是较好的，但对其他目标来说可能是较差的，因此难以找到满足所有目标的最优解。在实际解决问题中，常常将多目标优化问题转化为单目标优化问题。

因此，本节分布式控制器负载均衡问题可用数学模型简单表述为：

$$\begin{cases} \max(\Omega), \min d(i, C_k) \\ \forall k, k \in [1, M], Q_{C_k}^{\ *} \leqslant \text{threshold} \end{cases} \tag{8.7}$$

式中， $Q_{C_k}^{\ *}$ 表示分配流请求信息后控制器的流请求信息总数。该数学模型表示过载控制器执行负载均衡算法后，分布式控制器系统需要满足以下 3 个要求：

① 分配流请求信息后负载均衡度最大，即控制器的流请求偏离均值数最小；

② 交换机到空闲控制器的传输时延最小；

③ 目标控制器接收流请求信息后不会发生过载。

此类多目标优化问题属于 NP 完全问题，不存在唯一的全局最优解。本节提出的基于负载感知的负载均衡算法是一个近似算法，即将所有处于空闲状态的控制器作为目标候选集 $\text{TC} = \{C_1, C_2, \cdots, C_k\}$ ， $\Gamma_{C_k} = 0$ ，从目标候选集中选择代价函数值最小的控制器 C_t 作为接收流请求信息的目标控制器，并保证接收流请求信息后的目标控制器不会发生过载。本节算法对控制器的流请求偏离均值数和交换机到控制器的传输时延两个目标进行线性加权处理，得到代价函数，其定义如下：

$$f_{C_t} = \alpha(\Gamma_{C_t} + q_{C_k}(i, j)) + \beta\lambda d(i, C_t) \tag{8.8}$$

式中， $q_{C_k}(i, j)$ 表示过载控制器 C_k 管理的交换机对 (i, j) 间的流请求信息数，过载控制器 C_k 根据 FRDM 表可以得到空闲控制器当前的流请求偏离均值数 Γ_{C_t} ， α 、 β 用于对控制器流请求偏离均值数和传输时延进行权衡， $\alpha + \beta = 1$ 且 $\alpha \in [0,1]$ ， $\beta \in [0,1]$ 。 β 较大时，表示控制器流请求偏离均值数的影响较小，传输时延作为主要优化目标； β 较小时，则表示传输时延影响较小，流请求偏离均值数作为主要优化目标。 $d(i, C_t)$ 表示的是交换机 i 到控制器 C_t 的传输时延，λ 是控制器接收的交换机对 (i,j) 的流请求信息数与时延的比值，定义为 $\lambda = \dfrac{q_{C_k}(i,j)}{d_{\mathrm{avg}}(i)}$。

本节仿真实验根据经验将 α 设为 0.7，将 β 设为 0.3。

当找到代价函数值最小的目标控制器时，还需检查目标控制器是否满足上文提到的第三个要求，即接收流请求信息后，目标控制器不会发生过载，判断公式为：

$$Q_{C_t} + \sum q_{C_k}(i,j) \leqslant \mathrm{threshold} \tag{8.9}$$

若不满足，则继续遍历 SPL 中的下一对交换机；否则，过载控制器将向交换机下发流请求分配规则，并根据式（8.10）和式（8.11）更新 FRDM 表和流请求信息矩阵。

$$\Gamma_{C_t}^{\mathrm{update}} = \Gamma_{C_t} + q_{C_k}(i,j) \qquad \Gamma_{C_k}^{\mathrm{update}} = \Gamma_{C_k} - q_{C_k}(i,j) \tag{8.10}$$

$$q_{C_t}(i,j) = 0 \qquad q_{C_k}(i,j) = -1 \tag{8.11}$$

在式（8.10）中，$\Gamma_{C_t}^{\mathrm{update}}$ 表示接收过载控制器 C_k 分配的流请求信息后目标控制器 C_t 的流请求偏离均值数。$\Gamma_{C_k}^{\mathrm{update}}$ 表示过载控制器 C_k 分配流请求信息后的流请求偏离均值数。式（8.11）中，过载控制器分配流请求信息后，流请求信息矩阵中的相应元素将更新为 -1，而目标控制器则将流请求信息矩阵中的相应元素更新为 0，以实时更新控制器管理的交换机对信息。

3. 算法描述与分析

假设分布式控制器系统的控制器个数为 M，交换机个数为 N，过载控制器为 C_k，根据流请求信息矩阵得到 C_k 管理的交换机对数目为 P，按照交换机对间流请求信息数的大小进行降序排列，得到交换机对序列（SPL）。初始选择 SPL 中最大的流请求信息作为分配对象，计算到空闲控制器的代价函数值，并检查代价函数值最小的空闲控制器在接收交换机对间的流请求信息后是否满足式（8.9）。若不满足，则继续遍历 SPL 中的下一对交换机；若满足，则下发流请求分配规则，更新 FRDM 表和流请求信息矩阵。最后检测过载控制器分配流请求信息后是否处于负载正常状态，即判断式（8.5）是否成立，若成立，则算法停止；否则，继续遍历 SPL，直到过载控制器的流请求信息数不超过负载上限，算法整体流程如图 8.9 所示，其伪代码如下。

算法：BalanceAdust
输入：分布式控制器数量 M，过载控制器为 up，管理的交换机对数量 P
输出：FRDM 表

```
1     FOR(n=1 to P)
2     FOR(i=1 to M)
3       dm[i]=Compute_DM(i) //计算每个控制器的流请求偏离均值数
4         IF(dm[i]<0)
5        Compute_Cost(j) //计算到空闲控制器的代价函数值
6      END FOR
7     FOR(i =1 to M)
8       min = Get_minCost() //得到代价函数值最小的空闲控制器
9      IF(sum[min]+q[n]>threshold)
10      continue;
11    ELSE
12    Update_DM(min)//更新目标控制器流请求偏离均值数和流请求信息矩阵
13      Update_DM(up) //更新过载控制器的负载偏离均值数和流请求信息矩阵
14       IF(dm[upc]<=threshold_up)//判断分配流请求后过载控制器是否负载正常
```

```
15      break;
16 END FOR
```

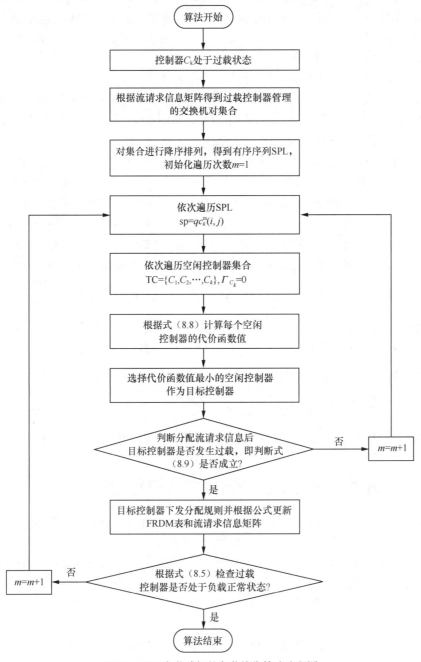

图 8.9　基于负载感知的负载均衡算法流程图

性质 1：负载均衡算法的时间复杂度为 $O(PM)$。

证明如下。由上述伪代码可知，从第 1 行到第 16 行是一个循环遍历过程，最多需要循环 P 次。每次循环过程中，第 2 行到第 6 行遍历所有控制器，计算控制器的流请求偏离均值数和交换机对到空闲控制器的代价函数值，其计算时间复杂度最大为 $O(M)$；第 7 行到第 8 行遍历所有控制器，找到代价函数值最小的空闲控制器，其遍历次数最大为 $O(M)$。第 9 行到第 13 行检查目标控制器接收分配的流请求信息后是否过载，若过载，则继续遍历下一对交换机；否则，更新 FRDM 表和流请求信息矩阵，最后通过第 14 行判断过载控制器是否处于负载正常状态。综上所述，负载均衡算法的时间复杂度为 $O(PM)$。而 BalanceFlow 的时间复杂度为 $O(N^2M)$，由于 P 远小于 N^2，所以本节算法的时间复杂度小于 BalanceFlow 的，大大减少了负载均衡算法的执行时间，从而快速实现了分布式控制器的负载均衡。

本节提出的分布式控制器均衡模型虽然在一定程度上解决了控制器单点失效的问题，但也存在控制器状态不一致的隐患，尤其是当有多个控制器同时发生过载时，需要保证控制器 FRDM 表数据的一致性。过载控制器的流请求偏离均值数越大，说明过载控制器处理的流请求信息数越多，需要过载控制器更快地执行负载均衡算法，以减轻自身负载。因此，当同时有 K $(1 < K < M)$ 个控制器发生过载时，过载控制器将根据 FRDM 表中流请求偏离均值数从大到小依次执行负载均衡算法，即流请求偏离均值数大的过载控制器将优先执行负载均衡算法，并更新自身的 FRDM 表。当负载均衡算法结束时，过载控制器将向系统中的其他过载控制器发布更新后的 FRDM 表。当其他过载控制器收到 FRDM 表后，将更新自己的 FRDM 表，并继续按照 FRDM 表中的流请求偏离均值数从大到小的顺序执行负载均衡算法，直到整个系统处于负载均衡状态。因此，保证分布式控制器负载均衡模型的一致性需要引入额外的系统开销，即增加控制器间发布 FRDM 表的更新消息开销。

性质 2：分布式控制器间的消息数为 $M(M-1) + \frac{1}{2}K(K-1)$。

证明如下。每隔周期 T 分布式控制器将互相发送各自的流请求信息数，控制器间产生的消息数为 $M(M-1)$。当过载控制器数 $K > 1$ 时，即系统有多个控制器发生过载时，过载控制器将发送 FRDM 表更新消息给其他过载控制器，即过载控制器间产生的消息数为 $\frac{1}{2}K(K-1)$。因此整个模型在每个周期 T 控制器间产生的消息数为 $M(M-1) + \frac{1}{2}K(K-1)$。而 BalanceFlow 架构控制器间产生的消息数为 $(M-1)$，所以本节模型在保证负载均衡的同时引入了更大的开销，这是分布式控制器必然存在的开销。

8.3.3　分布式控制器负载均衡模型的运行流程

在网络初始状态，我们人为设定每个控制器管理的交换机对，控制器每隔 Δt 时间更新各自的流请求信息矩阵，每隔 T 时间互相发送各自接收的流请求信息数，计算网络产生的平均流请求信息数以及控制器的流请求偏离均值数。一旦控制器感知到自身过载，过载控制器将根据各自的流请求偏离均值数按降序依次执行负载均衡算法，按降序遍历其管理的流请求信息，计算相应的交换机对到空闲控制器的代价函数值，选取满足约束且代价函数值最小的空闲控制器作为目标控制器，并更新 FRDM 表和流请求信息矩阵，直到系统处于负载均衡状态，其运行流程描述如下。

（1）初始化网络状态，交换机最初采用就近原则连接到不同的控制器。

（2）设定负载阈值 $\text{threshold} = (1 + \overline{\omega})Q_{\text{avg}}$ 和可接收的负载上限 $\text{Up}_{\text{threshold}} = (1 + \eta)Q_{\text{avg}}$ 中的参数 $\overline{\omega}$、η。

（3）分布式控制器每隔 Δt 时间更新各自的流请求信息矩阵。

（4）每隔周期 T 控制器互相发送各自接收的流请求信息数。

（5）每个控制器计算所有控制器的流请求偏离均值数 Γ_{C_k}，并更新 FRDM 表；每个控制器感知自己的负载信息并判断当前负载状态，若所有 $T_{C_k} = 0$，则控制器 C_k 处于空闲状态，分布式控制器系统负载均衡；若 $T_{C_k}=1$，则控制器 C_k 处于负载正常状态；若存在 $T_{C_k}=2$，则控制器 C_k 发生过载，转到步骤（6）。

（6）过载控制器 C_k 检查 FRDM 表中是否存在大于其流请求偏离均值数 Γ_{C_k} 的控制器，若存在，则等待其他过载控制器按照图 8.9 所示的算法流程执行负载均衡算法，并转到步骤（7）；若不存在负载偏离均值数大于 Γ_{C_k} 的控制器，则控制器 C_k 执行负载均衡算法快速调整分布式控制器系统负载。

（7）过载控制器执行完负载均衡算法后，发布更新后的 FRDM 表给其他过载控制器，转到步骤（6）。

8.3.4　仿真实验与分析

本节分布式控制器架构中采用 3 个控制器（A、B、C），网络拓扑采用 Abilene 网络拓扑，其包含 10 个交换机节点和 13 条链路。本节设定流请求信息矩阵更新周期 Δt 为 10ms，控制器互相发布流请求信息数的周期 T 设定为 1s，经验负载上限 ϖ 为 0.3，实际负载上限 η 为 0.1，δ 为 0.02。设定网络初始状态如图 8.8 所示，交换机默认与离它最近的控制器通信，在网络初次运行，即 $t=0$ 时，交换机 1、2、3、4 向控制器 A 发送流请求信息，交换机 5、6、7 向控制器 B 发送流请求信息，交换机 8、9、10 向控制器 C 发送流请求信息，网络中的主机随机向任意一个主机发送一个数据流，并随机等待 0～10ms 再发送一个新的数据流。为了有效验证本节分布式控制器负载均衡模型的可行性和有效性，分别在两种场景下进行仿真实验，即验证在一个控制器过载和两个控制器同时过载的情况下系统的运行情况。

（1）当只有一个控制器发生过载时。在第 1000 个周期 T 时，我们人为增加控制器 A 的负载，即增加控制器 A 管理的交换机下的主机向其他控制器管理的主机发送数据流的频率，控制器 A 负载的不断增加，最终导致分布式控制器负载不均衡。然后在第 3000 个周期 T 我们开启控制器的负载均衡功能，分布式控制器将检测是否过载，一旦过载，将执行负载均衡算法。重复相同实验 20 次，取 20 次实验数据的平均值作为最终运行结果，其实验结果如图 8.10 所示。

图 8.10（a）描述了每个控制器接收的流请求信息数随时间周期的变化，图 8.10（b）描述了系统负载均衡度随时间周期的变化。从图 8.10（a）和图 8.10（b）中我们可以看到，在网络初始运行时，随着主机不断发送数据流，每个控制器的流请求信息数增加，控制器的负载占比接近 4：3：3，系统负载均衡度在网络稳定时约为 0.85。在第 1000 个周期 T 以后的负载情况正如实验条件设置，控制器 A 的负载显著增加，并超过给定的负载阈值，系统负载均衡度也随之降低，最低达到 0.66。在第 3000 个周期 T 时，系统执行负载均衡算法，控制器 A 将流请求信息分配到其他空闲控制器上，系统负载重新达到平衡，各个控制器的负载占比约为 0.37：0.31：0.32，并且系统负载均衡度也逐步提高，最终达到 0.90。

（2）同时有两个控制器发生过载时。在第 1000 个周期 T 时，我们人为增加控制器 A 和 B 的负载，即增加控制器 A、B 管理的交换机下的主机向其他控制器管理的主机发送数据流的频率，控制器 A 和 B 的负载不断增加，最终导致分布式控制器负载不均衡。然后在第 3000 个周期 T 开启控制器的负载均衡功能，分布式控制器将检测是否过载，一旦过载，将执行负载均衡算法。重复相同实验 20 次，取 20 次实验数据的平均值作为最终运行结果，其实验结果如图 8.11 所示。

图 8.11 描述了两个控制器发生过载时的负载情况。从图 8.11（a）和图 8.11（b）中我们可以看到，在网络初始运行时，随着主机不断发送数据流，每个控制器的流请求信息数增加，每个控

制器的负载占比接近 4：3：3，系统负载均衡度在网络稳定时约为 0.85。在第 1000 个周期 T 以后的负载情况正如实验条件设置，控制器 A 和控制器 B 的负载显著增加，超过给定的负载阈值，并且系统负载均衡度也随之降低，最低达到 0.47。在第 3000 个周期 T 时，系统执行负载均衡算法，控制器 A 和 B 将依次执行负载均衡算法，将流请求信息分配给控制器 C，系统负载重新达到平衡，各个控制器的负载占比约为 0.35：0.34：0.31，并且系统负载均衡度也逐步提高，最终达到 0.93。

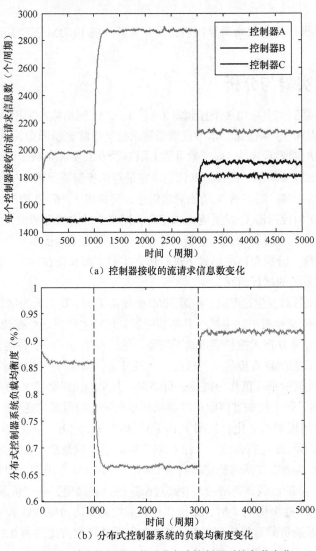

（a）控制器接收的流请求信息数变化

（b）分布式控制器系统的负载均衡度变化

图 8.10　单个控制器过载时分布式控制器系统负载变化

图 8.12 描述了与图 8.10 相同的实验条件下 η 取不同值时系统负载均衡度和负载均衡开销的变化。

从图 8.12 中我们可以看出，当 η 取值为 0 时，执行负载均衡算法后系统负载均衡度最高，约为 0.977，但此时系统负载均衡开销也达到最大，即分配的交换机对流请求信息最多，过载控制器需要下发 12 条流请求分配规则给交换机。随着 η 值的增大，系统负载均衡度也逐渐降低，系统负载均衡开销随之减小，但是 η 越接近负载阈值参数 $\bar{\omega}$，系统可能频繁执行负载均衡算法，从而降低系统负载均衡的稳定性。因此，η 取值不宜过大。

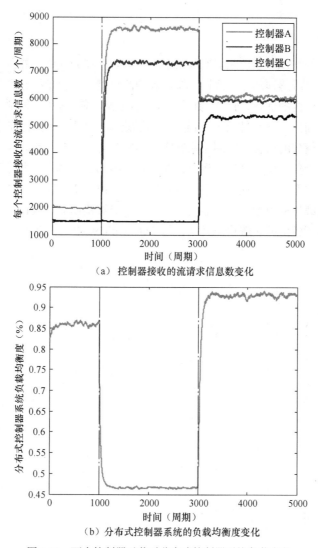

（a）控制器接收的流请求信息数变化

（b）分布式控制器系统的负载均衡度变化

图 8.11　两个控制器过载时分布式控制器系统负载变化

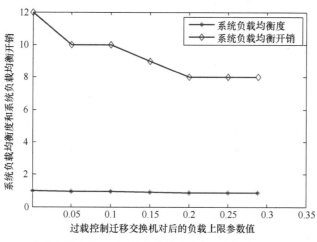

图 8.12　负载上限参数 η 对系统负载均衡度和系统负载均衡开销的影响

8.3.5 总结

本节分析了已有的 SDN 多控制器架构方案的优势和存在的问题，并在前人的研究基础上进行改进，提出了基于负载感知的分布式控制器负载均衡模型。该模型结合完全分布式控制器架构和负载均衡式控制器架构的优点，每个控制器具有负载均衡功能，避免了控制器单点失效的问题，有效地解决了 SDN 控制平面的可扩展性问题。本节随之提出了基于负载感知的负载均衡算法，通过引入流请求偏离均值数的概念，控制器能够实时感知各自的负载状态。控制器一旦感知到自身处于过载状态，将执行负载均衡算法，将过载控制器上的部分流请求信息分配给空闲控制器，实现分布式控制器负载均衡，有效地提高系统负载均衡度。仿真实验表明，本节提出的基于负载感知的分布式控制器负载均衡模型在控制器负载不均衡时能够快速对过载控制器进行交换机对间的流请求信息分配，具有较低的负载均衡开销，与 BalanceFlow 相比具有更小的时间复杂度。

第9章
SDN 在广域网的应用 SD-WAN

SD-WAN（Software-Defined Wide Area Network，软件定义广域网）是这几年推出的全新概念，但它已然成了目前关注的焦点，甚至成了未来的发展趋势之一。通过 SD-WAN 不仅可以简化网络管理、部署，还能有效降低设备和人员投入成本，具有无须专网专线、无须公网 IP 地址等优势，解决了传统网络技术存在的多数痛点。

SD-WAN 是将 SDN 技术用于管理广域网（WAN），使用虚拟化技术管理及运维广域网，简化企业级用户对于广域网的管控，可以降低成本，建立高效能的广域网。本章主要介绍 SD-WAN 以及运维可视化系统设计。

本章的主要内容是：

（1）SD-WAN 架构；

（2）SD-WAN 自动化运维可视化系统设计。

9.1 SD-WAN 技术

9.1.1 传统 WAN 架构面临的挑战

依托于电信运营商完备的基础承载网络，在 2B 业务构成中，政企专线始终占据重要的位置。伴随着通信技术的演进，WAN 经历了从低速率到大带宽、从多协议到 IP 化、从单一网络到云网融合的发展和演变。然而随着业务应用的快速发展，其在给客户带来巨大价值增益的同时，也面临很多问题和挑战。

（1）成本较高，价值密度降低。因为技术的发展和竞争格局的推动，无论采用何种方式承载，专线电路业务的成本和价格都在不断下降。然而，接入成本的降低速度远远赶不上价格降低的速度，这导致专线电路价值密度不断走低。

（2）网络结构复杂，组网灵活性差。由于过于依赖物理网络设施，同时网络维护工作采用多级分段的管理维护体系，MSTP、IPRAN、PTN 等基础网络在配置专线电路过程中往往采用与企业组织架构相匹配的分段配置、分段管理、分段维护的业务流程，这导致业务开通时间长、业务灵活性差，难以满足快速开通、灵活部署等业务需求。

（3）网络状态的呈现方式较分散。目前运营商都尝试建立了相应的政企业务网管系统，但系统主要通过专业网管系统告警采集和业务匹配来实现，仅能实现简单的监控功能，无法实现统一集中的网络管理，更无法实现业务状态的端到端整体呈现。另外，随着云业务的快速发展，根据应用需求进行动态调整将成为常态，传统基于 MSTP、OTN 的承载方式已经无法满足需求。

9.1.2　SD-WAN 的价值

对运营商或者企业用户来说，SD-WAN 的价值主要体现在以下几个方面：能够快速、高效地实现多网络、云网融合的互联，满足复杂业务场景的应用需求；能够通过集中管控和即插即用实现业务的快速部署，降低业务交付和运维成本；可以根据不同的应用提供路径优选策略，以保证高质量的应用体验。

9.1.3　SD-WAN 基础架构

SD-WAN 基础架构主要包括网络层、控制层、业务层 3 个层次，如图 9.1 所示。

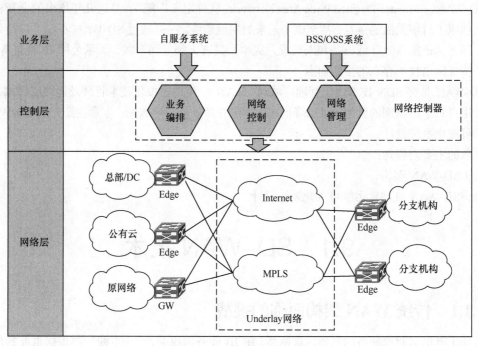

图 9.1　SD-WAN 基础架构

网络层又可以分为物理网络和虚拟网络 2 个层次。物理网络被称为 Underlay 网络，如 MSTP、MPLS、Internet 等。虚拟网络被称为逻辑网络，它是根据业务策略构建于物理网络上的 Overlay 网络。虚拟网络可以服务于多个租户，也可以服务于同一个租户的不同业务。在 SD-WAN 中，主要使用 2 种设备，即边缘设备 Edge 和 GW 网关设备。其中 Edge 一般为即插即用的 CPE 设备，它通过隧道技术实现多个设备间的 WAN 链路连接。GW 网关设备用于 SD-WAN 和企业存量网络之间的互通，以保证客户网络的延续性。控制层是 SDN 的核心，它的主要组件是网络控制器，它一般具有业务编排、网络控制和网络管理功能。业务编排功能主要实现业务应用的抽象建模、编排和配置下发。网络控制器通过业务编排对企业 WAN 进行抽象和定义，驱动网络控制器实现网络拓扑的配置。业务编排分为 2 种：一是 WAN 拓扑的业务编排，如站点创建、链路创建、拓扑定义等；二是网络策略的编排，如应用选路、QoS 保证、广域网优化、应用识别、安全策略等。网络控制器的网络控制功能主要实现 SD-WAN 的网络层的集中控制，以实现控制平面和数据平面的分离，主要包括 VPN 路由分发、VPN 的创建和修改、隧道的创建和维护等。网络控制器的网络管理功能主要实现 WAN 的管理和运维功能，包括告警管理、性能管理等，同时对客户网络拓扑结构、故障、性能等运维信息进行多维度的呈现。管理组件一般通过 NETCONF 和 HTTP 2.0 实现对设备的管理。其中 NETCONF 主要用于实现告警、日志管理等，HTTP 2.0 主要用于实现性能等信息的采集。业务层南向对接网络控制器，北向通过业务用户界面（User Interface, UI）实现业务层面的管理和交互。这可以通过 2 种方式实现：一种为采用 SD-WAN 解决方案提供商开发的自服务系统，它可以提供全生命周期的、端到端的业务配置和交付流程；另一种为依托于运营商的 BSS/OSS（业务支持系统/运营支持系统），它通过网络控制器开放的北向 API 开发实现全流程业务管理功能。在业务开放初期可以采用第 1 种方式作为过渡，然后通过开发迭代，最终打通运营商业务/运营域的全业务流程。

9.2　SD-WAN 自动化运维可视化系统设计

基于模块化系统设计的思想，可以考虑将 SD-WAN 自动化运维可视化系统进行功能模块的拆分。在进行系统总体设计时，考虑到系统性能以及系统的可维护性，采用 MVC（Model-View-Controller，模型-视图-控制器）模型对系统整体架构进行设计。将系统分为负责封装数据提供数据模型的 Model 模块，负责对得到的数据进行展示的 View 模块，对数据所需的业务逻辑进行处理的 Controller 模块。通过这样的功能划分，实现应用系统的解耦，将业务逻辑从烦琐的界面中分离出来，允许每个模块单独修改，不产生相互影响，如图 9.2 所示。

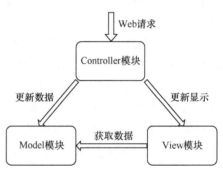

图 9.2　SD-WAN 自动化运维可视化系统设计

基于 MVC 系统结构模块化思想，结合可视化系统特点，将 SD-WAN 自动化运维可视化系统设计分为以下几个主要功能模块：可视化模块、数据传输模块、数据处理模块、数据提取模块。

（1）可视化模块：包括数据可视化模块和用户管理模块。

① 数据可视化模块：为整个系统的功能启动入口，通过可视化 Web 前端发送 HTTP 请求，启动后台数据模块内容。

② 用户管理模块：基于数据可视化模块，进行用户信息管理、用户权限控制及应用管理。

（2）数据传输模块：负责在 Web 前端和 Web 后台服务器间传递数据，通过定义的 Mapping 索引派发 HTTP 请求给对应的数据处理模块，处理后的数据通过 Mapping 寻找接收器，返回给可视化 Web 前端。

（3）数据处理模块：针对 Web 前端发送的请求，根据 Model 模块进行数据封装、数据清洗工作。

（4）数据提取模块：根据数据处理控制器内容，与数据库进行交互，从数据库中提取数据。

9.2.1　数据可视化模块

数据可视化模块是 SD-WAN 自动化运维可视化系统中一个非常重要的功能模块，是整个系统设计与架构的创新点和系统特色之一。依据浏览器客户端提出的请求内容，在浏览器客户端接收到服务器传递的数据后，对数据进行处理和分析，再以可视化的形式展示在 Web 页面上。

数据可视化模块主要面向 Web 前端开发设计，基于 Web 可视化技术实现。数据可视化模块在整个系统生命周期内，从最初的客户端发送请求阶段，直到最终的 Web 端渲染结束，贯穿整个 Web 流程生命周期。

首先，通过浏览器发送 HTTP 请求，由 Web 服务器处理请求，返回数据结果。浏览器接收 HTTP 响应结果，首先判断返回状态，即 HTTP 状态码（HTTP Status Code），若返回状态异常（如状态码为 404 表示找不到请求数据，状态码为 500 表示服务器内部错误），则进行异常处理，在客户端展示“没有找到请求内容”“请求异常”等提示性语句；若返回状态正确（如 HTTP 状态码为 200 表示返回状态正确，状态码为 304 表示客户端缓存可用）等内容，首先根据 HTTP 报文头需求，对 HTTP 请求内容进行缓存处理，再判断请求的数据包内数据的完整性，若数据为空，则进入数据异常处理环节，客户端展示“数据为空”等提示性语句，若返回数据正确，则进入可视化展示部分。

在可视化展示部分，首先需要加载外部可视化脚本工具如 ECharts、DataTables 等，以及外部依赖的其他数据资源包，待资源加载完成，进入数据处理阶段。

数据处理部分首先对数据中空数据、异常数据进行判断和处理，根据可视化需求提供默认值或将异常数据从样本空间删除，然后将数据封装、格式化成可视化工具可以接收的内容，再进行具体可视化方法定义阶段。

数据处理完成后，根据需求针对性地选择可视化方法，并调用浏览器渲染引擎，在浏览器端构建可视化内容对应的 DOM 树（DOM Tree）和样式树（Style Tree），并为用户交互操作提供接口支持，完成全部的数据可视化流程。

在数据可视化形式方面，数据可视化模块依据 SD-WAN 特点，可以分为 3 个主要功能内容：节点信息可视化、链路信息可视化、路径信息可视化。下面对其他具体功能模块进行功能设计。

9.2.2　用户管理模块

SD-WAN 自动化运维可视化系统可提供用户管理功能，其中包含用户注册信息管理功能、用户权限管理功能、用户需求下发功能。

（1）用户注册信息管理功能包括用户注册功能、用户登录功能及用户密码修改功能，用于保证同步更新本地 Cookie 信息，保障系统安全性。

（2）用户权限管理功能指根据用户不同的权限，为用户开辟不同的功能。例如，普通用户可以查看系统，而管理员可以修改网络状态。

（3）用户需求下发功能可为运维人员提供可视化前端需求下发的接口，通过可视化的界面，实现需求的下发，通过网络数据可视化技术，针对当前网络问题，有针对性地提供需求管理，对网络进行实时维护。

9.2.3　数据传输模块

数据传输模块通过 Spring MVC 框架的派发（Despatch）概念，实现 Web 前端、后台服务器的数据交互、传输。

数据传输模块通过多个 Mapping 索引对比，获取 HTML 请求对应的控制器地址，若找到则派发，若未找到则继续寻找其他 Mapping 索引，并为寻找道路的请求进行控制器派发。直至所有 Mapping 索引有为发现 HTTP 请求 URL 对应的控制器，则为 HTTP 请求返回错误信息。

数据传输模块主要通过一系列技术解决 Web 前端、后端服务器间的数据交互问题以及 HTTP 传输问题。HTTP 在 Web 系统设计中起着至关重要的作用，在传递数据的同时，通过 HTTP 报文头携带的信息，定义资源的生命周期、访问权限、缓存内容等，对系统稳定性、安全性起到关键作用，也是整个系统性能重要的评价指标之一。

9.2.4　数据处理模块

数据处理模块是在接收数据传输模块传输来的信息后，在控制器层针对 Model 模块规定格式，整合、处理、封装信息的重要功能模块。数据处理模块要求针对 SD-WAN 可视化展示要求，对从数据库中取出的数据进行初步的预处理和数据清洗，并将其封装成模板格式的数据，返回到数据传输模块。

数据处理模块涉及的类主要有 nodeInfoList、linkInfoList、nodeQosList、linkQosList、pathQosInfo，分别用于处理节点静态信息、链路静态信息、节点动态信息、链路动态信息、路径信息等内容。

9.2.5　数据提取模块

数据提取模块通过 MySQL+MyBatis 插件实现基于查询、存储和高级映射的持久层技术。数据提取模块通过简单的 XML 注解机制，实现数据库表配置和原始映射，将接口和 Java Web 的 POJO（Plain Old Java Object，普通的 Java 对象）对应，并映射成数据库中的数据记录。

实践篇

本章主要介绍在 Ubuntu 下安装并运行 Mininet、Ryu 等的操作，包括实验命令、步骤和结果展示等。

本章的主要内容是：

（1）Ubuntu 下安装运行 Mininet；

（2）Ubuntu 下安装运行 Ryu。

SDN 实验环境
部署

10.1　Ubuntu 下安装和运行 Mininet

10.1.1　主要命令介绍

（1）sudo：系统管理员允许普通用户执行一些或者全部的 root 账户权限命令。

（2）su：切换到其他用户。

（3）cd：进入指定名称的文件夹。

（4）reload：不中断服务并重新加载配置文件。

（5）apt-get：自动从互联网的软件仓库中搜索、安装、升级、卸载软件包。

（6）./：运行可执行文件。

（7）git clone：将远程存储库指定目录文件复制到本地目录。

10.1.2　实验目的

（1）掌握在 Ubuntu 操作系统的环境下安装 Mininet 网络仿真工具。

（2）解决常见的安装过程中的问题，熟悉安装过程中所使用的常见命令。

10.1.3　实验步骤

1. 配置 root 账户

执行命令：

```
sudo passwd root//设置管理员账户的密码，账户名为 root，账户密码自行拟定
```

```
su root//输入设置好的密码, 登录 root 账户
```

执行上述命令, 实验结果如图 10.1 所示。

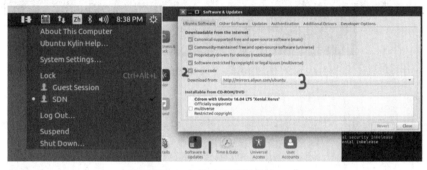

图 10.1　配置 root 账户

2. 修改下载源地址

如图 10.2 所示, 单击 System Settings, 单击选择 Software&Updates; 在弹出的窗口中选中 Source code, 添加国内镜像; 在 Download from 下拉列表中选择国内的镜像, 单击 Close 后单击 Reload 重新加载。

图 10.2　修改下载源地址

可能的报错:

(E:Problem executing scripts APT::Update::Post-Invoke-Success 'if /usr/bin/test -w /var/cache/app-info -a -e /usr/bin/appstreamcli; then appstreamcli refresh > /dev/null; fi', E:Sub-process returned an error code)

原因: 缺少 libappstream3 库。

解决办法: 清除相关软件包并更新该库。

执行命令:

```
sudo apt-get purge libappstream3//移除原有的残留文件
sudo apt-get update//重新下载缺少的库
reload//重新加载
```

3. 安装 git

执行命令:

```
su root//登录 root 账户, 后续操作皆为 root 账户进行
apt-get install git//执行安装命令
git//查看 git 操作命令选项, 出现 "usage:" 字样即表示安装成功
```

执行上述命令, 实验结果如图 10.3 所示。

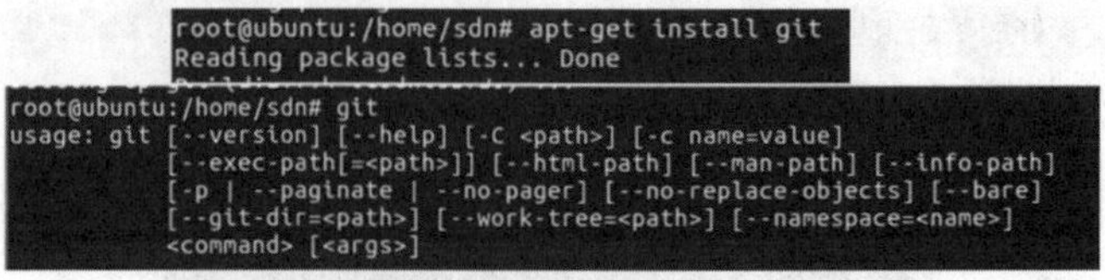

图 10.3 安装 git 工具

4. 安装 Mininet

执行命令：

```
git clone http://github.com/mininet/mininet.git//将 Mininet 源码文件下载到本地
```

说明：命令也可换成 git clone git://github.com/mininet/mininet，若不成功可多试几次。

执行上述命令，实验结果如图 10.4 所示。

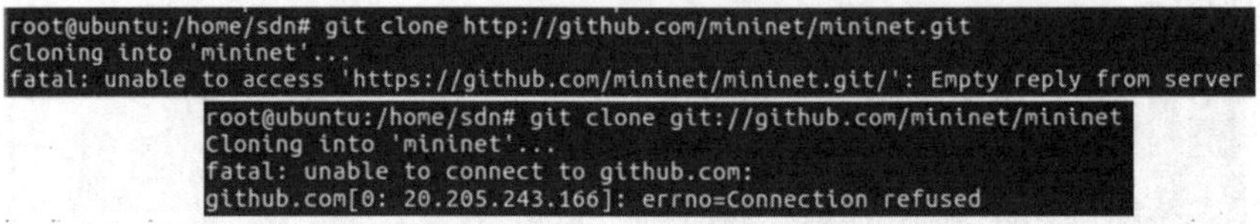

图 10.4 下载 Mininet

执行命令：

```
cd mininet//下载完成后，进入下载好的文件夹
ls//查看文件夹中的文件
cd util//进入 util 文件夹
./install.sh -h//使用-h 查看可供选择的安装选项
./install.sh -n3v//选择合适的版本进行安装，使用-n3v 将选择安装 Mininet 的依赖和核心文件、
OpenFlow 1.3、Open vSwitch
```

执行上述命令，实验结果如图 10.5 所示。

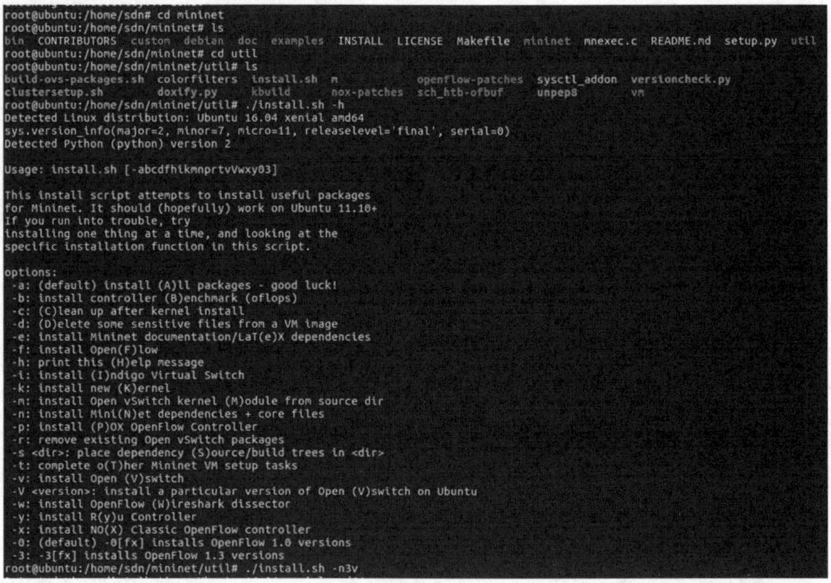

图 10.5 Mininet 安装选项

说明：安装过程可能会出现图 10.6 所示异常，这里可以先选择忽略，不影响 Mininet 测试，后面也会安装 pip。

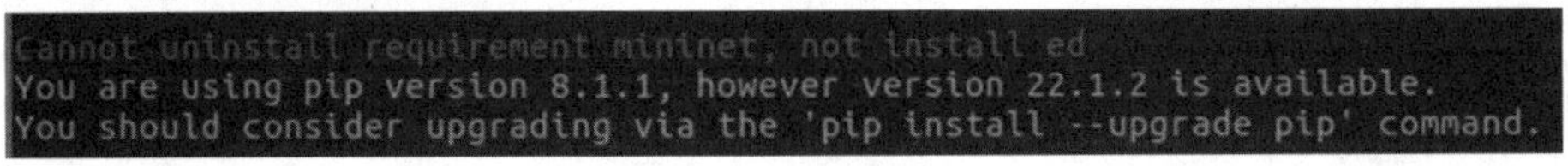

图 10.6　安装警告

执行命令：

```
mn//用该命令创建一个最简单的网络拓扑，测试 Mininet 安装，网络拓扑中包含两台名为 h1 和 h2 的主机、一台名为 s1 的 Open vSwitch、两条链路、一台名为 c0 的控制器
pingall//用此命令检测链路连通性
exit//退出 Mininet
```

执行上述命令，实验结果如图 10.7 所示。

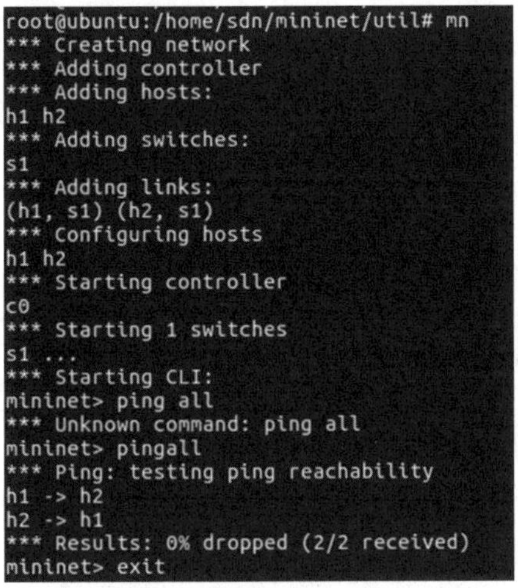

图 10.7　安装测试

5. 打开 MiniEdit（Mininet 可视化界面）

执行命令：

```
cd mininet//进入 Mininet 所在文件夹
cd examples//进入 MiniEdit 所在文件夹
./miniedit.py//运行 MiniEdit
```

操作过程如图 10.8 所示，MiniEdit 打开后界面如图 10.9 所示。

图 10.8　打开 MiniEdit 的操作过程

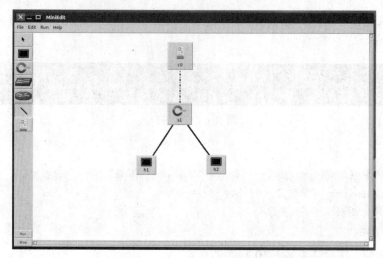

图 10.9　MiniEdit 的操作界面

10.2　Ubuntu 下安装和运行 Ryu 控制器

10.2.1　主要命令介绍

（1）python：在 Python 环境下执行操作。

（2）wget：从指定地址下载文件。

（3）cd：进入指定名称的文件夹。

（4）ryu-manager：运行一个指定文件创建的 Ryu 控制器。

（5）pip：运用 pip 对 Python 包进行管理。

（6）./：运行可执行文件。

（7）git clone：将远程存储库指定目录文件复制到本地目录。

（8）mn：在 Mininet 中创建一个网络拓扑。

（9）pingall：在 Mininet 网络拓扑中的主机间发送报文测试链路连通性。

10.2.2　实验目的

（1）掌握在 Ubuntu 操作系统的环境下安装 Ryu 开源 SDN 控制器。

（2）解决常见的安装过程中的问题，熟悉安装过程中所使用的常见命令。

10.2.3　实验步骤

1．安装 pip

执行命令：

```
python -m pip uninstall pip//卸载原本安装的pip，根据具体情况可跳过此步骤
wget https://bootstrap.pypa.io/pip/3.5/get-pip.py//从指定的地址下载文件
python3 get-pip.py//在 Python 3.5.1 环境下运行该文件，python3 指向 Python 3.5.1，python 指
向 Ubuntu 自带的 Python 2.7.12，pip 版本为 20.3.4，后续实验一般使用 python3 操作
```

执行上述命令，实验结果如图 10.10 所示。

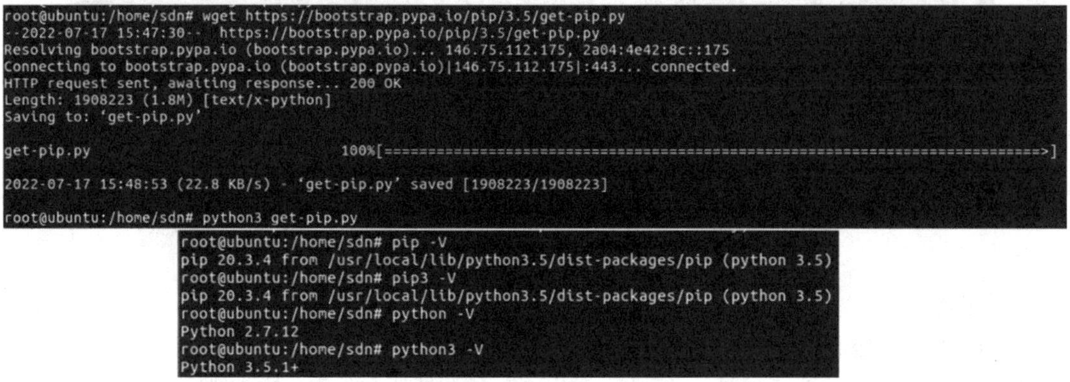

图 10.10　安装 pip

2. 安装 Ryu 控制器

执行命令：

```
git clone https://github.com/osrg/ryu.git//下载 Ryu 源码文件到本地文件夹 ryu 中
```

执行上述命令，实验结果如图 10.11 所示。

图 10.11　下载 Ryu 源码文件

执行命令：

```
cd ryu//进入源码文件所在的文件夹
pip3 install -r tools/pip-requires//下载安装过程所需要的相关依赖
```

执行上述命令，实验结果如图 10.12 所示。

图 10.12　下载相关依赖

执行命令：

```
python3 setup.py install//运行安装执行文件，安装 Ryu
```

执行上述命令，实验结果如图 10.13 所示。

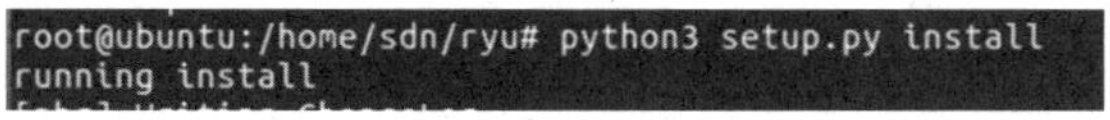

图 10.13　安装 Ryu

说明：可能出现图 10.14 所示的报错。

原因：pip 和 python 的版本不匹配。

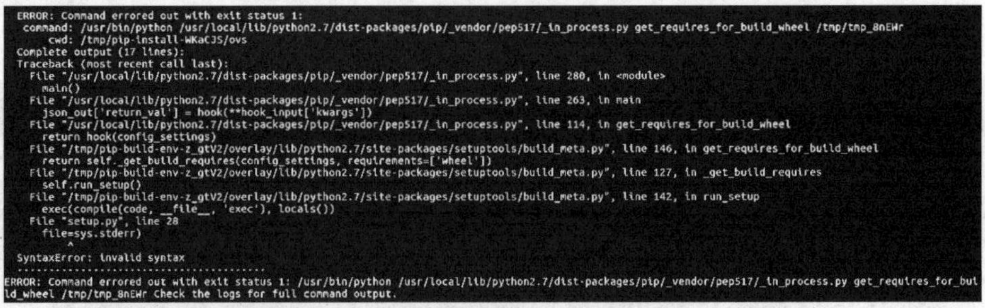

图 10.14　Ryu 安装过程报错

解决办法：重新安装 pip。

3．测试 Ryu 控制器

依次输入 cd ryu、cd ryu、cd app 命令，进入 Ryu 控制器所在的文件夹。然后输入 ryu-manager example_switch_13.py，启动 Ryu 的测试模块。

新打开一个命令提示符窗口，登录 root 账户，然后输入

```
mn --controller=remote   //新建一个最简单的网络拓扑，remote 表示控制器使用外部接入方式
```

执行上述命令，实验结果如图 10.15 所示。

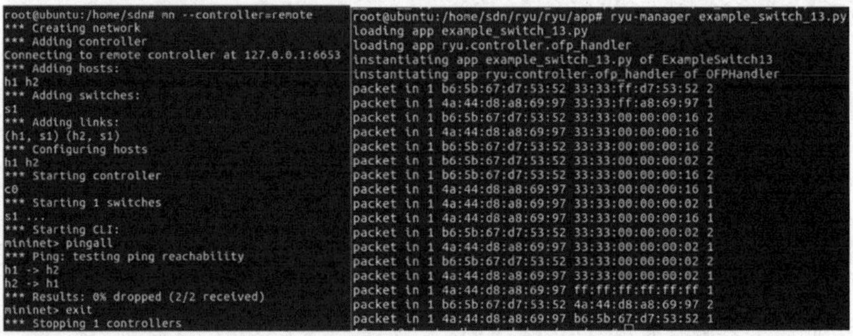

图 10.15　Ryu 安装测试

10.3　Ubuntu 下安装 Wireshark

10.3.1　主要命令介绍

（1）apt-get：自动从互联网的软件仓库中搜索、安装、升级、卸载软件包。

（2）wireshark：启动 Wireshark 网络抓包分析工具。

10.3.2　实验目的

（1）掌握在 Ubuntu 操作系统的环境下安装 Wireshark 网络抓包分析工具。

（2）解决常见的安装过程中的问题，熟悉安装过程中所使用的常见命令。

10.3.3　实验步骤

1. 安装 Wireshark

执行命令：

```
apt-get install wireshark//下载并安装 Wireshark
```

执行上述命令，将出现图 10.16 所示的安装选项，按方向键选择 Yes，按 Enter 键执行。

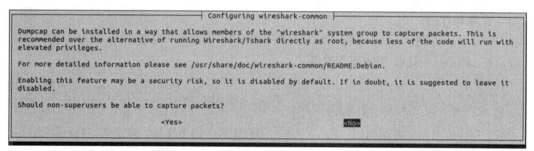

图 10.16　Wireshark 安装选项

2. 运行 Wireshark

执行命令：

```
wireshark//启动 Wireshark
```

执行上述命令，实验结果如图 10.17 所示。双击 any 进行测试。

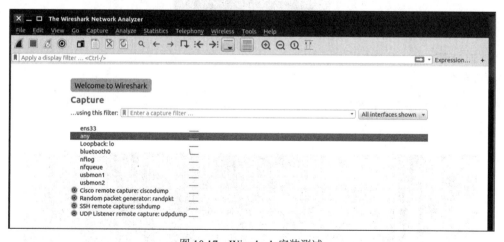

图 10.17　Wireshark 安装测试

10.4　Ubuntu 下安装 PuTTY

10.4.1　主要命令介绍

（1）ifconfig：查看和配置网络设备。

（2）vi：打开或新建指定名称的文件。

10.4.2　实验目的

（1）掌握在 Ubuntu 操作系统的环境下安装和配置 PuTTY。
（2）解决常见的安装过程中的问题，熟悉安装过程中所使用的常见命令。

10.4.3　实验步骤

1. 安装 PuTTY
从 PuTTY 官方网站下载对应版本的 PuTTY 安装包，根据提示完成安装。

2. 在 Ubuntu 中修改 SSH 配置文件
执行命令：

```
vi /etc/ssh/sshd_config//打开配置文件
```

利用 Linux 自带文件编辑器，按"i"进入编辑模式，修改文件。将其中"PermitRootLogin prohibit-password"改为"PermitRootLogin yes"（含义为允许 root 账户登录），如图 10.18 所示。

```
:wq//保存并退出文档编辑
Reboot//重启虚拟机
```

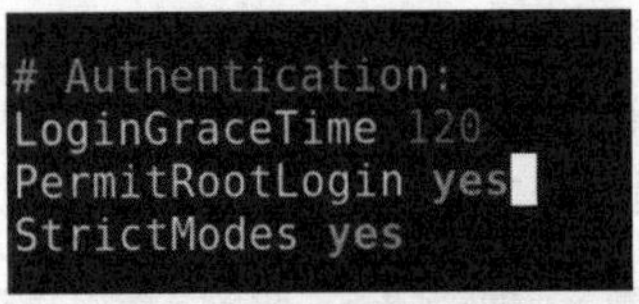

图 10.18　修改配置文件

3. 连接测试
执行命令：

```
Ifconfig//查看虚拟机 IP 地址
```

查看结果如图 10.19 所示。

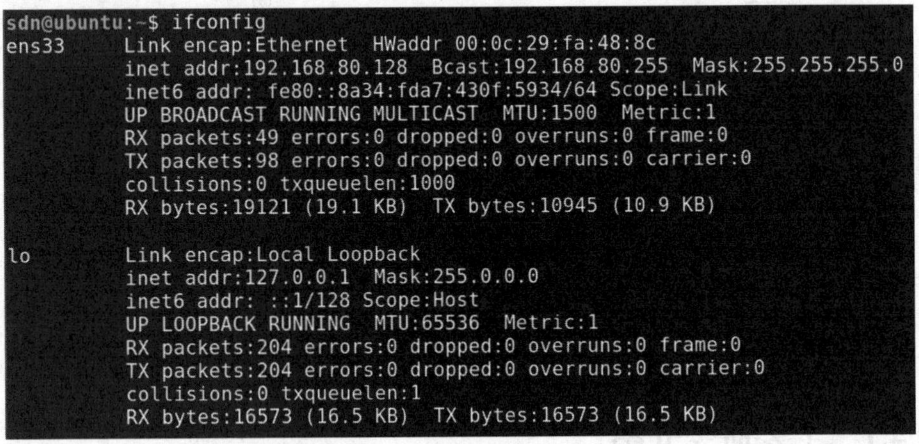

图 10.19　查看虚拟机 IP 地址

　　在图形化界面中双击图标打开 PuTTY，输入虚拟机的 IP 地址，如图 10.20 所示，选择连接类型为 SSH，单击 Open，登录虚拟机账户完成连接。

图 10.20　PuTTY 配置

第11章
SDN 基础操作与应用实验

本章主要介绍 Mininet 操作命令、步骤和结果展示等。

本章的主要内容是：

（1）Mininet 操作过程及拓扑创建；

（2）OpenFlow 协议工作流程验证。

SDN 基本操作
与应用实验

11.1 Mininet 的基础操作实验

11.1.1 实验目的

（1）熟悉 Mininet 的基本命令。

（2）学会使用基本命令查看网络拓扑信息。

11.1.2 实验步骤

执行命令：

```
mn --topo=single,3//创建一个有 3 台主机的单一网络拓扑
```

拓扑结构如图 11.1 所示，后续通过该网络拓扑依次进行命令的测试。

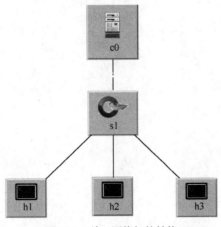

图 11.1 单一网络拓扑结构

Mininet 基本命令如下。依次使用下列命令查看相应的网络拓扑信息，了解命令的具体作用。

（1）help 命令：获取帮助列表。

（2）nodes 命令：查看网络拓扑中的节点状态。

（3）links 命令：显示链路健壮性信息。

（4）net 命令：显示网络拓扑。

（5）dump 命令：显示每个节点的接口设置和表示每个节点的进程的 ID。

（6）pingall 命令：在网络中的所有主机之间执行 ping 测试。

（7）pingpair 命令：只测试前两个主机的连通性。

（8）iperf 命令：在两个节点之间进行 iperftcp 带宽测试（例如：iperf h1 h2）。

（9）iperfudp 命令：在两个节点之间进行 iperfudp 带宽测试（例如：iperfudp bw h1 h2）。

（10）link 命令：启用/禁用节点之间的链路（例如：link h1 s1 up）。

（11）ping 命令：通过 ping 测试任意节点间的连通性（例如：h1 ping h2）。

（12）ifconfig 命令：查看任一节点的 IP 地址等信息（例如：h1 ifconfig）。

11.2　Mininet 创建网络拓扑实验

11.2.1　主要命令介绍

（1）mn：在 Mininet 中创建一个网络拓扑。

（2）ryu-manager：运行一个指定文件创建的 Ryu 控制器。

（3）python：在 Python 环境下执行操作。

（4）i：文本编辑器命令行模式与输入模式切换。

（5）:w：文本编辑器保存文件。

（6）:wq：文本编辑器保存并退出文件。

（7）:q!：文本编辑器不保存并退出文件。

11.2.2　实验目的

（1）掌握 Mininet 的网络拓扑生成的 3 种方式：通过命令提示符窗口创建、通过 MiniEdit 可视化界面创建、通过 Python 脚本创建。

（2）熟悉 Mininet 的基本功能以及常见的命令。

11.2.3　实验步骤

1．使用命令提示符窗口方式创建网络拓扑

（1）创建单一网络拓扑

单一网络拓扑指整个网络拓扑中有且只有一个交换机。

执行命令：

```
mn --topo=single,3//利用 mn 命令创建网络拓扑
```

single 表示创建的网络拓扑类型为单一拓扑，3 表示该拓扑中交换机下连接 3 台主机，创建过

程如图 11.2 所示，可以通过 Mininet 基本命令查看到图 11.3 所示的网络拓扑相关信息。

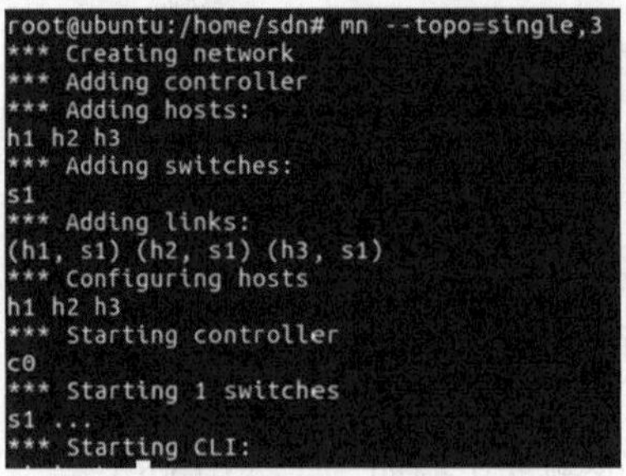

图 11.2　创建单一网络拓扑 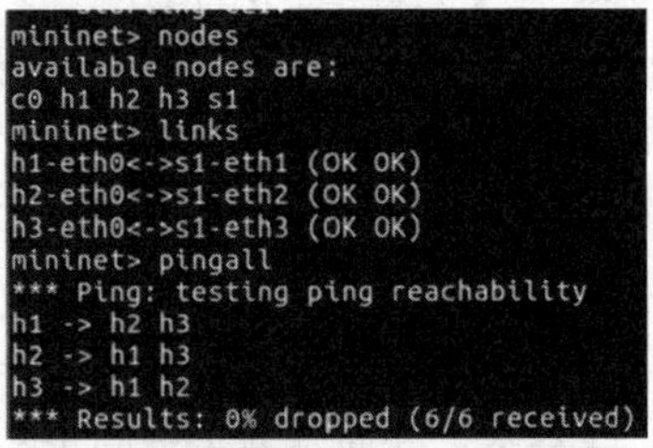　　　　　图 11.3　单一网络拓扑相关信息

（2）创建线性网络拓扑

线性网络拓扑指交换机连接呈线性排列，且每个交换机只与单一主机相连。

执行命令：

```
mn --topo=linear,4//利用 mn 命令创建网络拓扑
```

linear 表示创建的网络拓扑类型为线性网络拓扑，4 表示该拓扑包含 4 台交换机，每台交换机下仅连接 1 台主机，创建过程如图 11.4 所示，可以通过 Mininet 基本命令查看到图 11.5 所示的网络拓扑相关信息。

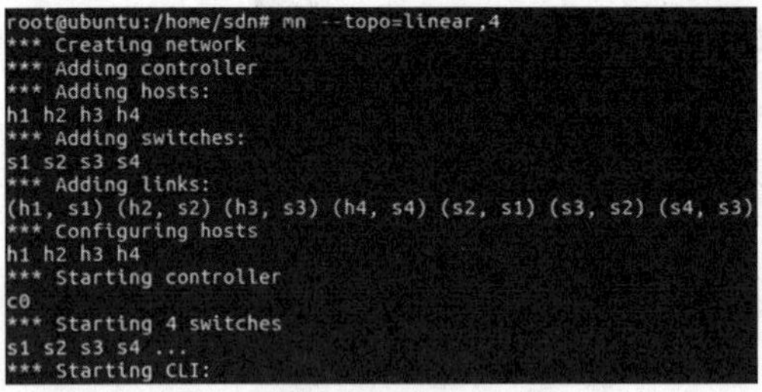

图 11.4　创建线性网络拓扑　　　　　图 11.5　线性网络拓扑相关信息

（3）创建树状网络拓扑

树状网络拓扑指交换机呈树状排列，每个交换机下连接多个主机。

执行命令：

```
mn --topo=tree,depth=2,fanout=3//利用 mn 命令创建网络拓扑
```

tree 表示创建的网络拓扑类型为树状网络拓扑，depth=2 表示该树状网络拓扑中有 2 层交换机，fanout=3 表示每台交换机下有 3 台主机，创建过程如图 11.6 所示，可以通过 Mininet 基本命令查看到图 11.7 所示的网络拓扑相关信息。

2．使用可视化界面 MiniEdit 方式创建网络拓扑

（1）网络拓扑配置

拖动 MiniEdit 界面左边栏图标，绘制基本的拓扑布局（如图 11.8 所示），然后单击左上角 Edit，选择 Preferences。配置窗口如图 11.9 所示，其中 IP Base 指局域网网段，Start CLI 指是否允许通过命令行操作 MiniEdit，右半部分为流量监听抓取相关设置。

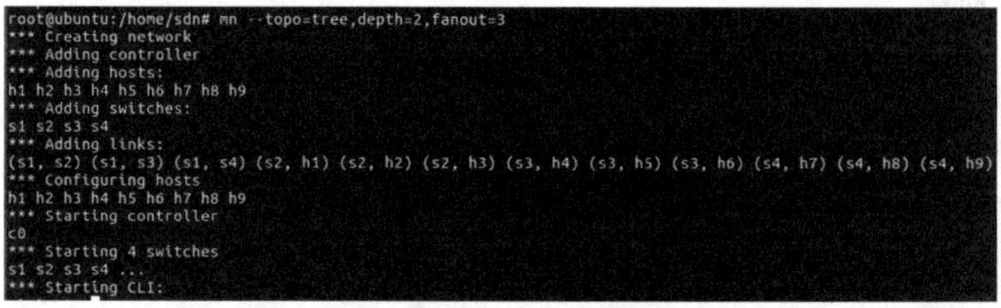

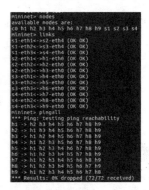

root@ubuntu:/home/sdn# mn --topo=tree,depth=2,fanout=3
*** Creating network
*** Adding controller
*** Adding hosts:
h1 h2 h3 h4 h5 h6 h7 h8 h9
*** Adding switches:
s1 s2 s3 s4
*** Adding links:
(s1, s2) (s1, s3) (s1, s4) (s2, h1) (s2, h2) (s2, h3) (s3, h4) (s3, h5) (s3, h6) (s4, h7) (s4, h8) (s4, h9)
*** Configuring hosts
h1 h2 h3 h4 h5 h6 h7 h8 h9
*** Starting controller
c0
*** Starting 4 switches
s1 s2 s3 s4 ...
*** Starting CLI:

图 11.6　创建树状网络拓扑

mininet> nodes
available nodes are:
c0 h1 h2 h3 h4 h5 h6 h7 h8 h9 s1 s2 s3 s4
mininet> links
s1-eth1<->s2-eth4 (OK OK)
s1-eth2<->s3-eth4 (OK OK)
s1-eth3<->s4-eth4 (OK OK)
s2-eth1<->h1-eth0 (OK OK)
s2-eth2<->h2-eth0 (OK OK)
s2-eth3<->h3-eth0 (OK OK)
s3-eth1<->h4-eth0 (OK OK)
s3-eth2<->h5-eth0 (OK OK)
s3-eth3<->h6-eth0 (OK OK)
s4-eth1<->h7-eth0 (OK OK)
s4-eth2<->h8-eth0 (OK OK)
s4-eth3<->h9-eth0 (OK OK)
mininet> pingall
*** Ping: testing ping reachability
h1 -> h2 h3 h4 h5 h6 h7 h8 h9
h2 -> h1 h3 h4 h5 h6 h7 h8 h9
h3 -> h1 h2 h4 h5 h6 h7 h8 h9
h4 -> h1 h2 h3 h5 h6 h7 h8 h9
h5 -> h1 h2 h3 h4 h6 h7 h8 h9
h6 -> h1 h2 h3 h4 h5 h7 h8 h9
h7 -> h1 h2 h3 h4 h5 h6 h8 h9
h8 -> h1 h2 h3 h4 h5 h6 h7 h9
h9 -> h1 h2 h3 h4 h5 h6 h7 h8
*** Results: 0% dropped (72/72 received)

图 11.7　树状网络拓扑相关信息

MiniEdit
File Edit Run Help
c0
s1
s2
h1
h2
h3
Run
Stop

图 11.8　网络拓扑逻辑结构

Preferences
IP Base: 10.0.0.0/8
Default Terminal: xterm
Start CLI:
Default Switch: Open vSwitch Kernel Mode
Open vSwitch
OpenFlow 1.0:
OpenFlow 1.1:
OpenFlow 1.2:
OpenFlow 1.3:
dpctl port:
sFlow Profile for Open vSwitch
Target:
Sampling: 400
Header: 128
Polling: 30
NetFlow Profile for Open vSwitch
Target:
Active Timeout: 600
Add ID to Interface:
OK
Cancel

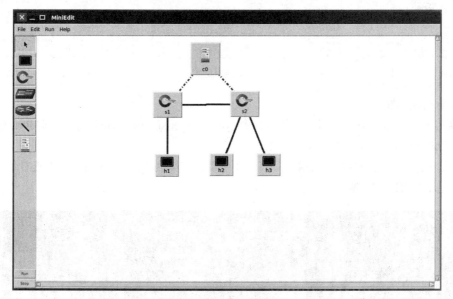

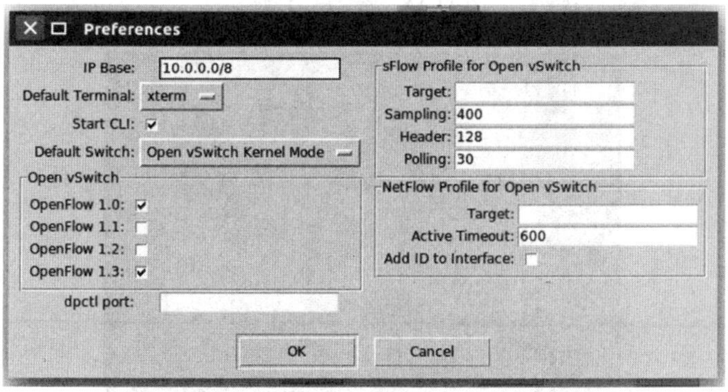

图 11.9　基本配置

（2）设备配置

在设备图标上单击右键，在弹出的快捷菜单中单击 Properties 进行配置。控制器配置、交换机配置、主机配置分别如图 11.10、图 11.11、图 11.12 所示。具体如下：控制器类型选择远端控制器 Remote Controller；交换机 DPID 为 16 位，2 台交换机的 DPID 分别为 0000000000000001 和

0000000000000002，类型是 Open vSwitch 内核模式；主机设置 IP 地址需在 IP Base 的网段下，3 台主机的 IP 地址分别为 10.0.0.1、10.0.0.2、10.0.0.3。

图 11.10　控制器配置　　　　　图 11.11　交换机配置

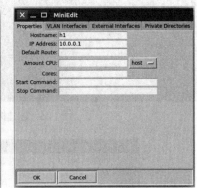

图 11.12　主机配置

（3）运行网络拓扑

重新打开一个命令提示符窗口，执行命令 ryu-manager simple_switch.py，启动 Ryu 控制器。

在 MiniEdit 界面左下角单击 Run 运行网络拓扑。

完成上述步骤，运行成功的结果如图 11.13 所示，可以通过 Mininet 基本命令查看到的网络拓扑相关信息，如图 11.14 所示。

```
*** Configuring hosts
h2 h1 h3
**** Starting 1 controllers
c0
**** Starting 2 switches
s2 s1
No NetFlow targets specified.
No sFlow targets specified.

NOTE: PLEASE REMEMBER TO EXIT THE CLI BEFORE YOU PRESS THE STOP BUTTON. Not exiting will prevent MiniEdit from quitting and will
prevent you from starting the network again during this session.
```

图 11.13　运行网络拓扑

```
mininet> pingall
*** Ping: testing ping reachability
h1 -> h3 h2
h3 -> h1 h2
h2 -> h1 h3
*** Results: 0% dropped (6/6 received)
mininet> nodes
available nodes are:
c0 h1 h2 h3 s1 s2
mininet> links
h1-eth0<->s1-eth1 (OK OK)
h2-eth0<->s2-eth1 (OK OK)
h3-eth0<->s2-eth2 (OK OK)
s1-eth2<->s2-eth3 (OK OK)
```

图 11.14　节点信息

（4）导出创建该网络拓扑的 Python 文件

在 MiniEdit 界面左上角单击 File，然后选择 Export Level 2 Script 进行导出（注意文件扩展名为 .py，例如：2022.py）。

3. 通过 Python 脚本方式创建网络拓扑

（1）编写脚本文件

在命令提示符窗口编写创建网络拓扑的 Python 文件（或者直接使用前文导出的 2022.py 文件）。

说明：此处的文本编写命令可以查阅 11.2.1 节，如果读者对除本书提及命令以外的命令感兴趣，可自行查阅。

（2）运行网络拓扑

重新打开一个命令提示符窗口，执行 ryu-manager simple_switch.py，启动 Ryu 控制器。

在原命令提示符窗口执行 python 2022.py，运行编写的脚本文件。因为直接以"./2022.py"的方式运行需要赋予权限，所以用此命令来创建网络拓扑。

执行上述命令，实验结果如图 11.15 所示。

图 11.15　通过 Python 脚本创建网络拓扑

11.3　通过 Mininet 验证 OpenFlow 版本和交换机工作流程

11.3.1　主要命令介绍

（1）wireshark：启动 Wireshark 网络抓包分析工具。

（2）ryu-manager：运行一个指定文件创建的 Ryu 控制器。

（3）python：在 Python 环境下执行操作。

（4）pingall：在 Mininet 网络拓扑中的主机间发送报文测试链路连通性。

（5）net：显示 Mininet 中网络拓扑的结构信息。

（6）dpctl dump-flows：显示 Mininet 网络拓扑中所有交换机的流表信息。

（7）dpctl del-flows：删除 Mininet 网络拓扑中所有交换机的流表信息。

11.3.2　实验目的

（1）通过 Wireshark 抓包的方式以及查看交换机流表的方式验证 Mininet 支持 OpenFlow 1.3 协议，熟悉 OpenFlow 协议。

（2）了解 SDN 中交换机与控制器协同转发数据包的工作流程。

（3）手动向流表中写数据，从而阻断主机间的通信，了解交换机流表工作机制。

11.3.3　实验内容

1. 验证 OpenFlow 1.3 协议

（1）启动 Wireshark

执行命令：

```
wireshark//启动抓包工具，双击 any 查看窗口
```

（2）创建网络拓扑

打开一个命令提示符窗口，执行 ryu-manager simple_switch.py，启动 Ryu 控制器。

重新打开一个命令提示符窗口，执行 python 2022.py 运行 2022.py 文件。该文件为前文导出的文件。因为直接以 "./2022.py" 的方式运行需要赋予权限，所以用此命令来创建网络拓扑。

（3）验证协议版本

在创建网络拓扑的命令提示符窗口执行 dump 命令，查看网络拓扑中控制器的端口号，一般是 6633，如图 11.16 所示。

```
mininet> dump
<Host h1: h1-eth0:10.0.0.2 pid=5153>
<Host h3: h3-eth0:10.0.0.4 pid=5156>
<Host h2: h2-eth0:10.0.0.3 pid=5159>
<OVSSwitch s1: lo:127.0.0.1,s1-eth1:None,s1-eth2:None pid=5145>
<OVSSwitch s2: lo:127.0.0.1,s2-eth1:None,s2-eth2:None,s2-eth3:None pid=5148>
<RemoteController c0: 127.0.0.1:6633 pid=5138>
```

图 11.16　查看控制器端口号

在 Wireshark 中查看 info 为 Type：OFTP_HELLO 的数据包，选择 Dst Port 为 6633 的数据包（该数据包由交换机发往控制器），可以看见图 11.17 所示的结果。由此可知模拟交换机所能支持的 OpenFlow 最高协议版本即 OpenFlow 1.3。

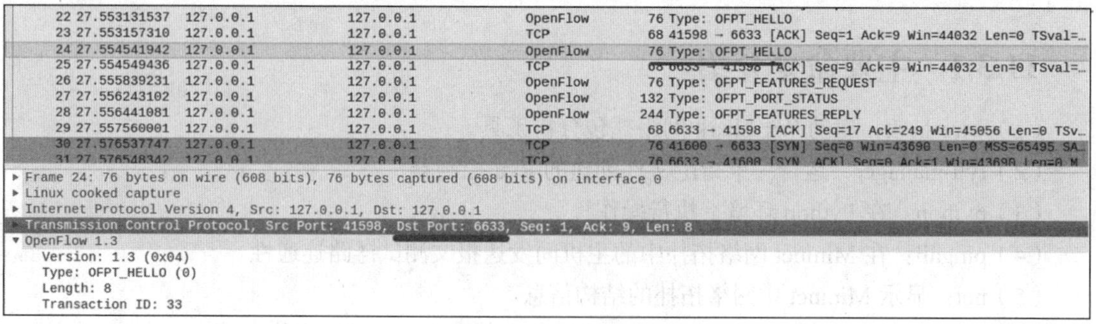

```
22 27.553131537  127.0.0.1      127.0.0.1      OpenFlow    76 Type: OFPT_HELLO
23 27.553157310  127.0.0.1      127.0.0.1      TCP         68 41598 → 6633 [ACK] Seq=1 Ack=9 Win=44032 Len=0 TSval=…
24 27.554541942  127.0.0.1      127.0.0.1      OpenFlow    76 Type: OFPT_HELLO
25 27.554549436  127.0.0.1      127.0.0.1      TCP         68 6633 → 41598 [ACK] Seq=9 Ack=9 Win=44032 Len=0 TSval=…
26 27.555839231  127.0.0.1      127.0.0.1      OpenFlow    76 Type: OFPT_FEATURES_REQUEST
27 27.556243102  127.0.0.1      127.0.0.1      OpenFlow   132 Type: OFPT_PORT_STATUS
28 27.556441081  127.0.0.1      127.0.0.1      OpenFlow   244 Type: OFPT_FEATURES_REPLY
29 27.557560001  127.0.0.1      127.0.0.1      TCP         68 6633 → 41598 [ACK] Seq=17 Ack=249 Win=45056 Len=0 TSv…
30 27.576537747  127.0.0.1      127.0.0.1      TCP         76 41600 → 6633 [SYN] Seq=0 Win=43690 Len=0 MSS=65495 SA…
31 27.576548342  127.0.0.1      127.0.0.1      TCP         76 6633 → 41600 [SYN, ACK] Seq=0 Ack=1 Win=43690 Len=0 M…
▶ Frame 24: 76 bytes on wire (608 bits), 76 bytes captured (608 bits) on interface 0
▶ Linux cooked capture
▶ Internet Protocol Version 4, Src: 127.0.0.1, Dst: 127.0.0.1
  Transmission Control Protocol, Src Port: 41598, Dst Port: 6633, Seq: 1, Ack: 9, Len: 8
▼ OpenFlow 1.3
    Version: 1.3 (0x04)
    Type: OFPT_HELLO (0)
    Length: 8
    Transaction ID: 33
```

图 11.17　查看协议版本

执行命令：

```
pingall//让主机互相发送消息，同时控制器向交换机写入流表项
dpctl dump-flows -O openflow1.3//查看所有交换机中协议为 OpenFlow 1.3 的流表项
```

查看结果如图 11.18 所示，可以看到"OF1.3"，即支持的协议为 OpenFlow 1.3。

```
mininet> dpctl dump-flows -O openflow1.3
*** s1 ------------------------------------------------------------
OFPST_FLOW reply (OF1.3) (xid=0x2):
 cookie=0x0, duration=389.325s, table=0, n_packets=3, n_bytes=238, send_flow_rem reset_count
s in_port=2,dl_src=ee:52:5d:a9:dc:6d,dl_dst=22:a3:b1:7d:b0:a9 actions=output:1
 cookie=0x0, duration=389.324s, table=0, n_packets=2, n_bytes=140, send_flow_rem reset_count
s in_port=1,dl_src=22:a3:b1:7d:b0:a9,dl_dst=ee:52:5d:a9:dc:6d actions=output:2
```

图 11.18　流表中的协议版本

2. 通过流表了解交换机工作流程

（1）创建网络拓扑

打开一个命令提示符窗口，执行 ryu-manager simple_switch.py，启动 Ryu 控制器。

重新打开一个命令提示符窗口，执行 python 2022.py 运行 2022.py 文件。该文件为前文导出的文件。因为直接以"./2022.py"的方式运行需要赋予权限，所以用此命令来创建网络拓扑。

（2）了解网络拓扑结构

执行命令：

```
net//查看网络中交换机的端口使用情况
```

查看结果如图 11.19 所示，网络拓扑结构如图 11.20 所示。

```
mininet> net
h1 h1-eth0:s1-eth1
h3 h3-eth0:s2-eth2
h2 h2-eth0:s2-eth1
s1 lo:  s1-eth1:h1-eth0 s1-eth2:s2-eth3
s2 lo:  s2-eth1:h2-eth0 s2-eth2:h3-eth0 s2-eth3:s1-eth2
c0
```

图 11.19　查看交换机的端口信息

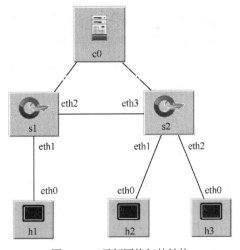

图 11.20　示例网络拓扑结构

（3）查看流表项

执行命令：

```
pingall//让主机互相发送消息，同时控制器向交换机写入流表项
dpctl dump-flows//查看所有交换机流表项
```

执行上述命令，实验结果如图 11.21 所示。

说明：其中"in_port"表示输入端口，"actions"表示处理策略，"dl_src""dl_dst"分别表示源 MAC 地址和目的 MAC 地址，我们只需要关注端口和处理策略即可，图 11.21 中所示结果第一、二行表示从 2 端口接收的数据包将从 1 端口进行转发。

```
mininet> dpctl dump-flows
*** s1 ------------------------------------------------------------
NXST_FLOW reply (xid=0x4):
 cookie=0x0, duration=57.146s, table=0, n_packets=3, n_bytes=238, idle_age=52, in_port=2,dl_
src=66:46:a7:f2:d0:77,dl_dst=c2:10:0c:5d:33:a5 actions=output:1
 cookie=0x0, duration=57.145s, table=0, n_packets=2, n_bytes=140, idle_age=52, in_port=1,dl_
src=c2:10:0c:5d:33:a5,dl_dst=66:46:a7:f2:d0:77 actions=output:2
 cookie=0x0, duration=57.138s, table=0, n_packets=3, n_bytes=238, idle_age=52, in_port=2,dl_
src=32:97:a0:4d:d4:81,dl_dst=c2:10:0c:5d:33:a5 actions=output:1
 cookie=0x0, duration=57.137s, table=0, n_packets=2, n_bytes=140, idle_age=52, in_port=1,dl_
src=c2:10:0c:5d:33:a5,dl_dst=32:97:a0:4d:d4:81 actions=output:2
*** s2 ------------------------------------------------------------
NXST_FLOW reply (xid=0x4):
 cookie=0x0, duration=57.149s, table=0, n_packets=3, n_bytes=238, idle_age=52, in_port=2,dl_
src=66:46:a7:f2:d0:77,dl_dst=c2:10:0c:5d:33:a5 actions=output:3
 cookie=0x0, duration=57.146s, table=0, n_packets=2, n_bytes=140, idle_age=52, in_port=3,dl_
src=c2:10:0c:5d:33:a5,dl_dst=66:46:a7:f2:d0:77 actions=output:2
 cookie=0x0, duration=57.142s, table=0, n_packets=3, n_bytes=238, idle_age=52, in_port=1,dl_
src=32:97:a0:4d:d4:81,dl_dst=c2:10:0c:5d:33:a5 actions=output:3
 cookie=0x0, duration=57.136s, table=0, n_packets=2, n_bytes=140, idle_age=52, in_port=3,dl_
src=c2:10:0c:5d:33:a5,dl_dst=32:97:a0:4d:d4:81 actions=output:1
 cookie=0x0, duration=57.131s, table=0, n_packets=3, n_bytes=238, idle_age=52, in_port=1,dl_
src=32:97:a0:4d:d4:81,dl_dst=66:46:a7:f2:d0:77 actions=output:2
 cookie=0x0, duration=57.130s, table=0, n_packets=2, n_bytes=140, idle_age=52, in_port=2,dl_
src=66:46:a7:f2:d0:77,dl_dst=32:97:a0:4d:d4:81 actions=output:1
```

图 11.21　查看所有流表项

（4）修改流表项

执行命令：

```
dpctl del-flows//删除所有流表项
sh ovs-ofctl add-flow s1 in_port=1,actions=output:2//添加流表项
```

向交换机中手动添加图 11.22 所示的 4 个流表项，如果端口和拓扑与示例有差异可自行调整。

```
dpctl dump-flows//查看所有交换机中的流表项
```

执行上述命令，实验结果如图 11.22 所示。

（5）查看网络状态

执行命令：

```
pingall//让主机互相发送消息，同时控制器向交换机写入流表项，观察目前节点间的连通情况
```

执行上述命令，实验结果如图 11.23 所示。请读者思考其原因。

```
mininet> dpctl del-flows
*** s1 ------------------------------------------------------------
*** s2 ------------------------------------------------------------
mininet> sh ovs-ofctl add-flow s1 in_port=1,actions=output:2
mininet> sh ovs-ofctl add-flow s1 in_port=2,actions=output:1
mininet> sh ovs-ofctl add-flow s2 in_port=1,actions=output:3
mininet> sh ovs-ofctl add-flow s2 in_port=3,actions=output:1
mininet> dpctl dump-flows
*** s1 ------------------------------------------------------------
NXST_FLOW reply (xid=0x4):
 cookie=0x0, duration=53.905s, table=0, n_packets=0, n_bytes=0, idle_age=53, in_port=1 actio
ns=output:2
 cookie=0x0, duration=37.833s, table=0, n_packets=1, n_bytes=107, idle_age=5, in_port=2 acti
ons=output:1
*** s2 ------------------------------------------------------------
NXST_FLOW reply (xid=0x4):
 cookie=0x0, duration=17.100s, table=0, n_packets=0, n_bytes=0, idle_age=17, in_port=1 actio
ns=output:3
 cookie=0x0, duration=6.984s, table=0, n_packets=1, n_bytes=107, idle_age=5, in_port=3 actio
ns=output:1
```

图 11.22　手动写入流表项

```
mininet> pingall
*** Ping: testing ping reachability
h1 -> X h2
h3 -> X X
h2 -> h1 X
*** Results: 66% dropped (2/6 received)
```

图 11.23　查看链路连通性

11.4　Wireshark 抓包分析 OpenFlow 协议工作流程

11.4.1　主要命令介绍

（1）wireshark：启动 Wireshark 网络抓包分析工具。
（2）ryu-manager：运行一个指定文件创建的 Ryu 控制器。

11.4.2　实验目的

（1）通过 Wireshark 抓包工具可以直接看到控制器与 Open vSwitch 的通信过程，分析 OpenFlow 协议工作流程。
（2）进一步熟悉 SDN 工作模式。

11.4.3　实验步骤

1. 启动 Wireshark
执行命令：

```
wireshark//启动抓包工具，双击 any 查看窗口
```

2. 创建网络拓扑

打开一个命令提示符窗口，执行 ryu-manager simple_switch.py，启动 Ryu 控制器。

重新打开一个命令提示符窗口，执行 python 2022.py 运行 2022.py 文件。该文件为前文导出的文件。因为直接以 "./2022.py" 的方式运行需要赋予权限，所以用此命令来创建网络拓扑，并查看 Wireshark 中的数据包。

说明：OpenFlow 规范中并没有规定握手之后必须发送 Set config 消息，这取决于控制器。因此 Set config 消息一定是在握手后发送，但不一定是在控制器收到 Features Reply 消息之后，所以实验过程不一定出现该数据包。

如图 11.24 所示，首先控制器与交换机互相发送 Hello 消息，用于建立连接。这时候会出现两种情况：双方都支持 OpenFlow，则选取 Hello 消息中最低版本的协议作为通信协议；如果其中有一方不支持 OpenFlow 协议版本，则发送 Error 消息后断开连接。如果双方的 OpenFlow 协议版本可以兼容，则 OpenFlow 连接建立成功。Hello 消息中只包含 OpenFlow Header，其中的 Type 字段为 OFPT_HELLO，version 字段为发送方所支持的 OpenFlow 的最高版本。

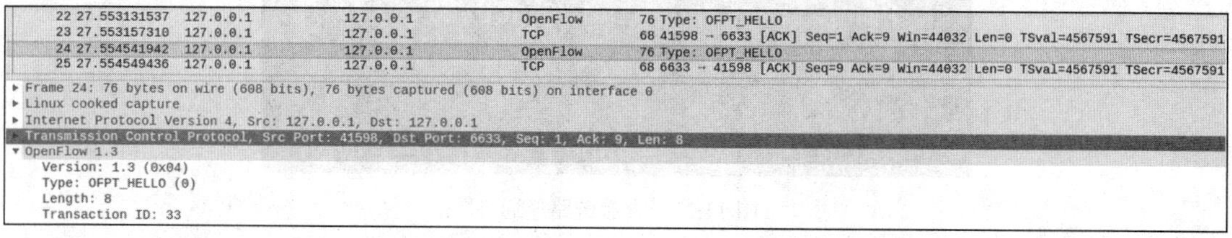

图 11.24　Hello 消息

如图 11.25 所示，OpenFlow 连接建立之后，控制器通过 Features Request 消息查询交换机特性信息，交换机的特性信息包括交换机的 ID（DPID）、交换机缓冲区数量、交换机端口及端口属性等。Features Request 消息只包含 OpenFlow Header，其中 Type 字段为 OFPT_FEATURES_REQUEST。

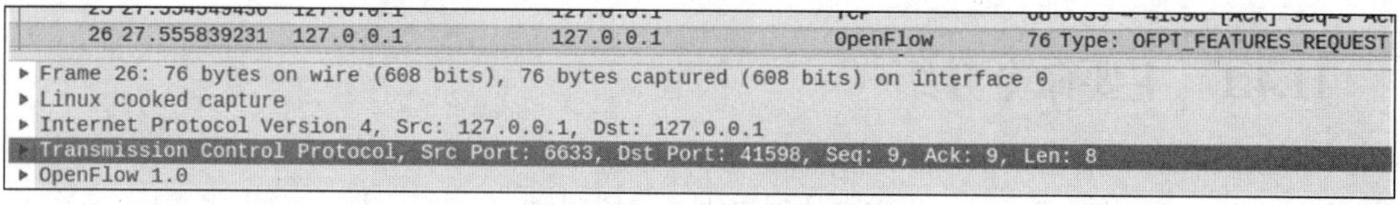

图 11.25　Features Request 消息

如图 11.26 所示，交换机在收到控制器发出的 Features Request 消息后返回 Features Reply 消息，Features 消息包括 OpenFlow Header 和 Features Reply 消息。其中包含交换机唯一标识、MAC 地址、交缓冲区可以缓存的最大数据包个数（n_buffers）、流表数量（n_tables）、支持的特殊功能（capabilities）、支持的动作（actions）、物理端口描述列表（Port data [ ]）等。

如图 11.27 所示，有两种情况会触发交换机向控制器发送 Packet-in 消息。

（1）当交换机收到一个数据包后，查找流表。如果流表中有匹配条目，则交换机按照流表所指示的行动列表处理数据包。如果没有，则交换机将数据包封装在 Packet-in 消息中发送给控制器处理，注意这时候数据包仍然会被放进缓冲区等待处理而不是被丢弃。

（2）数据包在流表中有匹配的条目，但是其中所指示的行动列表中包含转发给控制器的行动（Output = CONTROLLER），注意这时候数据包不会被放进缓冲区。

如图 11.28 所示，图中为 Packet-out 消息，用于响应 Packet-in 消息，但其实当控制器收到 Packet-in 消息时有两种响应的方式：Flow-Mod 消息，Packet-out 消息。

```
        28 27.556441081   127.0.0.1          127.0.0.1          OpenFlow        244 Type: OFPT_FEATURES_REPLY
▸ Frame 28: 244 bytes on wire (1952 bits), 244 bytes captured (1952 bits) on interface 0
▸ Linux cooked capture
▸ Internet Protocol Version 4, Src: 127.0.0.1, Dst: 127.0.0.1
 Transmission Control Protocol, Src Port: 41598, Dst Port: 6633, Seq: 73, Ack: 17, Len: 176
▾ OpenFlow 1.0
     .000 0001 = Version: 1.0 (0x01)
     Type: OFPT_FEATURES_REPLY (6)
     Length: 176
     Transaction ID: 579763536
   ▾ Datapath unique ID: 0x0000000000000001
       MAC addr: 00:00:00_00:00:00 (00:00:00:00:00:00)
       Implementers part: 0x0001
     n_buffers: 256
     n_tables: 254
     Pad: 000000
   ▸ capabilities: 0x000000c7
   ▸ actions: 0x00000fff
   ▸ Port data 1
   ▸ Port data 2
   ▸ Port data 3
```

图 11.26　Features Reply 消息

```
        43 27.711029305   ::                 ff02::16           OpenFlow        176 Type: OFPT_PACKET_IN
        44 27.712428535   127.0.0.1          127.0.0.1          OpenFlow         92 Type: OFPT_PACKET_OUT
▸ Frame 43: 176 bytes on wire (1408 bits), 176 bytes captured (1408 bits) on interface 0
▸ Linux cooked capture
▸ Internet Protocol Version 4, Src: 127.0.0.1, Dst: 127.0.0.1
 Transmission Control Protocol, Src Port: 41598, Dst Port: 6633, Seq: 249, Ack: 17, Len: 108
▾ OpenFlow 1.0
     .000 0001 = Version: 1.0 (0x01)
     Type: OFPT_PACKET_IN (10)
     Length: 108
     Transaction ID: 0
     Buffer Id: 0x00000100
     Total length: 90
     In port: 1
     Reason: No matching flow (table-miss flow entry) (0)
     Pad: 00
   ▸ Ethernet II, Src: b6:90:66:a7:58:7c (b6:90:66:a7:58:7c), Dst: IPv6mcast_16 (33:33:00:00:00:16)
   ▸ Internet Protocol Version 6, Src: ::, Dst: ff02::16
   ▸ Internet Control Message Protocol v6
```

图 11.27　Packet-in 消息

```
        44 27.712428535   127.0.0.1          127.0.0.1          OpenFlow         92 Type: OFPT_PACKET_OUT
▸ Frame 44: 92 bytes on wire (736 bits), 92 bytes captured (736 bits) on interface 0
▸ Linux cooked capture
▸ Internet Protocol Version 4, Src: 127.0.0.1, Dst: 127.0.0.1
 Transmission Control Protocol, Src Port: 6633, Dst Port: 41598, Seq: 17, Ack: 357, Len: 24
▾ OpenFlow 1.0
     .000 0001 = Version: 1.0 (0x01)
     Type: OFPT_PACKET_OUT (13)
     Length: 24
     Transaction ID: 579763537
     Buffer Id: 0x00000100
     In port: 1
     Actions length: 8
     Actions type: Output to switch port (0)
     Action length: 8
     Output port: 65531
     Max length: 65509
```

图 11.28　Packet-out 消息

控制器收到 Packet-in 消息后，可以发送 Flow-Mod 消息向交换机写一个流表项，并将 Flow-Mod 消息中的 buffer_id 字段值设置为 Packet-in 消息中的 buffer_id 字段值。从而控制器向交换机写入了一条与数据包相关的流表项，并且指定该数据包按照此流表项的行动列表处理。

　　然而，并不是所有的数据包都需要向交换机中添加一条流表项来匹配处理，网络中有些数据包（如 ARP、IGMP 等）出现的数量很少，没必要通过流表项来指定这些数据包的处理方法。此时可以使用 Packet-out 消息，告诉交换机某一个数据包如何处理。

第12章
OpenDaylight 实验

本章主要介绍 OpenDaylight 控制器架构、操作命令、步骤和结果展示等。

本章的主要内容是：

（1）OpenDaylight 控制器操作过程；

（2）OpenDaylight 控制器流表操作过程。

OpenDaylight 实验

12.1　OpenDaylight

OpenDaylight 是一个开源 SDN 项目，通过 OpenDaylight 控制器提供的社区主导和行业支持的框架来增强 SDN。它对任何人开放，包括最终用户和客户，它为具有 SDN 目标的人提供了一个共享平台，以共同寻找新的解决方案。

12.1.1　SDN

在 SDN 中，有一个 SDN 控制器，它的作用就是将原来封闭在通用网络设备里的硬件抽取出来，融合成控制器自己的逻辑。在网络中，统一由 SDN 控制器下发命令，告诉网络中的设备如何转发。而对那些网络设备而言，它们只需要听从 SDN 控制器的指令，进行转发就可以了。SDN 体系架构如图 12.1 所示。

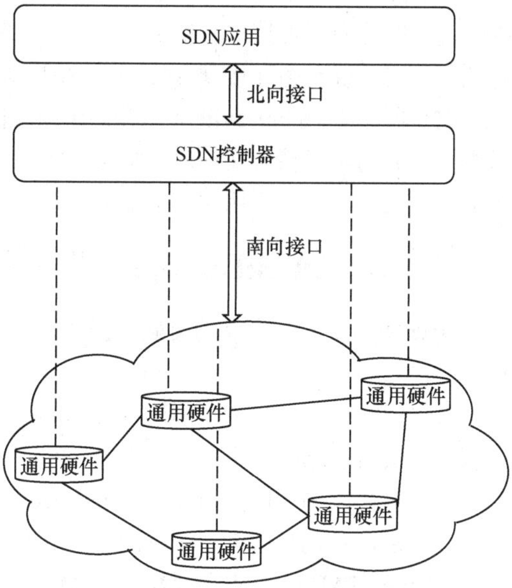

SDN 南北向接口指北向接口和南向接口。

北向接口：厂家或者运营商进行接入和管理网络的接口。

南向接口：厂家对网络设备进行管理的接口，能够支持多种协议。

图 12.1　SDN 体系架构

12.1.2 OpenDaylight 架构

OpenDaylight 架构大致如图 12.2 所示。

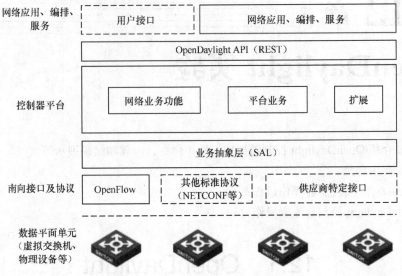

图 12.2 OpenDaylight 架构分析

在 OpenDaylight 中，业务抽象层（SAL）连接了上下层服务。SAL 能够为南向多种协议对上提供统一的北向服务接口。SAL 为 SDN 控制器的框架层，其南向接口可以支持不同的南向接口协议，这些协议动态连接到 SAL 中，SAL 适配后再提供统一北向接口供上层调用。

控制器位于 OpenDaylight 架构的中间，它是将需要网络设备服务的应用程序与网络设备对话以提取服务的协议粘合在一起的框架。控制器允许应用程序与网络设备规范无关，从而允许应用程序开发人员专注于应用程序功能的开发，而不是编写特定设备的驱动程序。

12.1.3 OpenDaylight 设计原则

OpenDaylight 在设计的时候遵循 6 个基本的架构原则（以下内容来自 OpenDaylight 官方文档）。

（1）运行时模块化和扩展化（Runtime Modularity and Extensibility）：支持在控制器运行时进行服务的安装、删除和更新。

（2）多协议的南向支持（Multiprotocol Southbound）：南向支持多种协议。

（3）SAL：南向多种协议对上提供统一的北向服务接口。Hydrogen 中全线采用 AD-SAL（API-Driven SAL），Helium 版本中 AD-SAL 和 MD-SAL（Model-Driven SAL）共存，Lithium 和 Beryllium 版本中已基本使用 MD-SAL 架构。

（4）开放的可扩展北向 API（Open Extensible Northbound API）：通过 REST 或者函数调用的方式提供可扩展的 API。这两种方式提供的功能应该保持一致。

（5）支持多租户/切片（Support for Multitenancy/Slicing）：允许网络在逻辑上（或物理上）划分成不同的切片或租户。控制器的部分功能和模块可以管理指定切片。控制器根据所管理的分片来呈现不同的控制观测面。

（6）一致性聚合（Consistent Clustering）：提供细粒度复制的聚合和确保网络一致性的横向

扩展。

12.1.4　OpenDaylight 架构特点

（1）南向接口支持 OpenFlow、NETCONF、SNMP、PCEP 等标准协议，同时支持私有化接口。

（2）SAL 保证上下层模块之间调用可以相互隔离，屏蔽南向接口协议差异，为上层功能模块提供一致性服务。

（3）采用 OSGI 体系架构，解决组件之间的隔离问题。

（4）使用 YANG 工具直接生成业务管理的"骨架"。

（5）拥有一个开源的分布式数据网格平台，该平台不仅能实现数据的存储、查找和监听，更重要的是它使得 OpenDaylight 支持控制器集群。

12.2　OpenDaylight 控制器的环境搭建以及基本操作

12.2.1　主要命令介绍

（1）sudo：系统管理员允许普通用户执行一些或者全部的 root 账户权限命令。

（2）su：切换到其他用户。

（3）cd：进入指定名称的文件夹。

（4）apt-get：自动从互联网的软件仓库中搜索、安装、升级、卸载软件包。

（5）./：运行可执行文件。

（6）i：文本编辑器命令行模式与输入模式切换。

（7）:w：文本编辑器保存文件。

（8）:wq：文本编辑器保存并退出文件。

（9）:q!：文本编辑器不保存并退出文件。

12.2.2　实验目的

通过实验更加深入地了解 OpenDaylight 控制器的环境搭建过程和基本使用方法，安装后进行简单的验证，确保 OpenDaylight 安装正确。

12.2.3　实验步骤

本实验需要在 Ubuntu 下完成。实验步骤如下。

这里以安装 OpenDaylight Nitrogen 的 0.7.0 版本为例，各个版本会有细微不同，请在搭建时参考官方文档。

1. 创建 root 账户并进入 root 模式

（1）创建 root 账户。

单击右键打开终端，执行命令：

```
sudo passwd root//更新管理员密码
```

首先输入账户密码（该密码为 root 账户的密码），按 Enter 键确定，再次确认密码（即重复输入刚才设定的密码）。

执行上述命令，实验结果如图 12.3 所示。

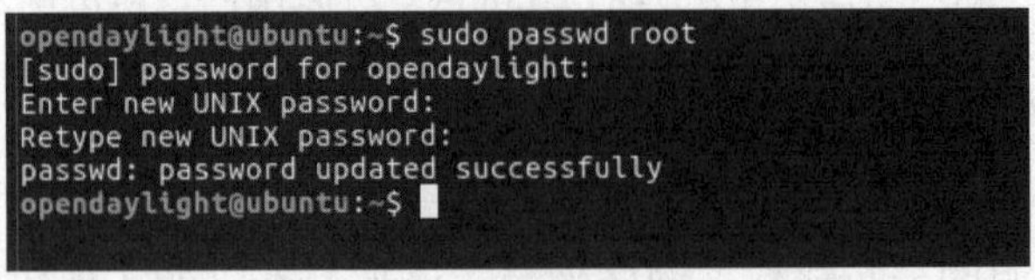

图 12.3　创建 root 账户

（2）进入 root 模式。

执行命令：

```
su root//进入 root 模式
```

再次输入密码（此处输入创建者自己创建的密码）。

执行上述命令，成功进入 root 模式后结果如图 12.4 所示。

图 12.4　进入 root 模式

2. 安装 OpenDaylight 依赖包和 JDK

（1）更新软件。

执行命令：

```
apt-get update//访问服务器，更新软件列表
apt-get upgrade//更新软件
```

在执行 apt-get upgrade 命令时会询问是否更新，输入 y，更新。

执行上述命令，实验结果如图 12.5 所示。

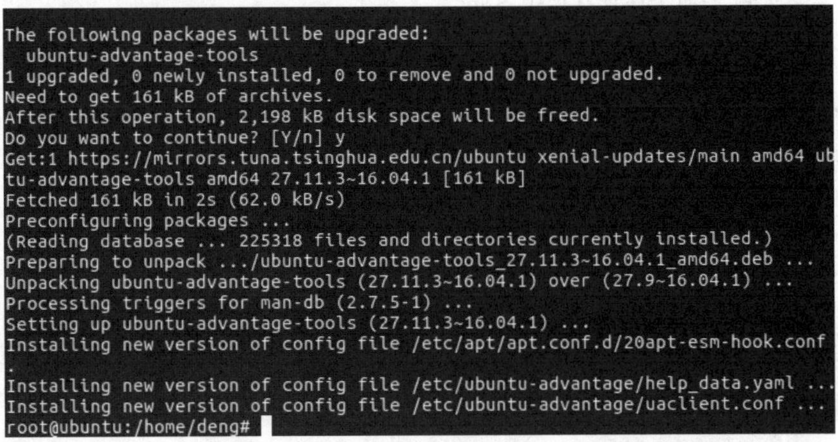

图 12.5　更新软件

注意：apt-get update 用于同步 /etc/apt/sources.list 和/etc/apt/sources.list.d 中列出的源的索引，以获取到最新的软件包。使用 apt-get update 只是更新了 apt 的资源列表，没有真正对系统进行更新。如果需要，要使用 apt-get upgrade 来更新。

在 Ubuntu 嵌入式下，我们维护源列表，源列表里面都是一些网址信息，每一个网址就是一个源，地址指向的数据标识着源服务器上有哪些软件可以安装、使用。

update 命令：用于访问源列表里的每个网址，并读取软件列表，然后将其保存在本地计算机。我们在软件包管理器里看到的软件列表，都是通过 update 命令更新的。

upgrade 命令：用于把本地已安装的软件与刚下载的软件列表里对应软件进行对比，如果发现已安装的软件版本太低，就会提示更新。如果你的软件都是最新版本，会提示：升级了 0 个软件包，新安装了 0 个软件包，要卸载 0 个软件包，有 0 个软件包未被升级。

两个命令在安装过程中要多次使用，以保证系统软件和各种依赖的版本为最新。

如果软件更新失败，执行命令：

```
sudo apt-get install unziplrzsz//给 Ubuntu 安装 lrzsz，它是 Linux 中上传下载的工具
```

（2）安装 JDK。

执行命令：

```
apt-get install openjdk-8-jdk//安装 JDK
```

执行上述命令，实验结果如图 12.6 所示。

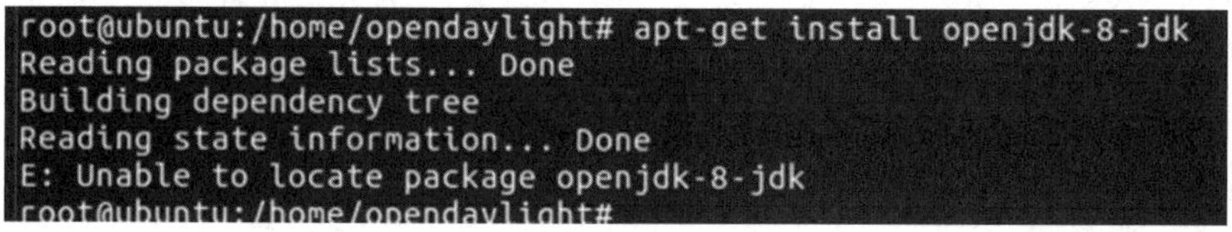

```
root@ubuntu:/home/opendaylight# apt-get install openjdk-8-jdk
Reading package lists... Done
Building dependency tree
Reading state information... Done
E: Unable to locate package openjdk-8-jdk
root@ubuntu:/home/opendaylight#
```

图 12.6　安装 JDK

（3）安装 Vim。

执行命令：

```
sudo apt install vim//安装 Vim
```

执行上述命令，实验结果如图 12.7 所示。

```
root@ubuntu:/home/opendaylight# sudo apt install vim
```

图 12.7　安装 Vim

（4）设置 Java 环境变量，编辑环境变量文档。

执行命令：

```
vim /etc/environment
```

按 i 对文档进行编辑。

在文档最末尾增加一行：

```
JAVA_HOME="/usr/lib/jvm/java-8-openjdk-amd64"
```

完成后按 Esc 键，执行 ":wq" 命令保存并退出。

重启系统，环境变量才能生效。

（5）重启虚拟机。

重启系统后，单击右键打开终端。

执行命令：

```
su root//进入 root 模式
```

再次输入密码（此处输入创建者自己创建的密码）。查看 Java 版本。

```
java -version//查看 Java 版本
```

执行上述命令，实验结果如图 12.8 所示。

```
root@ubuntu:/home/opendaylight# java -version
openjdk version "1.8.0_292"
OpenJDK Runtime Environment (build 1.8.0_292-8u292-b10-0ubuntu1~16.04.1-b10)
OpenJDK 64-Bit Server VM (build 25.292-b10, mixed mode)
```

图 12.8　查看 Java 版本

注意：按 i 对文档进行编辑，编辑完成后按 Esc 键，执行 ":wq" 命令保存并退出。（q 表示退出文件；wq 表示保存后退出文件；w 表示保存文件；q!表示强制退出。）

3. 下载 OpenDaylight 包

（1）从 OpenDaylight 官网下载，并下载 Nitrogen 版本 OpenDaylight，本书使用的 OpenDaylight 的版本号为 0.17.0。

（2）在安装文件夹中解压 OpenDaylight 包。

执行命令：

```
unzip karaf-0.17.0.zip
```

4. 修改配置

（1）打开 CFG 文档。

执行命令：

```
cd karaf-0.7.0/etc//进入 karaf-0.7.0 的 etc 文件夹
chmod 666 org.apache.karaf.management.cfg//将文档权限修改为用户都可以读写
vim org.apache.karaf.management.cfg//打开 org.apache.karaf.management.cfg 文档
```

（2）编辑文档。

按 i 对文档进行编辑。

找到 rmiRegistryHost 和 rmiServerHost。将后面的地址修改成以下内容：

```
rmiRegistryHost= 127.0.0.1
rmiServerHost= 127.0.0.1
```

完成后按 Esc 键，执行 ":wq" 命令保存并退出。

5. 运行 OpenDaylight 和功能组件的安装

执行命令：

```
cd karaf-0.7.0/bin//进入 Karaf 的 bin 目录
./karaf//运行 Karaf
```

执行上述命令，实验结果如图 12.9 所示。

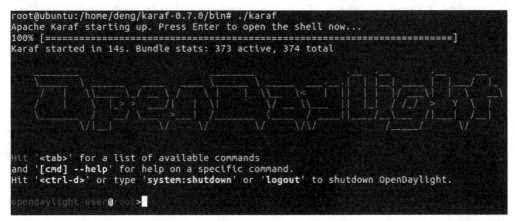

图 12.9　运行 OpenDaylight

功能组件可根据自身的需要进行安装，这里只简单说明基础功能组件的安装。

安装功能组件的命令为 feature，具体使用方法如下。

（1）安装某个功能组件，执行命令：

```
feature:install 功能组件名称
```

（2）同时安装多个功能组件，执行命令：

```
feature:install 功能组件 1 功能组件 2 功能组件 3...功能组件 n
```

注意：由于兼容性问题，不可能同时启动所有的 Karaf 功能组件，兼容性值表示如下。

① all。表示完全兼容其他功能，执行命令：

```
all
```

② self+all。表示可以与值为 all 的功能组件完全兼容使用，但是可能与其他值为"self+all"的功能组件不兼容，执行命令：

```
self+all
```

（3）安装支持 REST API 的功能组件，执行命令：

```
feature:install odl-restconf
```

（4）安装 L2 switch 和 OpenFlow 插件，执行命令：

```
feature:install odl-l2switch-switch-ui
feature:install odl-openflowplugin-flow- services- ui
```

（5）安装基于 Karaf 控制台的 md-sal 控制器功能组件，包括 nodes、yang UI、Topology，执行命令：

```
feature:install odl-mdsal-all
```

（6）安装 DLUX 功能组件，执行命令：

```
feature:install odl-dluxapps-applications
```

（7）查看已安装功能组件，执行命令：

```
feature:list -i
```

（8）关闭 OpenDaylight，执行命令：

```
logout
```

或者

```
system:shutdown
```

卸载已安装功能组件，必须关闭 OpenDaylight，删除对应的数据目录，然后重启 OpenDaylight。
（9）卸载 DLUX 功能组件，执行命令：

```
./karaf clean
```

注意：由于版本问题，很多功能组件的安装命令在不同的版本上会有所不同，详情见官方文档。

6. 登录和管理 Web UI

在虚拟机上打开浏览器。
输入网址：

```
http://localhost:8181/index.html
```

输入用户名：

```
admin
```

输入密码：

```
admin
```

完成上述步骤，实验结果如图 12.10 所示。

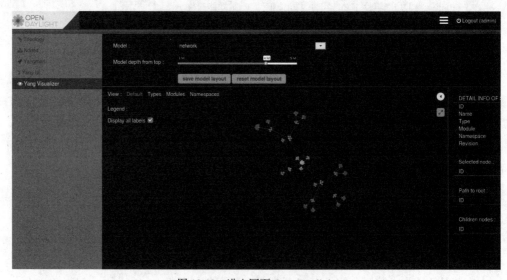

图 12.10　进入网页 OpenDaylight

7. 运用 OpenDaylight 和 Postman 查看交换机信息

（1）从官网下载 Postman 的 Linux 版本。
（2）执行命令：

```
tar -zxvf postman-linux-x64.tar.gz//解压缩 Postman 安装包，本书使用的 Postman 安装包解压缩
在 Home 文件夹下
```

执行上述命令，实验结果如图 12.11 所示。

图 12.11　解压缩 Postman

8. 启动 OpenDaylight 并在另一终端中清除 Mininet 中残留数据

执行命令：

```
cd karaf-0.7.0/bin//进入 Karaf 的 bin 目录
./karaf//启动 OpenDaylight
sudo mn -c//清除 Mininet 中残留的数据
```

执行上述命令，实验结果如图 12.12 所示。

```
*** Cleanup complete.
```

图 12.12　清除 Mininet 中残留数据

9. 生成拓扑并连接至 OpenDaylight

执行命令：

```
sudo mn --topo=single,3 --controller=remote,ip=127.0.0.1,port=6633 --switch ovsk,
protocols=OpenFlow1.3
```

利用 mn 命令创建网络拓扑，single 表示创建的网络拓扑类型为单一拓扑，3 表示该拓扑中交换机下连接 3 台主机，控制器为外部接入方式，控制器的 IP 地址为 127.0.0.1，端口号为 6633，开启 ovsk 模式，启用 OpenFlow 1.3 协议。

在虚拟机上打开浏览器。

输入地址：

```
http://localhost:8181/index.html
```

输入用户名：

```
admin
```

输入密码：

```
admin
```

在 Topology 页面单击 Reload。

完成上述步骤，实验结果如图 12.13 所示。

10. Postman 中获取交换机信息的方法

在 URL 栏中输入：

```
http://127.0.0.1:8181/restconf/operational/opendaylight-inventory:nodes/node/
openflow:1
```

提交方式选择 GET。单击 Authorization，在 Type 中选择 Basic Auth 标签，在页面右边填写

OpenDaylight 的用户名和密码（均为 admin）。

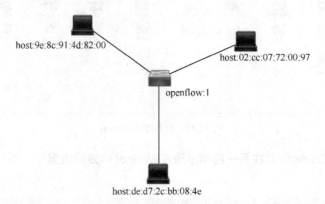

图 12.13　本次实验拓扑结构

单击 Send。

完成上述步骤，实验结果如图 12.14 所示。

图 12.14　Postman 与传递的 JSON 数据

12.3　OpenDaylight 及 Postman 实现流表下发

12.3.1　主要命令介绍

（1）pingall：在 Mininet 网络拓扑中的主机间发送报文以测试链路连通性。

（2）sudo mn -c：清除 Mininet 中残留数据。

（3）mn --topo=single,3：创建单个交换机 3 个主机的拓扑网络结构。

12.3.2　实验目的

为支持大规模的 SDN，OpenFlow 交换机需要存储大量的流表项来处理接收到的流量。然而，受限于交换机 TCAM 内存容量，流表所能存储的流表项数目是有限的。同时，由于 TCAM 十分耗能且昂贵，为适应大规模流量场景而增加 TCAM 容量以容纳更多的流表项是不现实的。

OpenFlow 协议通过超时机制来缓解交换机流表容量有限的问题。该机制让流表项只在一段时间内生效，并自动清理掉旧的、失效的流表项，腾出流表容量，以添加新的流表项。OpenFlow 协议的流表项超时机制的核心是有效时间，用户可以为每条流表项指定一个有效时间，在控制器向交换机下发流表项时设定。如果某条流表项存在的时间或未被匹配到的时间超过预设的有效时间，OpenFlow 交换机会主动移除该流表项。

有效时间又分为空闲超时（Idle Timeout）和硬超时（Hard Timeout）。

空闲超时：流表项的 idle_timeout 字段非 0。在空闲超时这段时间内，如果没有任何数据报匹配该流表项，则交换机会主动将该流表项从流表中移除。空闲超时即流表项从交换机设备移除的相对时间。

硬超时：流表项 hard_timeout 字段非 0。当该流表项的存在时间超过了预设置的硬超时，流表项就会被交换机从流表中移除。硬超时即流表项从交换机移除的绝对时间。

本次实验 OpenDaylight 及 Postman 下发关于硬超时的流表，实现拓扑内主机 h1 和 h3 在一定时间内的网络断开。Postman 是一个 HTTP 请求工具，可用于 REST API 的调试。

通过本次实验读者将会更加深入地理解 OpenDaylight 的流表下发的过程，理解 OpenFlow 协议硬超时机制。本实验需要在 Ubuntu 下使用 Postman 和 OpenDaylight 观察 OpenFlow 超时机制。

12.3.3　实验步骤

实验步骤如下。

1. 启动 OpenDaylight 并在另一个终端中清除 Mininet 中残留数据

执行命令：

```
su root//进入 root 模式
```

再次输入密码（此处输入创建者自己创建的密码）。

```
cd karaf-0.7.0/bin//进入 Karaf 的 bin 目录
./karaf //启动 OpenDaylight
sudo mn -c//清除 Mininet 中残留数据
```

执行上述命令，实验结果如图 12.15 所示。

图 12.15　清除 Mininet 中残留数据

2. 生成拓扑并连接至 OpenDaylight

执行命令：

```
sudo mn --topo=single,3 --controller=remote,ip=127.0.0.1,port=6633 --switch ovsk,
protocols=OpenFlow1.3
```

利用 mn 命令创建网络拓扑，single 表示创建的网络拓扑类型为单一拓扑，3 表示该拓扑中交换机下连接 3 台主机，控制器使用外部接入方式，控制器的 IP 地址为 127.0.0.1，端口号为 6633，开启 ovsk 模式，启用 OpenFlow 1.3 协议。

执行上述命令，实验结果如图 12.16 所示。

```
root@ubuntu:/home/deng# sudo mn --topo=single,3 --controller=remote,ip=127.0.0.1
,port=6633 --switch ovsk,protocols=OpenFlow13
*** Creating network
*** Adding controller
*** Adding hosts:
h1 h2 h3
*** Adding switches:
s1
*** Adding links:
(h1, s1) (h2, s1) (h3, s1)
*** Configuring hosts
h1 h2 h3
*** Starting controller
c0
*** Starting 1 switches
s1 ...
*** Starting CLI:
mininet>
```

图 12.16 生成拓扑

执行命令：

```
pingall//查看连通情况
```

执行上述命令，实验结果如图 12.17 所示。

```
mininet> pingall
*** Ping: testing ping reachability
h1 -> h2 h3
h2 -> h1 h3
h3 -> h1 h2
*** Results: 0% dropped (6/6 received)
mininet>
```

图 12.17 查看连通情况

在虚拟机上打开浏览器。

输入地址：

```
http://localhost:8181/index.html
```

输入用户名：

```
admin
```

输入密码：

```
admin
```

在 Topology 页面单击 Reload。

完成上述步骤，实验结果如图 12.18 所示。

可以看到此时 Mininet 已经连接上 OpenDaylight。

3. 对 Postman 进行相关设置

（1）清除控制器中的残留流表。

在 URL 栏中输入：

```
http://127.0.0.1:8181/restconf/config/opendaylight-inventory:nodes/node/openflow:1
```

提交方式选择 DELETE。

单击 Authorization，在 Type 中选择 Basic Auth 标签，在页面右边填写 OpenDaylight 的用户名

和密码（均为 admin）。

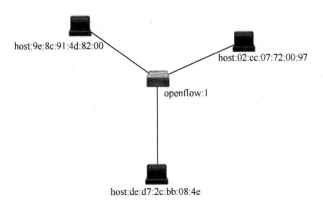

图 12.18　查看本次实验拓扑

单击 Send。

完成上述步骤，实验结果如图 12.19 所示。

图 12.19　Postman 设置（1）

（2）设置 Body 参数。

在 URL 栏中输入：

```
http://127.0.0.1:8181/restconf/config/opendaylight-inventory:nodes/node/openflow:1/
flow-node-inventory:table/0/flow/1
```

单击 Body，选择 raw。

填写 Body 内容。

完成上述步骤，实验结果如图 12.20 所示。

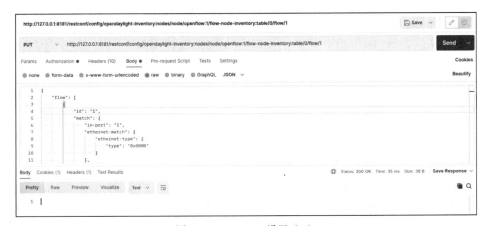

图 12.20　Postman 设置（2）

JSON 数据（供参考）：

```
{
    "flow": [
        {
            "id": "1",
            "match": {
                "in-port": "1",
                "ethernet-match": {
                    "ethernet-type": {
                        "type": "0x0800"
                    }
                },
                "ipv4-destination": "10.0.0.3/32"
            },
            "instructions": {
                "instruction": [
                    {
                        "order": "0",
                        "apply-actions": {
                            "action": [
                                {
                                    "order": "0",
                                    "drop-action": {}
                                }
                            ]
                        }
                    }
                ]
            },
            "flow-name": "flow1",
            "priority": "65535",
            "hard-timeout": "10",
            "cookie": "2",
            "table_id": "0"
        }
    ]
}
```

注意：JSON 数据中的 hard-timeout 为 10，即硬超时设置为 10s。

（3）验证实验。

切换到运行 Mininet 的终端。

执行命令：

```
h1 ping h3//在 Mininet 中执行 h1 ping h3
```

切换到 Postman。

提交方式选择 PUT。

单击 Send。

如果发现在 h1 ping h3 的过程中有 10s 是间断的，即符合预期。

完成上述步骤，实验结果如图 12.21 所示。

注意：Postman 和终端中的内容，Postman 控制台中返回的消息应该为"1"，且 Status 为 200 OK；再观察终端，在 h1 ping h3 的过程中是否有 10s 的中断，如果有，且 10s 后接着又出现 h1 ping h3 的数据，则代表成功。

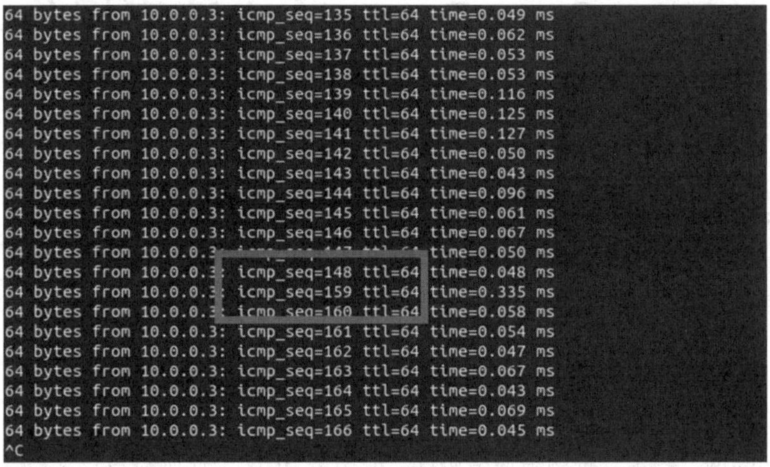

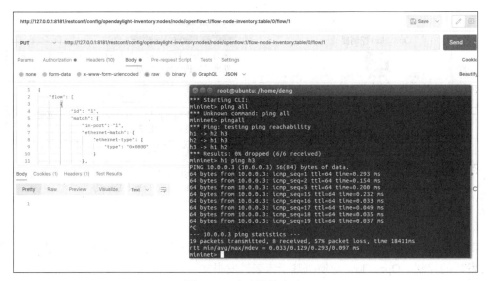

图 12.21　实验结果（1）

（4）实验成功。

完整示例如图 12.22 所示。

图 12.22　实验结果（2）

常见问题及解答。

（1）发现在 pingall 的时候 ping 不通，这可能是由于控制器有旧的流表残留。

执行命令，删除残余流表：

```
sudo mn -c
```

另外，也有可能是因为 OpenDaylight 的功能组件没有装好，参考 12.2.3 节安装 OpenDaylight 的功能组件即可。

（2）Postman 出现 400 Bad Request。请仔细检查 JSON 数据格式或者字符是否有错，检查 URL 是否填写有误，再在 OpenDaylight 网页中检查交换机是否为 openflow:1。该部分需要仔细填写。

12.4 OpenDaylight 之流表操作

12.4.1 主要命令介绍

（1）links：查看链路接口以及接口状态。

（2）dpctl dump-flows：显示 Mininet 网络拓扑中所有交换机的流表信息。

（3）dpctl del-flows：删除 Mininet 网络拓扑中所有交换机的流表信息。

12.4.2 实验目的

首先理解 SDN 的核心思想：数据平面、控制平面分离。

对于 OpenFlow，它是一种网络通信协议，应用于 SDN 中控制器与转发器之间的通信，如图 12.23 所示。

OpenFlow 是控制器与交换机之间的一种南向接口协议。它定义了 3 种类型的消息，即 Controller-to-Switch 消息、Asynchronous 消息、Symmetric 消息。每一种消息又包含很多子类型消息。

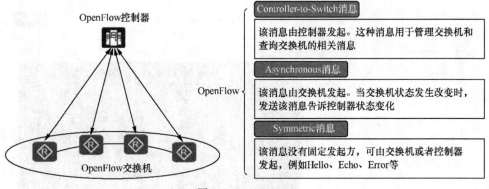

图 12.23 OpenFlow

而对于流表，它通过控制器将 OpenFlow 提供的接口部署在相应的服务器上，从而实现控制器对转发器的控制。OpenFlow 交换机基于流表转发报文。

每个流表项由 Match Fields、Priority、Counters、Instructions、Timeout、Cookie、Flags 这 7 部分组成，如图 12.24 所示。

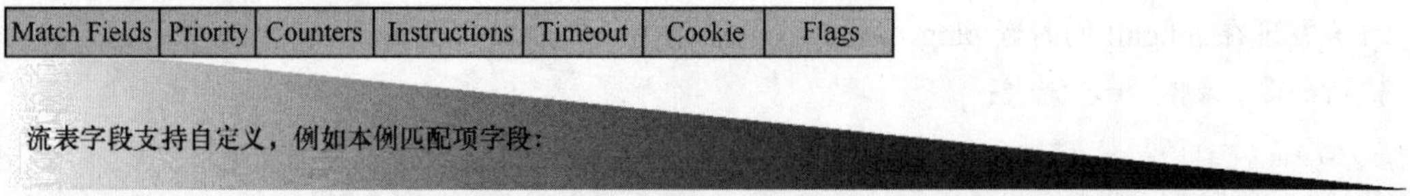

Match Fields	Priority	Counters	Instructions	Timeout	Cookie	Flags

流表字段支持自定义，例如本例匹配项字段：

Ingress Port	Ether Source	Ether Dst	Ether Type	VLAN ID	VLAN Priority	IP Src	IP Dst	TCP Src Port	TCP Dst Port
3	MAC1	MAC2	0x8100	10	7	IP1	IP2	5321	8080

图 12.24 流表

Match Fields：流表项匹配项（OpenFlow 1.5.1 支持 45 个可选匹配项），可以匹配入接口、物理入接口、流表间数据、二层报文头、三层报文头、四层端口号等。

Priority：流表项优先级，定义流表项之间的匹配顺序，优先级高的先匹配。

Counters：流表项统计计数，统计有多少个报文和字节匹配到流表项。

Instructions：流表项行动指令集，定义匹配到流表项的报文需要进行的处理。当报文匹配流表项时，每个流表项包含的指令集就会执行。这些指令会影响到报文、行动集以及管道流程。

Timeout：流表项的超时时间，包括 Idle Timeout 和 Hard Timeout。Idle Timeout：在超时后如果没有报文匹配到流表项，则流表项被删除。Hard Timeout：在超时后，无论是否有报文匹配到流表项，流表项都会被删除。

Cookie：控制器下发的流表项的标识。

Flags：用于改变流表项的管理方式。

转发和获取流表步骤如下，示例架构如图 12.25 所示。

假设：h1 与 s1 相连端口为 2，s1 与 s2 相连端口为 1，s2 与 s1 相连端口为 1，h2 与 s2 相连端口为 2。

h1 想对 h2 发送数据包，先把数据包交给 s1，但是 s1 中没有相应匹配项，即没有 in-port 为 2 的匹配项，所以 s1 发送 Packet-in 消息给控制器，控制器下发流表给 s1，s1 根据发送过来的流表将数据包发送给 s2；s2 收到后发现流表中也无匹配项，则再次发送 Packet-in 消息给控制器，控制器发送流表给 s2，s2 根据流表把数据包转发给 h2，最后 h2 收到来自 h1 的数据包。

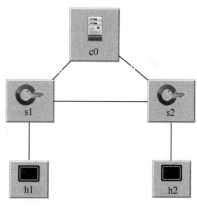

图 12.25　示例架构

本次实验将会搭建一个拓扑结构，对 OpenDaylight 控制器中下发的流表进行操作。读者将会通过实验更加深入地了解流表和交换机的转发过程。

12.4.3　实验步骤

实验步骤如下。

1. 启动 OpenDaylight 并在另一个终端中清除 Mininet 中残留数据

执行命令：

```
cd karaf-0.7.0/bin    //进入 Karaf 的 bin 目录
./karaf               //启动 OpenDaylight
sudo mn -c            //清除 Mininet 中残留数据
```

执行上述命令，实验结果如图 12.26 所示。

```
*** Cleanup complete.
```

图 12.26　清除 Mininet 中残留数据

2. 运行 miniedit.py

执行命令：

```
cd mininet/mininet/examples    //进入 mininet 文件夹下的 examples 文件夹
sudo ./miniedit.py             //运行 miniedit.py
```

执行上述命令，实验结果如图 12.27 所示。

```
root@ubuntu: /home/deng/mininet/mininet/examples
deng@ubuntu:~$ su root
Password:
root@ubuntu:/home/deng# cd mininet/mininet/examples
root@ubuntu:/home/deng/mininet/mininet/examples# sudo ./miniedit.py
```

图 12.27　运行 miniedit.py

3. 建立拓扑

打开 MiniEdit 的图形化用户界面后，左侧工具依次是主机、OpenFlow 交换机、传统交换机、传统路由器以及控制器。

按照图 12.28 建立拓扑。

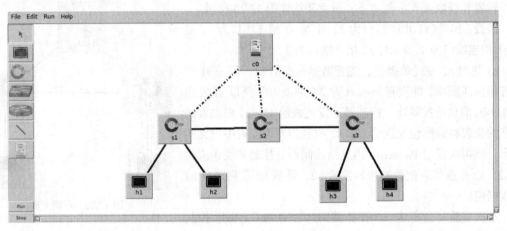

图 12.28　建立拓扑

（1）单击 Edit，单击 Preferences，如图 12.29 所示。

按图 12.30 所示配置依次填写以下信息。

IP Base：192.168.10.0/24。

勾选 Start CLI。

Default Switch：Open vSwitch Kernel Mode。

单击 OK 保存设置。

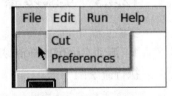

图 12.29　配置（1）

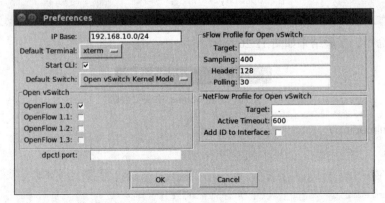

图 12.30　配置（2）

（2）对控制器、OpenFlow 交换机、主机进行配置。

在设备图标上单击右键，在弹出的快捷菜单中选择 Properties 进行配置。控制器配置、交换机配置、主机配置分别如图 12.31～图 12.38 所示。具体如下，控制器类型选择远端控制器 Remote Controller；交换机 DPID 为 16 位，3 台交换机的 DPID 分别为 0000000000000001、0000000000000002 和 0000000000000003，类型是 Open vSwitch 内核模式；主机设置 IP 地址需在 IP Base 的网段下，4 台主机的 IP 地址分别为 192.168.10.1、192.168.10.2、192.168.10.3、192.168.10.4。

图 12.31　配置（3）

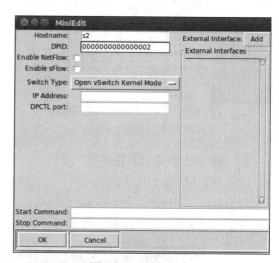

图 12.32　配置（4）　　　　　　　　图 12.33　配置（5）

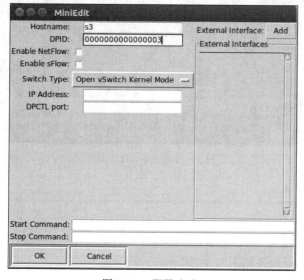

图 12.34　配置（6）

| Properties | VLAN Interfaces | External Interfaces | Private Directories |

MiniEdit

Hostname: h1
IP Address: 192.168.10.1
Default Route:
Amount CPU: [host]
Cores:
Start Command:
Stop Command:

图 12.35　配置（7）

MiniEdit

Hostname: h2
IP Address: 192.168.10.2
Default Route:
Amount CPU: [host]
Cores:
Start Command:
Stop Command:

图 12.36　配置（8）

MiniEdit

Hostname: h3
IP Address: 192.168.10.3
Default Route:
Amount CPU: [host]
Cores:
Start Command:
Stop Command:

图 12.37　配置（9）

MiniEdit

Hostname: h4
IP Address: 192.168.10.4
Default Route:
Amount CPU: [host]
Cores:
Start Command:
Stop Command:

图 12.38　配置（10）

4. 运行拓扑并查看连接情况

（1）查看 Mininet 中的情况。

单击 Run，切换到运行 Mininet 的终端。

完成上述步骤，实验结果如图 12.39 所示。

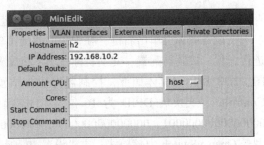

```
Getting Hosts and Switches.
Getting controller selection:remote
Getting Links.
*** Configuring hosts
h2 h3 h1 h4
**** Starting 1 controllers
c0
**** Starting 3 switches
s1 s2 s3
No NetFlow targets specified.
No sFlow targets specified.

 NOTE: PLEASE REMEMBER TO EXIT THE CLI BEFORE YOU PRESS THE STOP BUTTON. Not exi
ting will prevent MiniEdit from quitting and will prevent you from starting the
network again during this session.

*** Starting CLI:
mininet>
```

图 12.39　查看 Mininet 中的情况

（2）查看链路连通情况。

执行命令：

```
pingall//查看连通情况
```

执行上述命令，实验结果如图 12.40 所示。

（3）进入 OpenDaylight 页面。

在虚拟机上打开浏览器。

输入地址：

```
http://localhost:8181/index.html
```

```
Getting Links.
*** Configuring hosts
h2 h3 h1 h4
**** Starting 1 controllers
c0
**** Starting 3 switches
s1 s2 s3
No NetFlow targets specified.
No sFlow targets specified.

 NOTE: PLEASE REMEMBER TO EXIT THE CLI BEFORE YOU PRESS THE STOP BUTTON. Not exi
ting will prevent MiniEdit from quitting and will prevent you from starting the
network again during this session.

*** Starting CLI:
mininet> pingall
*** Ping: testing ping reachability
h2 -> h3 h1 h4
h3 -> h2 h1 h4
h1 -> h2 h3 h4
h4 -> h2 h3 h1
*** Results: 0% dropped (12/12 received)
mininet>
```

图 12.40　查看链路连通情况

输入用户名：

```
admin
```

输入密码：

```
admin
```

在 Topology 页面单击 Reload。

完成上述步骤，实验结果如图 12.41 所示。

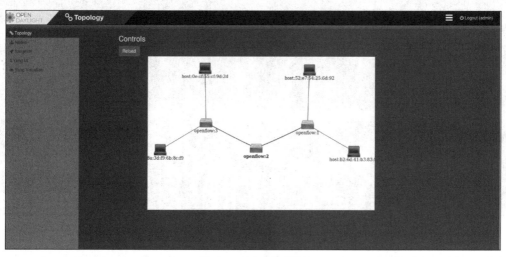

图 12.41　实验拓扑图

（4）查看链路接口状态。

切换到运行 Mininet 的终端。

执行命令：

```
links//查看链路接口以及接口状态
```

执行上述命令，实验结果如图 12.42 所示。

（5）查看交换机 s2 的流表。

执行命令：

```
dpctl dump-flows//查看流表
```

```
mininet> links
s1-eth1<->s2-eth1 (OK OK)
s2-eth2<->s3-eth1 (OK OK)
s3-eth2<->h3-eth0 (OK OK)
s3-eth3<->h4-eth0 (OK OK)
s1-eth2<->h1-eth0 (OK OK)
s1-eth3<->h2-eth0 (OK OK)
```

图 12.42　查看链路接口状态

执行上述命令，实验结果如图 12.43 所示。

```
NXST_FLOW reply (xid=0x4):
 cookie=0x2b00000000000005, duration=4664.546s, table=0, n_packets=1866, n_bytes
=158610, idle_age=4, priority=100,dl_type=0x88cc actions=CONTROLLER:65535
 cookie=0x2b0000000000000e, duration=4660.595s, table=0, n_packets=119, n_bytes=
9895, idle_age=112, priority=2,in_port=2 actions=output:1
 cookie=0x2b0000000000000f, duration=4660.595s, table=0, n_packets=117, n_bytes=
9699, idle_age=112, priority=2,in_port=1 actions=output:2
 cookie=0x2b00000000000004, duration=4664.572s, table=0, n_packets=25, n_bytes=3
870, idle_age=4661, priority=0 actions=drop
```

图 12.43　查看交换机 s2 的流表

5．OpenDaylight 中的相关配置

（1）在 OpenDaylight 页面中找到 Yang UI，如图 12.44 所示，单击 API 标签，依次单击 opendaylight-inventory rev.2013-08-19、config、node、node{id}、table{id}、flow{id}。

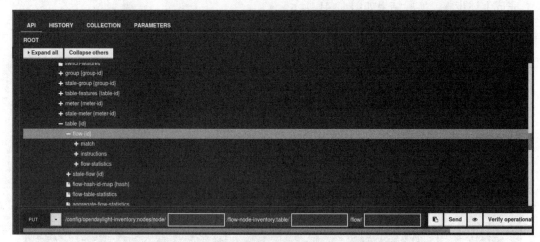

图 12.44　Yang UI 中配置（1）

（2）观察终端中执行 links 命令之后的数据，在 URL 中分别填写 openflow:2、0 和 1，提交方式选择 PUT。

完成上述步骤，如图 12.45 所示。

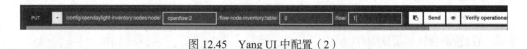

图 12.45　Yang UI 中配置（2）

（3）查看 h1 和 h3 的信息，切换到运行 Mininet 的终端。

执行命令：

```
h1 ifconfig//查看 h1 的网络配置情况
```

h3 ifconfig//查看 h3 的网络配置情况

执行上述命令，实验结果如图 12.46 和图 12.47 所示。

```
mininet> h1 ifconfig
h1-eth0   Link encap:Ethernet   HWaddr b2:6d:41:b3:83:9f
          inet addr:192.168.10.1  Bcast:192.255.255.255  Mask:255.0.0.0
          inet6 addr: fe80::b06d:41ff:feb3:839f/64 Scope:Link
          UP BROADCAST RUNNING MULTICAST  MTU:1500  Metric:1
          RX packets:425 errors:0 dropped:299 overruns:0 frame:0
          TX packets:26 errors:0 dropped:0 overruns:0 carrier:0
          collisions:0 txqueuelen:1000
          RX bytes:39247 (39.2 KB)  TX bytes:1916 (1.9 KB)

lo        Link encap:Local Loopback
          inet addr:127.0.0.1  Mask:255.0.0.0
          inet6 addr: ::1/128 Scope:Host
          UP LOOPBACK RUNNING  MTU:65536  Metric:1
          RX packets:0 errors:0 dropped:0 overruns:0 frame:0
          TX packets:0 errors:0 dropped:0 overruns:0 carrier:0
          collisions:0 txqueuelen:1000
          RX bytes:0 (0.0 B)  TX bytes:0 (0.0 B)
```

图 12.46　h1 的网络配置情况

```
mininet> h3 ifconfig
h3-eth0   Link encap:Ethernet   HWaddr 8a:3d:f9:6b:8c:f9
          inet addr:192.168.10.3  Bcast:192.255.255.255  Mask:255.0.0.0
          inet6 addr: fe80::883d:f9ff:feb6:8cf9/64 Scope:Link
          UP BROADCAST RUNNING MULTICAST  MTU:1500  Metric:1
          RX packets:440 errors:0 dropped:313 overruns:0 frame:0
          TX packets:26 errors:0 dropped:0 overruns:0 carrier:0
          collisions:0 txqueuelen:1000
          RX bytes:40640 (40.6 KB)  TX bytes:1916 (1.9 KB)

lo        Link encap:Local Loopback
          inet addr:127.0.0.1  Mask:255.0.0.0
          inet6 addr: ::1/128 Scope:Host
          UP LOOPBACK RUNNING  MTU:65536  Metric:1
          RX packets:0 errors:0 dropped:0 overruns:0 frame:0
          TX packets:0 errors:0 dropped:0 overruns:0 carrier:0
          collisions:0 txqueuelen:1000
          RX bytes:0 (0.0 B)  TX bytes:0 (0.0 B)
```

图 12.47　h3 的网络配置情况

（4）填写流表相关信息。

将图 12.48 所示的各个选项展开。

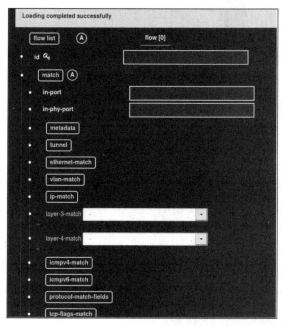

图 12.48　Yang UI 中配置（3）

依次填写如下内容。

id：1。

match/in-port：1。

复制 h1 的 MAC 地址（HWaddr）到 ethernet-match/ethernet-source/address。

复制 h3 的 MAC 地址（HWaddr）到 ethernet-match/ethernet-destination/address。

Type：0x0800。

Priority：100。

Table_id：0。

部分配置如图 12.49 所示。

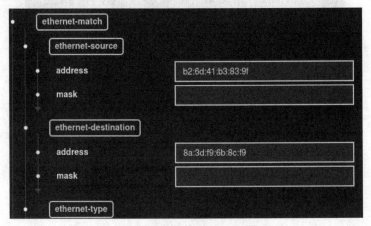

图 12.49　Yang UI 中配置（4）

单击 Send，出现 Request sent successfully 即表示消息成功发送。

完成上述步骤，实验结果如图 12.50 所示。

Request sent successfully

图 12.50　消息发送成功

交换 h3 和 h1 的 ethernet-source 字段和 ethernet-destination 字段。

id 修改为 2。

in-port 改为 2。

填写完毕后，结果如图 12.51 所示。

单击 Send，出现 Request sent successfully 即表示消息成功发送。

完成上述步骤，实验结果如图 12.52 所示。

6．查看交换机流表

（1）重新测试链路连通情况。

切换到运行 Mininet 的终端，执行命令：

```
pingall//查看连通情况
```

执行上述命令，实验结果如图 12.53 所示。

flow list
A
flow <id:2>
id
2
match
A
in-port
2
in-phy-port
metadata
tunnel
ethernet-match
ethernet-source
address
8a:3d:f9:6b:8c:f9
mask
ethernet-destination
address
b2:6d:41:b3:83:9f
mask
ethernet-type

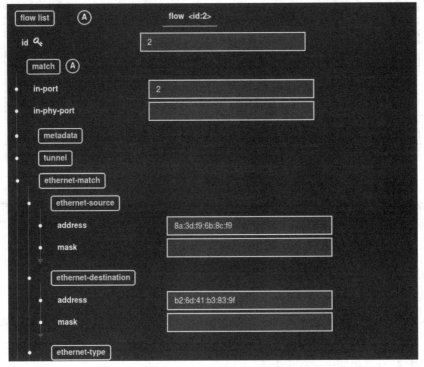

图 12.51　Yang UI 中配置（5）

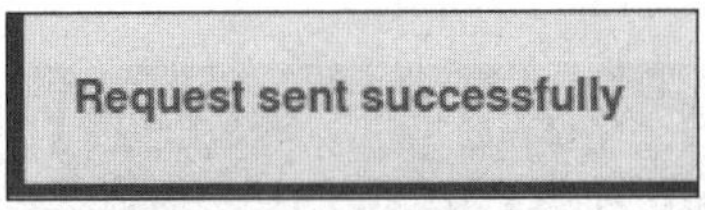

Request sent successfully

图 12.52　消息发送成功

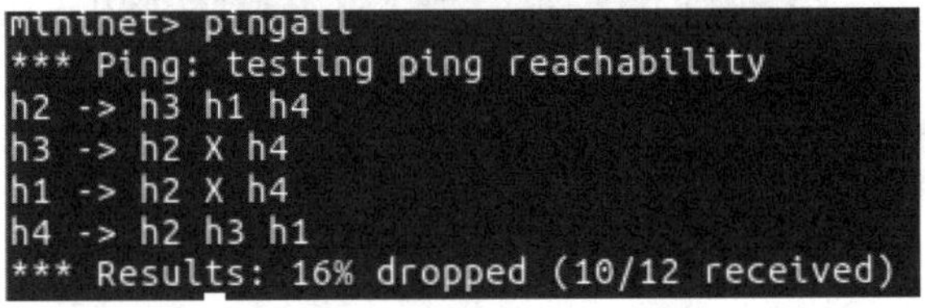

mininet> pingall
*** Ping: testing ping reachability
h2 -> h3 h1 h4
h3 -> h2 X h4
h1 -> h2 X h4
h4 -> h2 h3 h1
*** Results: 16% dropped (10/12 received)

图 12.53　重新执行 pingall 命令

（2）查看 s2 的流表。

执行命令：

```
dpctl dump-flows//查看流表的命令，查看 s2 的流表
```

执行上述命令，实验结果如图 12.54 所示。

因为增添的流表信息优先级高且行动为 Drop，所以可以观察到 h1 和 h3 无法互通。

7. 删除流表

（1）删除流表配置。

如图 12.55 所示，提交方式选择 DELETE，在 URL 中分别填写 openflow:2、0 和 1。

单击 Send。

```
*** s2 ------------------------------------
NXST_FLOW reply (xid=0x4):
 cookie=0x2b00000000000005, duration=5761.036s, table=0, n_packets=2306, n_bytes
=196010, idle_age=0, priority=100,dl_type=0x88cc actions=CONTROLLER:65535
 cookie=0x0, duration=960.025s, table=0, n_packets=2, n_bytes=196, idle_age=942,
 priority=100,ip,in_port=1,dl_src=b2:6d:41:b3:83:9f,dl_dst=8a:3d:f9:6b:8c:f9 act
ions=drop
 cookie=0x0, duration=11.536s, table=0, n_packets=0, n_bytes=0, idle_age=11, pri
ority=100,ip,in_port=2,dl_src=8a:3d:f9:6b:8c:f9,dl_dst=b2:6d:41:b3:83:9f actions
=drop
 cookie=0x2b0000000000000e, duration=5757.085s, table=0, n_packets=138, n_bytes=
11085, idle_age=927, priority=2,in_port=2 actions=output:1
 cookie=0x2b0000000000000f, duration=5757.085s, table=0, n_packets=135, n_bytes=
10791, idle_age=927, priority=2,in_port=1 actions=output:2
 cookie=0x2b00000000000004, duration=5761.062s, table=0, n_packets=25, n_bytes=3
870, idle_age=5757, priority=0 actions=drop
```

图 12.54　再次查看 s2 的流表

图 12.55　删除流表配置

（2）删除流表。

切换到运行 Mininet 的终端，执行命令：

```
pingall（查看连通情况）
```

实验结果如图 12.56 所示。观察 h1 和 h3 是否可以交换信息。由图 12.56 所示结果可知，h1 和 h3 可以交换信息，说明流表删除成功。

```
mininet> pingall
*** Ping: testing ping reachability
h2 -> h3 h1 h4
h3 -> h2 h1 h4
h1 -> h2 h3 h4
h4 -> h2 h3 h1
*** Results: 0% dropped (12/12 received)
```

图 12.56　再次执行 pingall 命令

第13章
SDN OpenFlow 协议

本章主要介绍 OpenFlow 工作原理、操作命令、实验步骤和实验结果展示等。
本章的主要内容是：
（1）OpenFlow 操作过程；
（2）OpenFlow 流表操作过程。

OpenFlow 实验

13.1　OpenFlow 概述

　　OpenFlow 是专为 SDN 设计的标准接口，提供了可以跨多种网络设备的高性能的、精细的流量控制。OpenFlow 交换机包括一个流表，流表负责执行数据包的查表和转发，交换机的每一个流表保存一组流的记录。控制器和交换机之间的通信采用 OpenFlow 协议实现，经过安全信道在实体之间传递一组预定义的消息，安全信道是将每一个交换机连接到控制器的接口。OpenFlow 协议定义了如下 3 种消息，每种又有若干子类型消息。
　　（1）Controller-to-Switch 消息：用于直接管理交换机或查看交换机的状态。
　　（2）Symmetric 消息：既能够由交换机主动发送，也能够由控制器主动发送。
　　（3）Asynchronous 消息：由交换机发送，用来向控制器通告网络事件和交换机状态的变化。
北向接口在软件中定义，而控制器和交换机之间的通信交互则离不开硬件实现方案。

13.2　OpenFlow 工作原理

13.2.1　主要命令介绍

　　（1）cd dir：切换到指定目录。
　　（2）ls：显示当前文件夹下的文件。
　　（3）su root：进入 root 模式。

13.2.2　实验目的

　　控制器对交换机的控制和管理可以通过 OpenFlow 协议实现。首先控制器和交换机之间通过建立 OpenFlow 信道实现信息交互。如果交换机与多个控制器建立 OpenFlow 多连接，那么此时控制器会将自己扮演的角色通过 OpenFlow 信道告知交换机。

随后，控制器将转发信息数据库或用户策略表，通过 OpenFlow 信道下发到交换机。交换机根据转发信息数据库进行协议计算生成 ARP 表项，从而完成数据的转发；或者根据用户策略表信息，完成数据转发。

13.2.3　实验步骤

1. 使用 MiniEdit 构建网络拓扑图

（1）打开终端，执行命令：

```
su root//进入 root 模式
```

（2）在 root 模式下，执行命令：

```
cd mininet//切换到 mininet 文件夹
ls//查看 mininet 文件夹下的文件
cd examples//切换到 examples 文件夹
ls//查看 examples 文件夹下的文件
./miniedit.py//打开 MiniEdit 可视化界面
```

执行上述命令之后，构建如图 13.1 所示的拓扑并将此拓扑保存为 Python 文件，命名为 2020.py。

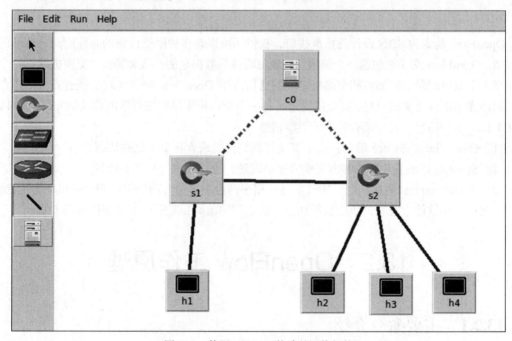

图 13.1　使用 MiniEdit 构建的网络拓扑

2. 了解 OpenFlow 工作流程

如果主机 h1 要与 h3 进行通信，h1 向网络发送数据包，这里数据包发送给交换机 s1。由于刚开始时，交换机 s1 的流表中没有匹配项，也就是说 s1 没有 in_port=2（h1 所在端口）的流表项。s1 会发送 Packet_in 消息给控制器，控制器收到 Packet_in 消息后回复 Packet_out 消息给 s1，下发流表，s1 根据收到的流表转发数据包给 s2。s2 收到数据包后由于也没有匹配项，于是 s2 发送 Packet_in 消息给控制器，控制器收到 Packet_in 消息后回复 Packet_out 消息，并下发流表给 s2， s2 根据流表转发数据包给 h3。

　　h3 收到数据包后想发送消息给 h1，数据包到达 s2 之后，由于没有 in_port=2（h3 所在端口）的流表项，s2 还是得发送 Packet_in 消息给控制器。控制器回复 Packet_out 消息下发流表，s2 根据收到的流表项转发数据包给 s1，s1 收到数据包后根据流表项转发数据包给 h1。

13.3　OpenFlow 流表的基本操作

13.3.1　主要命令介绍

（1）dpctl dump-flows：查看流表。

（2）dpctl add-flow in_port=1,actions=output:2：添加流表。

（3）dpctl add-flow in_port=2,actions=drop：添加丢弃数据包流表。

（4）dpctl del-flows：删除所有交换机的所有流表。

（5）dpctl del-flows in_port=2：删除所有交换机的特定流表。

（6）sh ovs-ofctl del-flows s1 in_port=2：删除某个交换机的流表。

（7）ryu-manager simple_switch.py：打开 Ryu 控制器。

（8）a ping b：测试主机之间网络的连通性和丢包率。

13.3.2　实验目的

　　OpenFlow 是一种新型的网络协议，它是控制器和交换机之间的标准协议。自 2009 年底发布 1.0 版本后，OpenFlow 协议又经历了 1.1、1.2、1.3 及 1.4 版本的演进过程，目前使用和支持最多的是 1.0 和 1.3 版本。本节实验需要读者掌握 OpenFlow 流表和流表项基础知识，能够熟练运用相关命令对一些简单场景进行控制、配置。

13.3.3　实验步骤

1. 查找 Python 文件

（1）打开终端，执行命令：

```
su root//进入 root 模式
```

（2）root 模式下，执行命令：

```
cd mininet//切换到 mininet 文件夹
ls//查看 mininet 文件夹下的文件
cd examples//切换到 examples 文件夹下
ls//查看 examples 文件夹下的文件，查找到之前保存的 Python 执行文件
```

执行上述命令之后，结果如图 13.2 所示。

2. 打开 Ryu 控制器

（1）重新在桌面打开一个终端，执行命令：

```
su root//进入 root 模式
```

（2）root 模式下，执行命令：

```
cd//切换到 home 文件夹
ls//查看 home 文件夹下的文件
cd ryu//切换到 ryu 文件夹
ls//查看 ryu 文件夹下的文件
cd app//切换到 app 文件夹
ls//查看 app 文件夹下的文件
ryu-manager simple_switch.py//打开 Ryu 控制器
```

图 13.2　查找 Python 文件

执行上述命令之后，结果如图 13.3 所示。

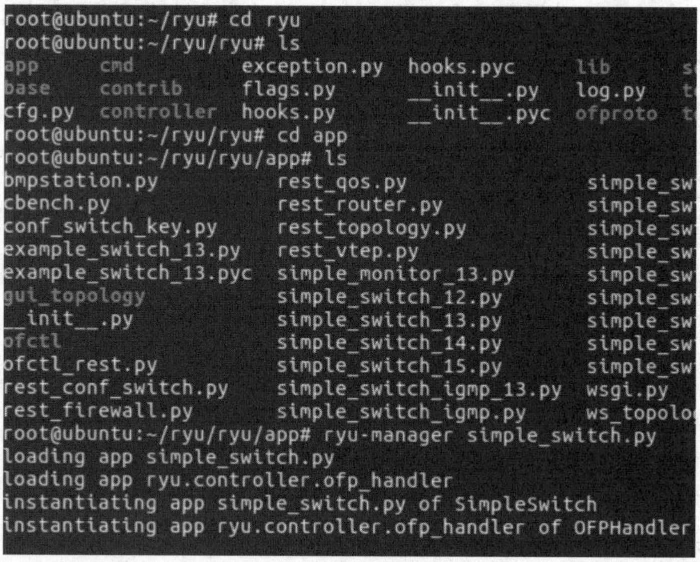

图 13.3　打开 Ryu 控制器

3. 运行 Python 文件

（1）回到 Mininet 终端，执行命令：

```
python 2020.py//编译运行 Python 文件
```

（2）编译完毕后，继续执行命令：

```
nodes//查看网络拓扑中的所有节点
links//查看网络拓扑中的所有链路
```

执行上述命令之后，结果如图 13.4 所示。

```
root@ubuntu:/home/li/mininet/mininet/examples# python 2020.py
*** Adding controller
*** Add switches
*** Add hosts
*** Add links
*** Starting network
*** Configuring hosts
h1 h3 h2 h4
*** Starting controllers
*** Starting switches
*** Post configure switches and hosts
*** Starting CLI:
mininet> nodes
available nodes are:
c0 h1 h2 h3 h4 s1 s2
mininet> links
s1-eth1<->s2-eth1 (OK OK)
h1-eth0<->s1-eth2 (OK OK)
h2-eth0<->s2-eth2 (OK OK)
h3-eth0<->s2-eth3 (OK OK)
h4-eth0<->s2-eth4 (OK OK)
mininet>
```

图 13.4　查看节点和链路

4. 流表项的查看、删除操作

（1）在 Mininet 终端，执行命令：

```
dpctl dump-flows//查看网络拓扑中的流表项，发现此时链路中没有任何流表项
pingall//测试所有主机之间网络的连通性以及丢包率
```

执行上述命令之后，结果如图 13.5 所示。

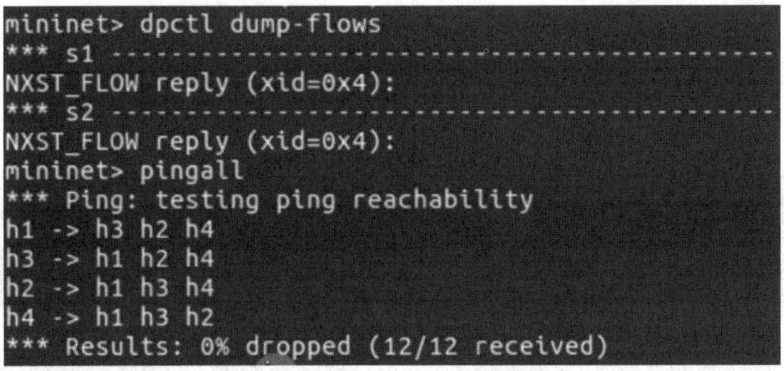

```
mininet> dpctl dump-flows
*** s1 ------------------------------------
NXST_FLOW reply (xid=0x4):
*** s2 ------------------------------------
NXST_FLOW reply (xid=0x4):
mininet> pingall
*** Ping: testing ping reachability
h1 -> h3 h2 h4
h3 -> h1 h2 h4
h2 -> h1 h3 h4
h4 -> h1 h3 h2
*** Results: 0% dropped (12/12 received)
```

图 13.5　查看流表项和测试链路连通性及丢包率

（2）测试完毕后，继续执行命令：

```
dpctl dump-flows//查看网络拓扑中的流表项
```

执行上述命令，会发现交换机 s1 与 s2 中产生了很多流表项，结果如图 13.6 所示。

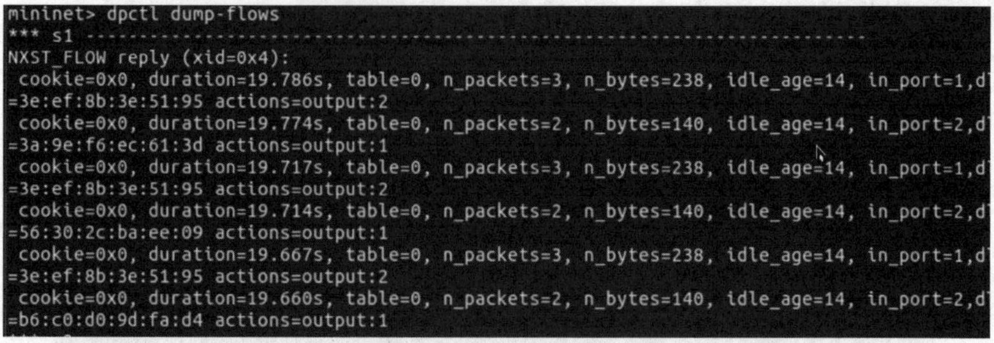

```
mininet> dpctl dump-flows
*** s1 ------------------------------------------------------------
NXST_FLOW reply (xid=0x4):
 cookie=0x0, duration=19.786s, table=0, n_packets=3, n_bytes=238, idle_age=14, in_port=1,d
=3e:ef:8b:3e:51:95 actions=output:2
 cookie=0x0, duration=19.774s, table=0, n_packets=2, n_bytes=140, idle_age=14, in_port=2,d
=3a:9e:f6:ec:61:3d actions=output:1
 cookie=0x0, duration=19.717s, table=0, n_packets=3, n_bytes=238, idle_age=14, in_port=1,d
=3e:ef:8b:3e:51:95 actions=output:2
 cookie=0x0, duration=19.714s, table=0, n_packets=2, n_bytes=140, idle_age=14, in_port=2,d
=56:30:2c:ba:ee:09 actions=output:1
 cookie=0x0, duration=19.667s, table=0, n_packets=3, n_bytes=238, idle_age=14, in_port=1,d
=3e:ef:8b:3e:51:95 actions=output:2
 cookie=0x0, duration=19.660s, table=0, n_packets=2, n_bytes=140, idle_age=14, in_port=2,d
=b6:c0:d0:9d:fa:d4 actions=output:1
```

图 13.6　再次查看流表项

（3）查看完毕后，继续执行命令：

```
dpctl del-flows//删除所有交换机中的流表
dpctl dump-flows//查看网络拓扑中的流表项
```

执行上述命令，会发现 s1 与 s2 中的流表项已经全部清空，结果如图 13.7 所示。

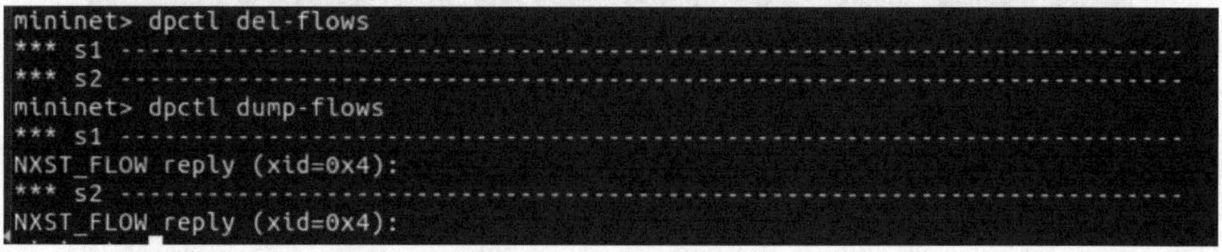

```
mininet> dpctl del-flows
*** s1 ------------------------------------------------------------
*** s2 ------------------------------------------------------------
mininet> dpctl dump-flows
*** s1 ------------------------------------------------------------
NXST_FLOW reply (xid=0x4):
*** s2 ------------------------------------------------------------
NXST_FLOW reply (xid=0x4):
```

图 13.7　删除流表项

5. 手动添加流表项

（1）先查看一下 s1 与 s2 中的流表项是否为空，确定为空时在 Mininet 终端执行命令：

```
dpctl add-flow in_port=1,actions=output:2
//给交换机添加流表项，1 号端口接收的数据从 2 号端口发送
dpctl add-flow in_port=2,actions=output:1
//给交换机添加流表项，2 号端口接收的数据从 1 号端口发送
dpctl dump-flows//查看网络拓扑中的流表项
```

执行上述命令，可以发现流表项中出现了新数据，结果如图 13.8 所示。

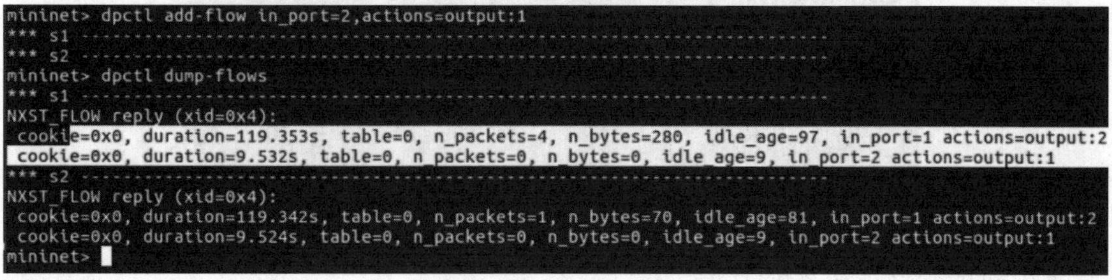

```
mininet> dpctl add-flow in_port=2,actions=output:1
*** s1 ------------------------------------------------------------
*** s2 ------------------------------------------------------------
mininet> dpctl dump-flows
*** s1 ------------------------------------------------------------
NXST_FLOW reply (xid=0x4):
 cookie=0x0, duration=119.353s, table=0, n_packets=4, n_bytes=280, idle_age=97, in_port=1 actions=output:2
 cookie=0x0, duration=9.532s, table=0, n_packets=0, n_bytes=0, idle_age=9, in_port=2 actions=output:1
*** s2 ------------------------------------------------------------
NXST_FLOW reply (xid=0x4):
 cookie=0x0, duration=119.342s, table=0, n_packets=1, n_bytes=70, idle_age=81, in_port=1 actions=output:2
 cookie=0x0, duration=9.524s, table=0, n_packets=0, n_bytes=0, idle_age=9, in_port=2 actions=output:1
mininet>
```

图 13.8　手动添加流表项

（2）查看完毕后，继续执行命令：

```
h1 ping h2//测试主机 h1 和主机 h2 之间网络的连通性以及丢包率
h1 ping h3//测试主机 h1 和主机 h3 之间网络的连通性以及丢包率
```

执行上述命令，可以观察到 h1 和 h2 之间是连通的，但是 h1 和 h3 之间是无法通信的，结果如图 13.9 所示。

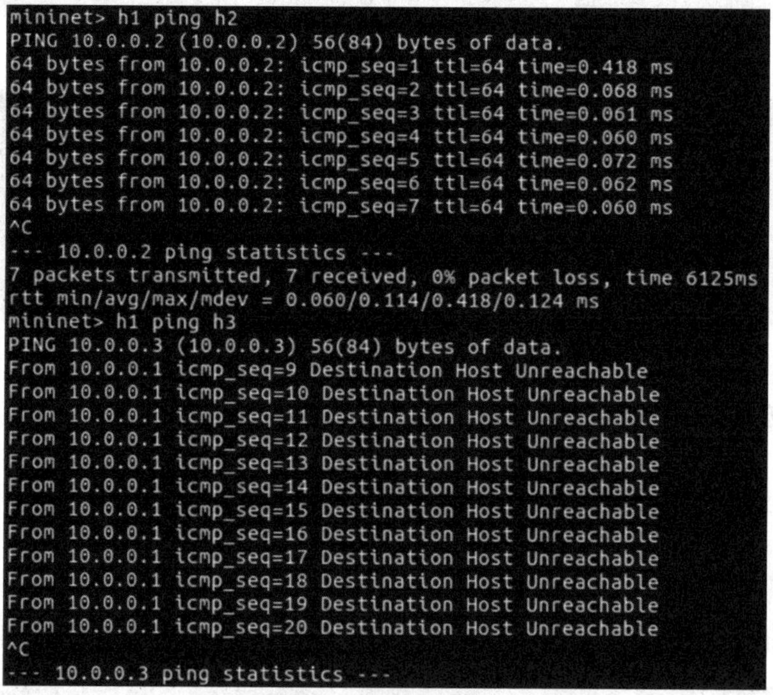

图 13.9　执行 ping 命令

交换机 s1 的 1 号端口连接的是交换机 s2 的 1 号端口，交换机 s1 的 2 号端口连接的是主机 h1，交换机 s2 的 2 号端口连接的是主机 h2。由于刚刚添加的流表项是在交换机 s1 和 s2 的 1 号端口和 2 号端口转发的，涉及的是主机 h1 和主机 h2，故只有 h1 和 h2 是可以 ping 通的，而其他主机之间是无法 ping 通的。

6. 手动删除特定流表项

（1）在 Mininet 终端，执行命令：

```
dpctl dump-flows//查看网络拓扑中的流表项
sh ovs-ofctl del-flows s1 in_port=2//删除交换机 s1 中输入端口号为 2 的流表项
dpctl dump-flows//查看网络拓扑中的流表项
```

执行上述命令，会发现特定的流表项已经删除了，结果如图 13.10 所示。

（2）删除完毕后，继续执行命令：

```
dpctl del-flows in_port=1//删除所有交换机中输入端口号为 1 的流表项
dpctl dump-flows//查看网络拓扑中的流表项
```

执行上述命令，会发现端口号为 1 的流表项已经删除了，结果如图 13.11 所示。同理，删除所有交换机中输入端口号为 2 的流表项，则修改 in_port=2 即可。

```
mininet> sh ovs-ofctl del-flows s1 in_port=2
mininet> dpctl dump-flows
*** s1 ------------------------------------------------------------------------
NXST_FLOW reply (xid=0x4):
 cookie=0x0, duration=215.843s, table=0, n_packets=14, n_bytes=1091, idle_age=1,
 in_port=1 actions=output:2
*** s2 ------------------------------------------------------------------------
NXST_FLOW reply (xid=0x4):
 cookie=0x0, duration=215.844s, table=0, n_packets=8, n_bytes=671, idle_age=1, i
n_port=1 actions=output:2
 cookie=0x0, duration=190.832s, table=0, n_packets=2, n_bytes=140, idle_age=20,
in_port=2 actions=output:1
mininet>
```

图 13.10　删除特定流表项

```
mininet> dpctl del-flows in_port=1
*** s1 ------------------------------------------------------------------------
*** s2 ------------------------------------------------------------------------
mininet> dpctl dump-flows
*** s1 ------------------------------------------------------------------------
NXST_FLOW reply (xid=0x4):
*** s2 ------------------------------------------------------------------------
NXST_FLOW reply (xid=0x4):
 cookie=0x0, duration=300.059s, table=0, n_packets=2, n_bytes=140, idle_age=129,
 in_port=2 actions=output:1
mininet>
```

图 13.11　删除交换机特定端口的流表项

7. 添加丢弃数据包流表

（1）确认所有交换机中流表项是否为空。

（2）确定为空时在 Mininet 终端执行命令：

```
dpctl add-flow in_port=2,actions=drop//所有交换机丢弃 2 号端口发送的数据包
dpctl dump-flows//查看网络拓扑中的流表项
```

执行上述命令，会发现 s1 和 s2 交换机中都只有一个流表项，结果如图 13.12 所示。

```
mininet> dpctl add-flow in_port=2,actions=drop
*** s1 ------------------------------------------------------------------------
*** s2 ------------------------------------------------------------------------
mininet> dpctl dump-flows
*** s1 ------------------------------------------------------------------------
NXST_FLOW reply (xid=0x4):
 cookie=0x0, duration=8.943s, table=0, n_packets=0, n_bytes=0, idle_age=8, in_po
rt=2 actions=drop
*** s2 ------------------------------------------------------------------------
NXST_FLOW reply (xid=0x4):
 cookie=0x0, duration=8.919s, table=0, n_packets=0, n_bytes=0, idle_age=8, in_po
rt=2 actions=drop
mininet>
```

图 13.12　添加丢弃数据包流表

（3）查看完毕后，继续执行命令：

```
pingall//测试所有主机之间网络的连通性以及丢包率
```

执行上述命令，发现只有 h3 和 h4 之间是互通的，其他的都不会互通，结果如图 13.13 所示。

```
mininet> pingall
*** Ping: testing ping reachability
h1 -> X X X
h3 -> X X h4
h2 -> X X X
h4 -> X h3 X
*** Results: 83% dropped (2/12 received)
mininet>
```

图 13.13　测试主机之间的连通性

第14章
软件下载与安装

本次实验我们使用的系统是 Windows 10，因此本章首先介绍在 Windows 下进行 VMware Workstation 和 Ubuntu 的安装。

VMware Workstation 是 VMware 公司出品的一个多系统安装软件。利用它，你可以在一台计算机上将硬盘和内存的一部分拿出来虚拟出若干台计算机，每台计算机可以运行单独的操作系统而互不干扰，这些"新"计算机各自拥有独立的互补金属氧化物半导体器件（Complementary Metal Oxide Semiconductor，CMOS）、硬盘和操作系统，你可以像使用普通计算机一样对它们进行分区、格式化、安装系统和应用软件等操作，还可以将它们联成一个网络。在虚拟系统崩溃之后可直接删除，不影响本机系统，同样本机系统崩溃后也不影响虚拟系统，可以在下次重装后再加入以前的虚拟系统。同时，VMware Workstation 也是唯一的能在 Windows 和 Linux 主机平台上运行的虚拟机软件。VMware Workstation 软件不需要重启，就能在同一台计算机上使用好几个操作系统，方便且安全。

Ubuntu 操作系统是 Linux 操作系统中的一种，它是免费、稳定又允许拥有绚丽界面的一个操作系统。后续需要在 Ubuntu 系统中进行 Mininet 和 Ryu 环境搭建。

Mininet 是一个可以在有限资源的普通计算机上快速建立大规模 SDN 原型系统的网络仿真工具。该系统由虚拟的终端节点（End-Host）、OpenFlow 交换机、控制器（也支持远程控制器）组成，这使得它可以模拟真实网络，可用于对各种想法或网络协议等进行开发验证。目前 Mininet 已经作为官方的演示平台对各个版本的 OpenFlow 协议进行演示和测试。

Floodlight 控制器是较早出现的知名度较高的开源 SDN 控制器之一，它实现了控制和查询 OpenFlow 网络的通用功能集，而此控制器上的应用集可满足不同用户对于网络所需的各种功能的需求。

Ryu 是由 NTT 公司主导开发的开源 SDN 控制器，它在为用户提供灵活编程网络控制接口的同时，能够轻松地在逻辑上集中控制数千个 OpenFlow 交换机。作为构建 SDN 应用的平台，Ryu 基于 Python 语言开发，所以对新手来说其简单、易用。Ryu 作为 SDN 控制器中的后起之秀，目前已经在业界得到了广泛应用。

本章主要介绍 VMware Workstation、Ubuntu 安装实验步骤，Mininet 和 Ryu 环境搭建、操作命令、实验步骤和实验结果展示等。

本章的主要内容是：

（1）VMware Workstation 安装操作过程；

（2）Mininet 和 Ryu 环境搭建过程。

14.1 VMware Workstation 和 Ubuntu 的安装

14.1.1 实验目的

（1）掌握虚拟软件 VMware Workstation 16 Pro 的安装方法。

（2）练习安装 Ubuntu 16.04.7 操作系统，掌握 Linux 操作系统的基本安装方法。

（3）掌握 Linux 操作系统下与 Windows 操作系统下的不同分区方案。

虚拟机（Virtual Machine，VM）是支持多操作系统并行运行在单个物理服务器上的一种计算机，供用户更加有效地使用底层硬件。在虚拟机中，CPU 从系统其他部分划分出一段存储区域，操作系统和应用程序运行在"保护模式"下。如果在某虚拟机中出现程序冻结现象，并不会影响运行在虚拟机外的程序和操作系统的正常工作。

在真实计算机中，操作系统组成中的设备驱动控制硬件资源，负责将系统指令转化成特定设备控制语言，在假设设备所有权独立的情况下形成驱动，这就使得单台计算机上不能并发运行多个操作系统。虚拟机则包含克服该局限性的技术。虚拟化过程引入了低层设备资源重定向交互作用，而不会影响高层应用。通过虚拟机，用户可以在单台计算机上并发运行多个操作系统。

虚拟机软件可在一台计算机上模拟出若干台计算机，每台计算机可以运行单独的操作系统而互不干扰，可实现一台计算机"同时"运行几个操作系统，还可以将这几个操作系统连成一个网络。

虚拟机毕竟是将两台以上的计算机的任务集中在一台计算机上，所以对硬件的要求比较高，主要是 CPU、硬盘和内存。关键是内存，内存的需求等于多个操作系统需求的总和。

14.1.2 实验步骤

1. 进入官网下载 VMware Workstation Pro

单击 Windows VM→Workstation Pro→VMware→CN。

2. 安装步骤

（1）双击安装程序图标，打开安装向导界面，如图 14.1 所示（读者下载的版本可能与本书不同，操作是相同的），单击"下一步"按钮。

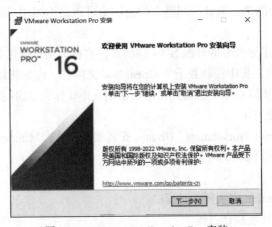

图 14.1　VMware Workstation Pro 安装

（2）选中"我接受许可协议中的条款"，并单击"下一步"按钮，如图 14.2 所示。

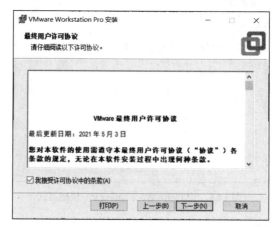

图 14.2 VMware Workstation Pro 许可协议中的条款

（3）在"自定义安装"界面选择安装位置，如图 14.3 所示。如果不需要更改就单击"下一步"直接安装。

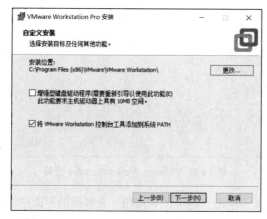

图 14.3 VMware Workstation Pro 自定义安装

（4）在接下来的界面中直接单击"下一步"按钮，如图 14.4 和图 14.5 所示。

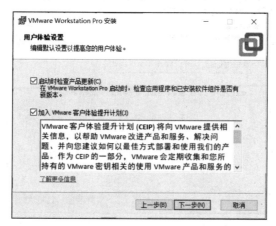

图 14.4 VMware Workstation Pro 用户体验设置

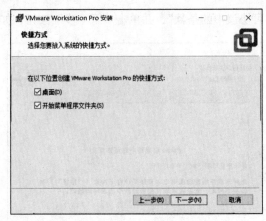

图 14.5　VMware Workstation Pro 快捷方式

（5）单击"安装"，如图 14.6 所示。

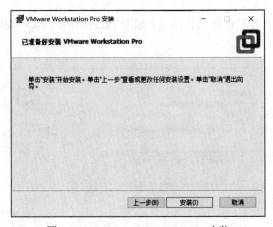

图 14.6　VMware Workstation Pro 安装

（6）主体安装已经完成，单击"许可证"按钮，在弹出的界面中输入许可证密钥，如图 14.7 所示。许可证密钥：YF390-0HF8P-M81RQ-2DXQE-M2UT6 或 ZF71R-DMX85-08DQY-8YMNC-PPHV8。

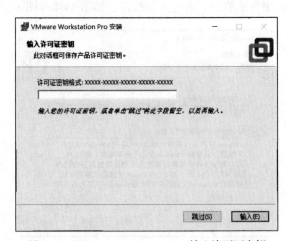

图 14.7　VMware Workstation Pro 输入许可证密钥

3. 下载 Ubuntu

（1）到 Ubuntu 官网（见图 14.8）找到以前的版本。我们在前文第一次下载的是 Ubuntu 22.04，发现网络上针对新版本可能出现的问题的回答比较少，所以这里我们下载以前的版本。

ubuntu®
物联网
桌面系统
云
Kubernetes
服务器
产品和服务
支持
下载
博客
下载
概览
云
IoT
树莓派
服务器
桌面
AMD-Xilinx
其他下载
Ubuntu下载
Ubuntu桌面系统 ›

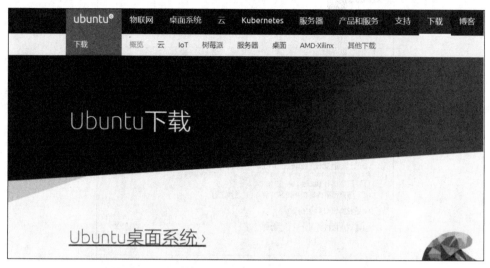

图 14.8　Ubuntu 官网

（2）进入 VMware，点击左上角文件，单击“创建新的虚拟机”，弹出新建虚拟机向导，初学者可直接选择“典型（推荐）”，如图 14.9 所示。

新建虚拟机向导
WORK
创建新的虚拟机
VMWARE
WORKSTATION
PRO™
16
欢迎使用新建虚拟机向导
您希望使用什么类型的配置?
典型(推荐)(T)
通过几个简单的步骤创建 Workstation 16.2.x 虚拟机。
自定义(高级)(C)
创建带有 SCSI 控制器类型、虚拟磁盘类型以及与旧版 VMware 产品兼容性等高级选项的虚拟机。
帮助
< 上一步(B)
下一步(N) >
取消

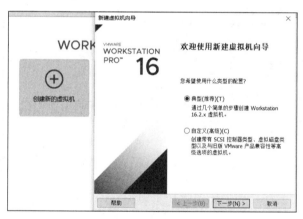

图 14.9　新建虚拟机

（3）单击“下一步”按钮，在弹出的对话框中选择“安装程序光盘映像文件”，单击“浏览”，选择对应文件，如图 14.10 所示。

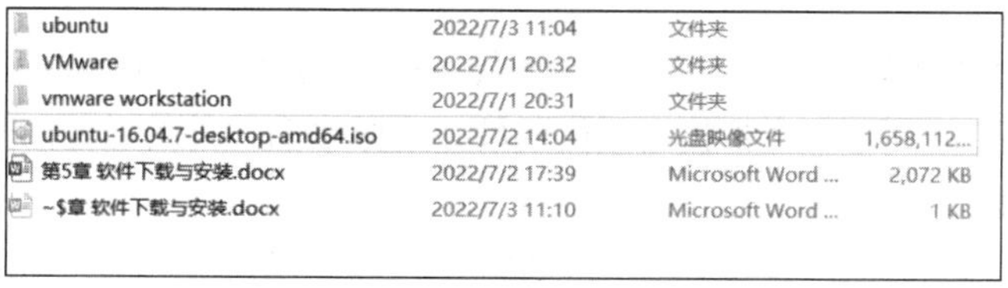

ubuntu
2022/7/3 11:04
文件夹
VMware
2022/7/1 20:32
文件夹
vmware workstation
2022/7/1 20:31
文件夹
ubuntu-16.04.7-desktop-amd64.iso
2022/7/2 14:04
光盘映像文件
1,658,112...
第5章 软件下载与安装.docx
2022/7/2 17:39
Microsoft Word ...
2,072 KB
~$章 软件下载与安装.docx
2022/7/3 11:10
Microsoft Word ...
1 KB

图 14.10　选择光盘映像文件

（4）选择好我们下载的文件，单击"下一步"，如图 14.11 所示。然后按图 14.12 所示填写简易安装信息。

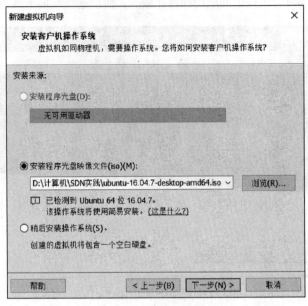

图 14.11　确定安装

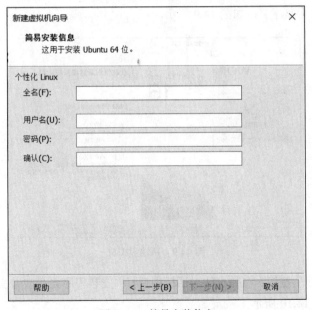

图 14.12　简易安装信息

（5）简易安装信息填写好后，单击"下一步"，进入"命名虚拟机"界面。命名虚拟机以及选择安装位置，如图 14.13 所示。虚拟机安装位置最好选择 C 盘以外的磁盘，安装在 C 盘容易造成计算机运行速度变慢。

图 14.13　命名虚拟机及选择安装位置

（6）单击"下一步"，设定磁盘容量，如图 14.14 所示。

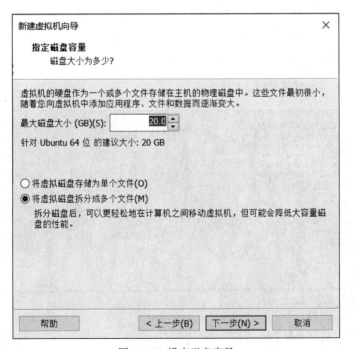

图 14.14　设定磁盘容量

（7）单击"下一步"，如果会调配，可以自定义硬件，但是定义硬件如果配置过高会影响到本机。如果不清楚可直接单击"完成"，如图 14.15 所示。

图 14.15　已准备好创建虚拟机

（8）配置完成后就会进行自动安装，大概需要等待 30min。

（9）root 账户权限设置。

执行命令：

```
sudo passwd root//设置 root 账户的密码
```

输入密码（输入自己创建的密码）。

```
su root//进入 root 模式
```

执行上述命令，实验结果如图 14.16 所示。

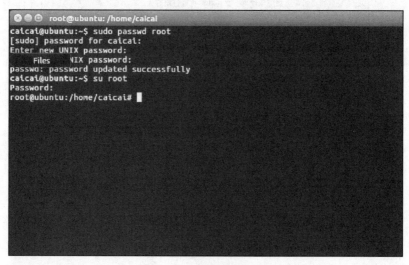

图 14.16　root 账户权限设置

（10）打开 Software&Updates 软件，进行以下设置（将 Download Server 改成国内的），否则下载会很慢。选择 Other，再选择一个我国的服务器，如图 14.17 和图 14.18 所示。

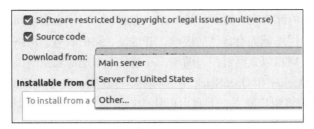

图 14.17　Download Server 设置

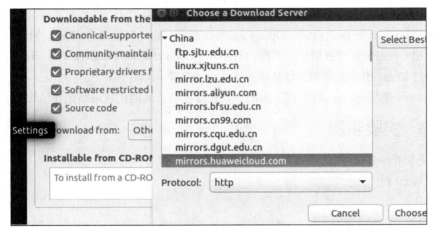

图 14.18　服务器选择

14.2　Mininet 和 Ryu 环境搭建

14.2.1　主要命令介绍

（1）sudo passwd root：修改 root 账户密码。

（2）su root：进入 root 模式。

（3）cd ..：返回上一级目录。

（4）ls：查看目录中的文件。

（5）安装/更新一个包。

  ① apt-get install package_name：用来自动从互联网软件仓库中安装、升级卸载软件。

  ② wget url：URL 下载文件使用 wget 非常稳定，对带宽具有很强的适应性。

  ③ git clone <版本库的网址（末尾为.git）><本地目录名>：专门用来下载 GitHub 上的东西。

  ④ pip3 install +库名：新安装的库会放在 python3.6/site-packages 这个目录。

（6）pingall：所有主机间互 ping。

（7）mn--controller：定义要使用的控制器，如果没有指定则使用 Mininet 中默认的控制器。

14.2.2　实验目的

掌握 Mininet 和 Ryu 的源码安装方法和 MiniEdit 可视化拓扑生成工具的使用。

要了解 Mininet 的内部实现，需要了解 Linux 容器——网络命名空间。网络命名空间允许创建虚拟的网络域，这个网络域拥有自己的接口、IP 地址、路由表等。网络命名空间通过虚拟的以太网链路连接到外网，虚拟以太网链路有两端，一端位于本地命名空间，另一端位于全局命名空间。网络命名空间在 Docker 和 OpenStack 中也同样不可或缺，在 OpenStack 的 Neutron 网络管理模块中，网络命名空间将租户独立，并且可以让他们拥有重叠的 IP 地址。Mininet 是如何实现的呢？

（1）网络命名空间可用于实现主机或端，使得每个主机或端拥有自己的接口、IP 地址和路由表。

（2）通过 Mininet 的核心 OVS（Open vSwitch）或者 Linux 交换机来实现交换机，默认使用的是 OVS，后用 OpenFlow 对数据平面编程，OVSDB（Open vSwitch Database）用于设置配置文件。

（3）通过 Linux 中的工具来控制链路的特性，如带宽、延时等。

（4）Mininet 使用 Python 脚本将上面的工具进行包装，从而创建网络拓扑结构。

14.2.3　实验步骤

1. 安装 Mininet

（1）安装 git 包。

执行命令：

```
su root//进入 root 模式
```

再次输入密码（此处输入创建者自己的创建的密码）。

```
apt-get install git//安装 git 包
```

执行上述命令，实验结果如图 14.19 所示。

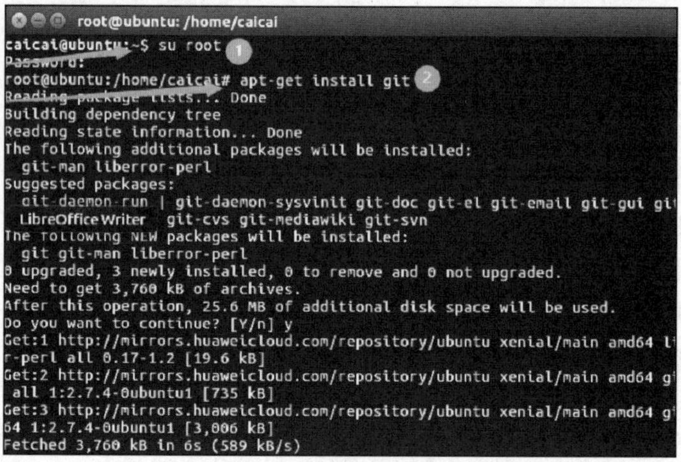

图 14.19　安装 git 包

（2）将 Mininet 下载到本地。

执行命令：

```
git clone https://github.com/mininet/mininet.git//从 GitHub 上将 Mininet 下载下来
```

执行上述命令，实验结果如图 14.20 所示。

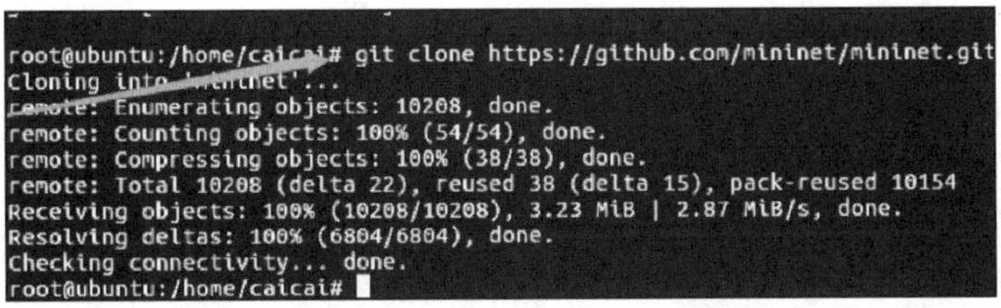

图 14.20　下载 Mininet

（3）安装 Mininet 的核心文件。

执行命令：

```
cd mininet//进入mininet文件夹
cd util//进入util文件夹
./install.sh  -h//查看核心文件
cd ../ //退出到上一层文件夹
./util/install.sh -a//直接下载安装所有的Mininet核心文件
```

执行上述命令，实验结果如图 14.21 和图 14.22 所示。

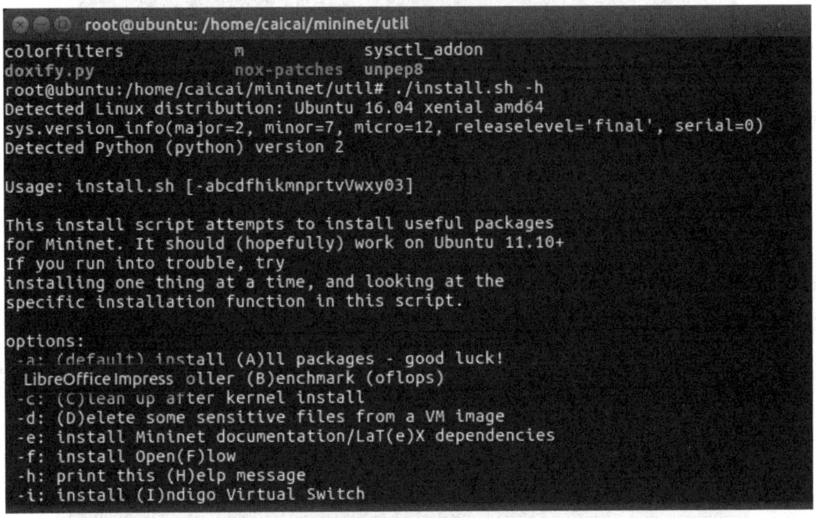

图 14.21　查看命名对应的核心文件

图 14.22　安装 Mininet 核心文件

2. 测试 Mininet

（1）创建最简单的拓扑。

执行命令：

```
cd util//进入 util 文件夹
mn//创建最简单的拓扑
```

执行上述命令，实验结果如图 14.23 所示。

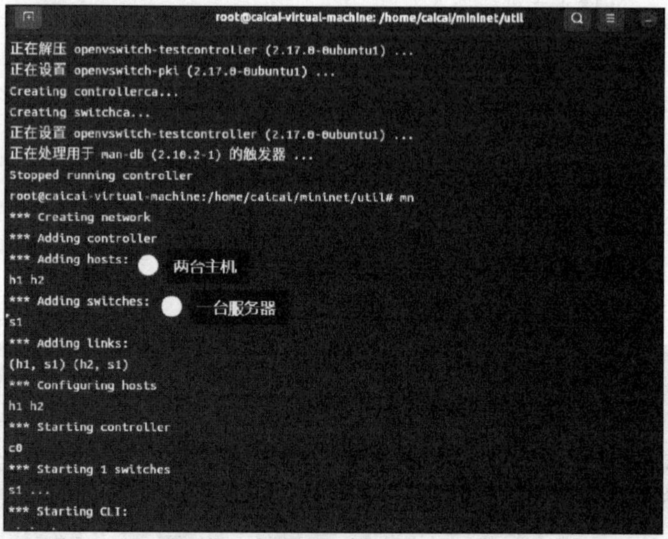

图 14.23　使用 mn 命令创建拓扑

（2）查看网络连通性。

执行命令：

```
pingall//测试网络连通性
```

执行上述命令，实验结果如图 14.24 所示。

图 14.24　使用 pingall 命令测试网络连通性

（3）Mininet 测试已经完成，执行 exit 命令退出。

3. 下载与安装 Mininet 依赖文件

（1）下载文件。

执行命令：

```
wget https://bootstrap.pypa.io/pip/3.5/get-pip.py//wget 命令用于下载指定链接的文件
```

执行上述命令，实验结果如图 14.25 所示。

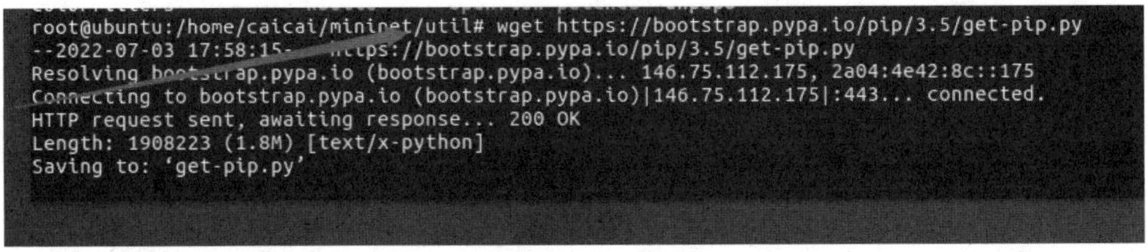

图 14.25　使用 wget 命令下载文件

（2）安装依赖文件 pip。

执行命令：

```
python3 get-pip.py//pip 安装命令，3 是 Python 的版本号
```

执行上述命令，实验结果如图 14.26 所示。

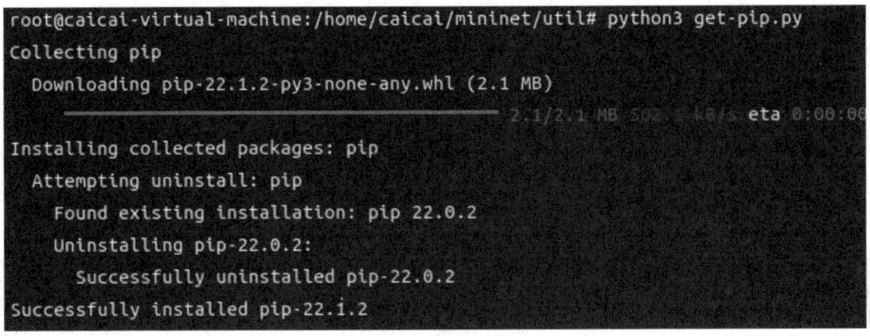

图 14.26　安装 pip

4．安装 Ryu

（1）下载 git 包。

执行命令：

```
su root//进入 root 模式
```

再次输入密码（此处输入创建者自己创建的密码）。

```
git clone https://github.com/osrg/ryu.git//git 命令用于将 ryu 文件从 GitHub 上复制下来
cd ryu
ls//查看是否有 Ryu 的执行文件
```

执行上述命令，实验结果如图 14.27 和图 14.28 所示。

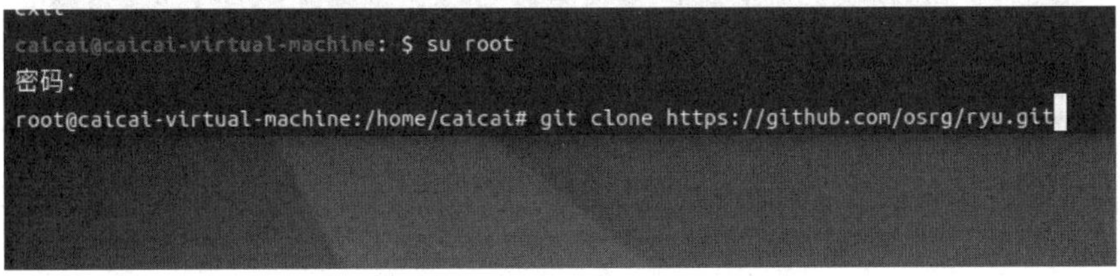

图 14.27　Ryu 复制命令

（2）安装 Ryu 依赖文件。

执行命令：

```
pip3 install -r tools/pip-requires//安装 Ryu 中 pip 依赖文件，3 是版本号
```

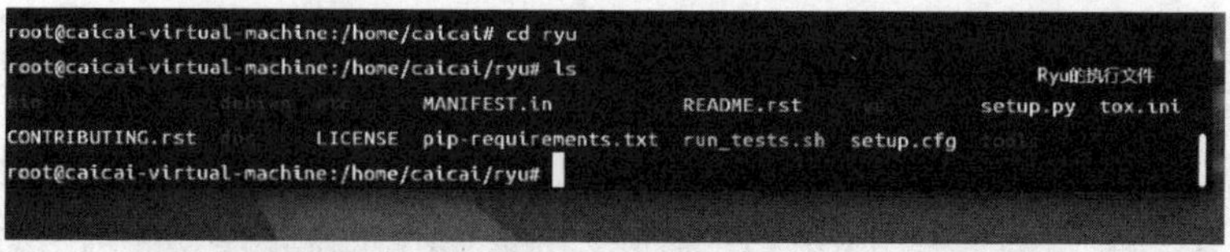

图 14.28　查看 Ryu 的文件

执行上述命令，实验结果如图 14.29 所示。

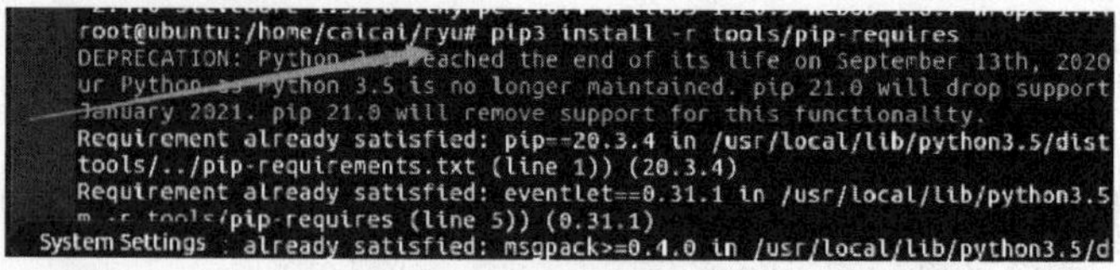

图 14.29　安装 pip 依赖文件

（3）用 Python 安装 Ryu。

执行命令：

```
python3 setup.py install//用 Python 安装 Ryu，3 是版本号
```

执行上述命令，实验结果如图 14.30 所示。

图 14.30　用 Python 安装 Ryu

5. 测试 Ryu

（1）利用 Ryu 本身自带的一些案例验证其是否安装成功。

执行命令：

```
cd ryu//进入 ryu 文件夹
ls//查看 ryu 文件夹中的文件
cd app//进入 app 文件夹
ls//查看有哪些案例
```

执行上述命令，实验结果如图 14.31 所示。

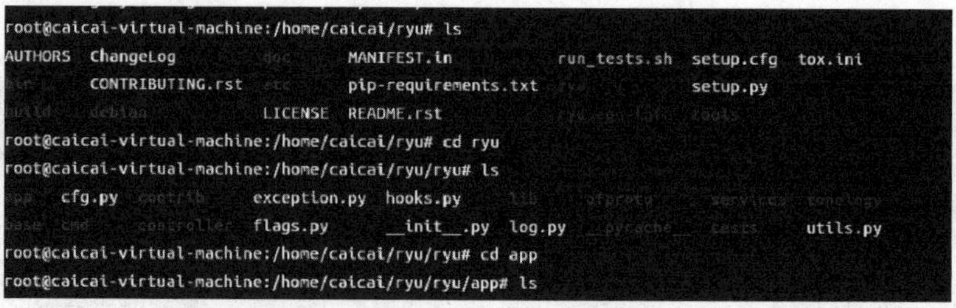

图 14.31　进入 Ryu 中的 ryu.app 文件夹

（2）此时，我们需要打开另外一个终端来运行 Mininet，也就是说用一个终端运行 Mininet，用一个终端运行 Ryu。

执行命令：

```
ryu-manager example_switch_13.py//运行自带的一个交换机案例
```

执行上述命令，实验结果如图 14.32 所示。

图 14.32　输入测试案例命令

（3）在另外一个终端进行如下操作。

执行命令：

```
su root//进入 root 模式
mn --controller=remote//用 mn 命令创建最简单的默认拓扑，控制器默认是 Mininet 自带的控制器，这里
//指定为 remote 远端控制器，即 Ryu
```

执行上述命令，实验结果如图 14.33 和图 14.34 所示。

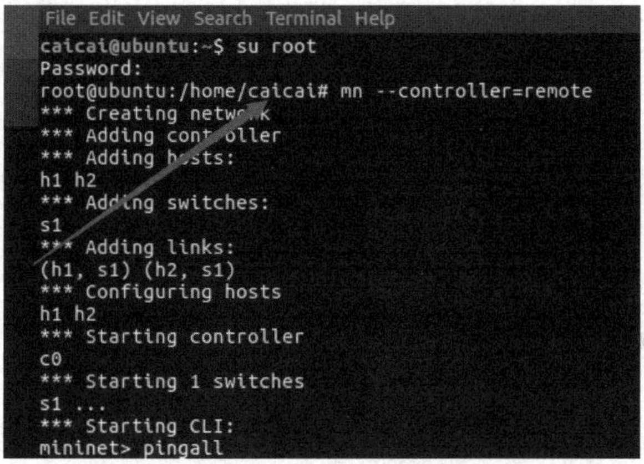

图 14.33　使用 mn 命令创建最简单拓扑

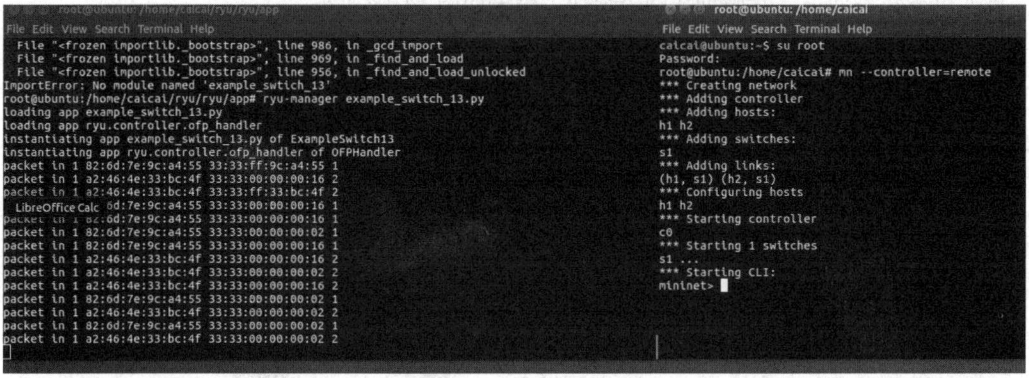

图 14.34　Ryu 安装成功

6. 安装 python–tk

执行命令：

```
apt-get install python-tk//安装 python-tk
```

执行上述命令，实验结果如图 14.35 所示。

```
root@ubuntu:/home/caicai# apt-get install python-tk
Reading package lists... Done
Building dependency tree
Reading state information... Done
The following additional packages will be installed:
  blt tk8.6-blt2.5
Suggested packages:
  blt-demo tix python-tk-dbg
The following NEW packages will be installed:
```

图 14.35　安装 python-tk

7. 运行 MiniEdit 下的执行文件 miniedit.py

执行命令：

```
cd mininet//进入 mininet 文件夹
ls//查看是否有 examples 文件
cd examples//进入 examples 文件夹
ls//查看是否有 miniedit.py 执行文件
./miniedit.py//进入可视化界面
```

执行上述命令，实验结果如图 14.36 所示。

```
root@ubuntu:/home/caicai# cd mininet
root@ubuntu:/home/caicai/mininet# ls
bin             doc          INSTALL  Makefile  mnexec.c   se
CONTRIBUTORS  debian  examples  LICENSE  mininet   README.md  ut
root@ubuntu:/home/caicai/mininet# cd examples
root@ubuntu:/home/caicai/mininet/examples# ls
baresshd.py   consolenet.py   mobility.py    README.m
bind.py       cpu.py          multilink.py   scratchn
clustercli.py emptynet.py     multiping.py   scratchn
clusterdemo.py hwintf.py      multipoll.py   simplepe
clusterperf.py __init__.py    multitest.py   sshd.py
cluster.py    intfoptions.py  natnet.py      test
clusterSanity.py limit.py     nat.py         tree1024
consoles.py   linearbandwidth.py numberedports.py treeping
controllers2.py linuxrouter.py popenpoll.py  vlanhost
controllers.py miniedit.py    popen.py
root@ubuntu:/home/caicai/mininet/examples# ./miniedit.py
topo=none
```

图 14.36　查看执行文件 miniedit.py

8. 创建网络拓扑

进入可视化界面后，开始创建网络拓扑，结果如图 14.37 所示。

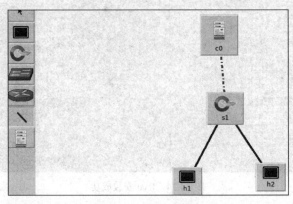

图 14.37　简单网络拓扑

14.3　实验思考

（1）本次实验让我们了解了 VMware Workstation 具有多种版本的选择：Windows 7 一般安装 VMware Workstation 8.0，Windows 10 一般安装 VMware Workstation 12.5 以上版本，否则会安装失败。

（2）在安装 Ubuntu 的后期需要设置 root 账户，否则后面执行 root 账户权限时需要加上 sudo，直接进入 root 模式后就会比较方便。

（3）Ubuntu 默认服务器一般是美国的，这里需要我们手动地去设置一下，否则后面下载东西会很慢。

（4）在线上虚拟机 16.04 版本比较稳定，暂不推荐 22.04 版本，并且新版本出现的问题可能在网上很难找到解决办法。

（5）如果一次不能将文件从 GitHub 上复制下来，可以多试几次。

（6）如果直接执行./miniedit.py 命令没有出现可视化界面，可能是没有安装 python-tk。

第15章
开源控制器实践

本章主要介绍开源控制器 POX 和 Ryu 操作命令、实验步骤和实验结果展示等。

本章的主要内容是：

（1）开源控制器 POX 操作过程；

（2）开源控制器 Ryu 操作过程。

开源控制器实践

15.1　开源控制器实践——POX

15.1.1　主要命令介绍

（1）git clone：将项目从 GitHub 上下载到本地。

（2）mn --topo=single,3：创建由单个交换机、3 个主机组成的网络拓扑。

（3）cat：将文件内容显示到屏幕上。

（4）tcpdump -nn：抓包本地网卡地址以及外部链接地址，并采用 IP 地址、端口表示。

15.1.2　POX 控制器介绍

POX 是一个使用 Python 编写的控制器，仅支持 OpenFlow 1.0。POX 自带的组件中 forwarding 与 OpenFlow 较为重要。forwarding 是转发应用，包括 l2_learning、l2_pairs、l3_learning、l2_multi、l2_nx 等。OpenFlow 是控制驱动，包括 of_01、discovery、debug、keepalive。

15.1.3　实验目的

（1）能够理解 POX 控制器的工作原理。

（2）通过验证 POX 的 forwarding.hub（后简称 Hub 模块）和 forwarding.l2_learning（后简称 l2_learning 模块），初步掌握 POX 控制器的使用方法。

（3）通过验证 POX 的 Hub 模块和 l2_learning 模块，初步了解两者的区别。

（4）完成 POX 控制器的下载，完成 SDN 拓扑的搭建。

（5）仔细阅读 Hub 模块与 l2-learning 模块的代码，执行 tcpdump，完成对 Hub 模块与 l2_learning 模块的验证。

15.1.4　实验步骤

1.　下载 POX 控制器

打开终端，执行命令：

```
su root//进入 root 模式
```

进入 root 模式后，执行命令：

```
git clone http://github.com/noxrepo/pox//下载控制器
```

执行上述命令，实验结果如图 15.1 所示。

```
jay@ubuntu:~/Desktop$ su root
Password:
root@ubuntu:/home/jay/Desktop# git clone http://github.com/noxrepo/pox
Cloning into 'pox'...
warning: redirecting to https://github.com/noxrepo/pox/
remote: Enumerating objects: 12775, done.
remote: Total 12775 (delta 0), reused 0 (delta 0), pack-reused 12775
Receiving objects: 100% (12775/12775), 4.84 MiB | 18.00 KiB/s, done.
Resolving deltas: 100% (8249/8249), done.
root@ubuntu:/home/jay/Desktop#
```

图 15.1　下载 POX 控制器

2.　搭建 SDN 拓扑

（1）使用 Open Flow 1.0 协议，使用部署于本地的 POX 控制器，搭建如图 15.2 所示 SDN 拓扑。

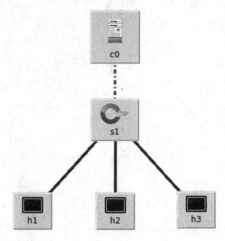

图 15.2　SDN 拓扑

（2）打开终端，在 root 模式下，执行命令：

```
mn --topo=single,3 --mac --controller=remote,ip=127.0.0.1,port=6633 --switch ovsk,
protocols=openflow10//创建由单个交换机、3 个主机组成的网络拓扑，IP 地址为 127.0.0.1，端口号为 6633
```

执行上述命令，实验结果如图 15.3 所示。

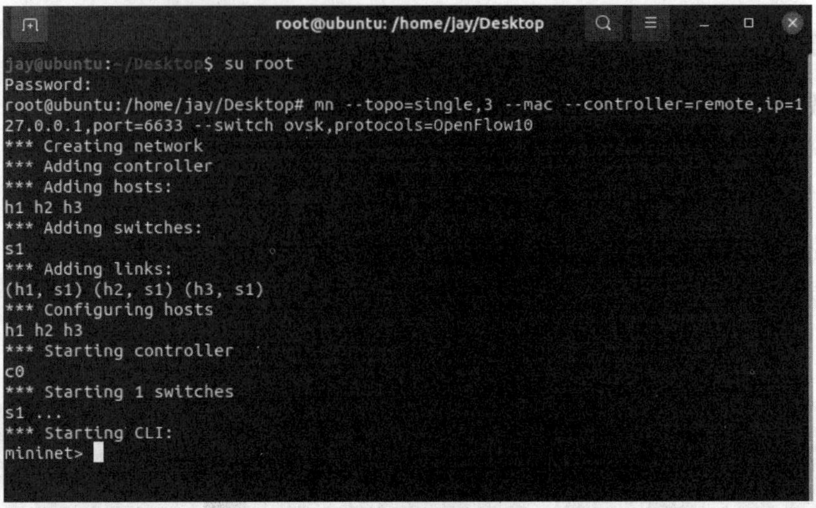

图 15.3　创建网络拓扑

3. 阅读 Hub 模块代码，使用 tcpdump 验证 Hub 模块

（1）阅读 Hub 模块代码。

新建终端，执行命令：

```
cd pox/pox/forwarding//进入文件夹
cat hub.py//阅读文件
```

执行上述命令，实验结果如图 15.4 所示。

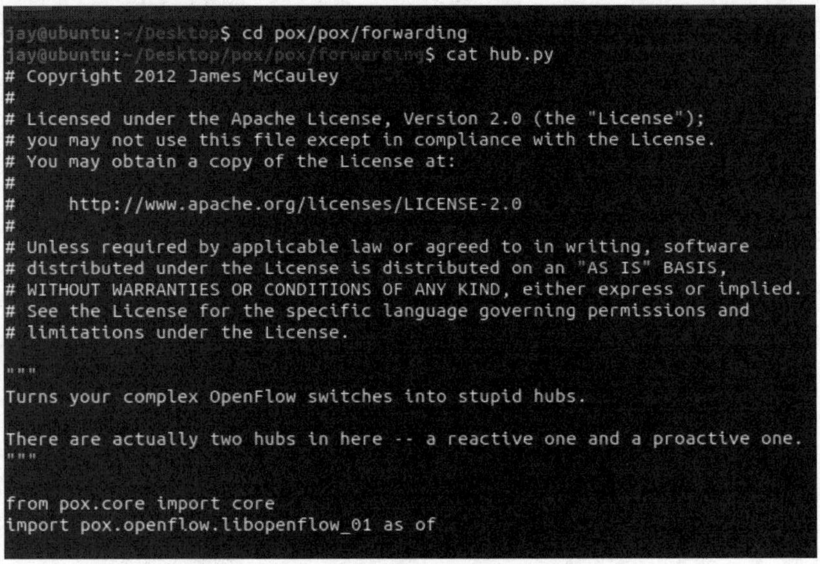

图 15.4　阅读 Hub 模块代码

（2）加载 Hub 模块。

新建终端，执行命令：

```
cd pox//进入文件夹
 ./pox.py log.level --DEBUG forwarding.hub//加载 Hub 模块
```

执行上述命令，实验结果如图 15.5 所示。

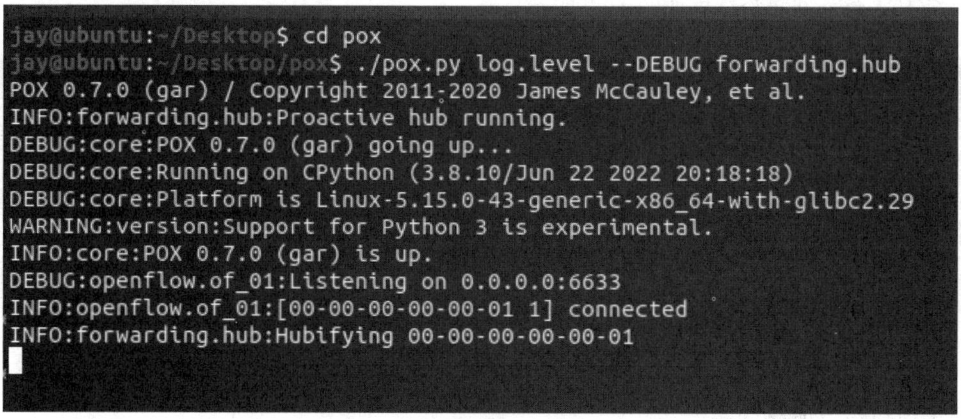

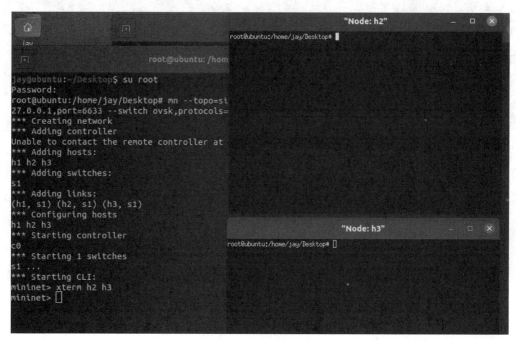

图 15.5 加载 Hub 模块

（3）验证 Hub 模块。

打开 xterm 窗口（终端窗口），执行命令：

```
xterm h2 h3//打开 h2、h3 窗口
```

执行上述命令，实验结果如图 15.6 所示。

图 15.6 xterm 窗口

（4）配置 tcpdump。

在 h2 窗口执行命令：

```
tcpdump -nn -i h2-eth0//对 h2 的 eth0 端口进行抓包
```

在 h3 窗口执行命令：

```
tcpdump -nn -i h3-eth0//对 h3 的 eth0 端口进行抓包
```

执行上述命令，实验结果如图 15.7 所示。

图 15.7　配置 tcpdump

在主窗口执行命令：

```
h1 ping h2//让主机 h1 ping h2
```

执行上述命令，实验结果如图 15.8 所示。测试结果表明 h2 收到 ICMP 报文。

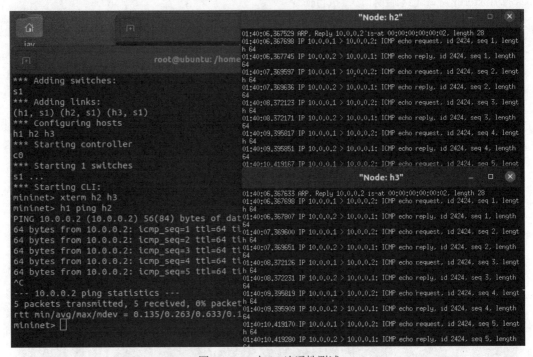

图 15.8　h1 与 h2 连通性测试

在主窗口执行命令：

```
h1 ping h3//让主机 h1 ping h3
```

执行上述命令，实验结果如图 15.9 所示。测试结果表明 h3 收到 ICMP 报文。

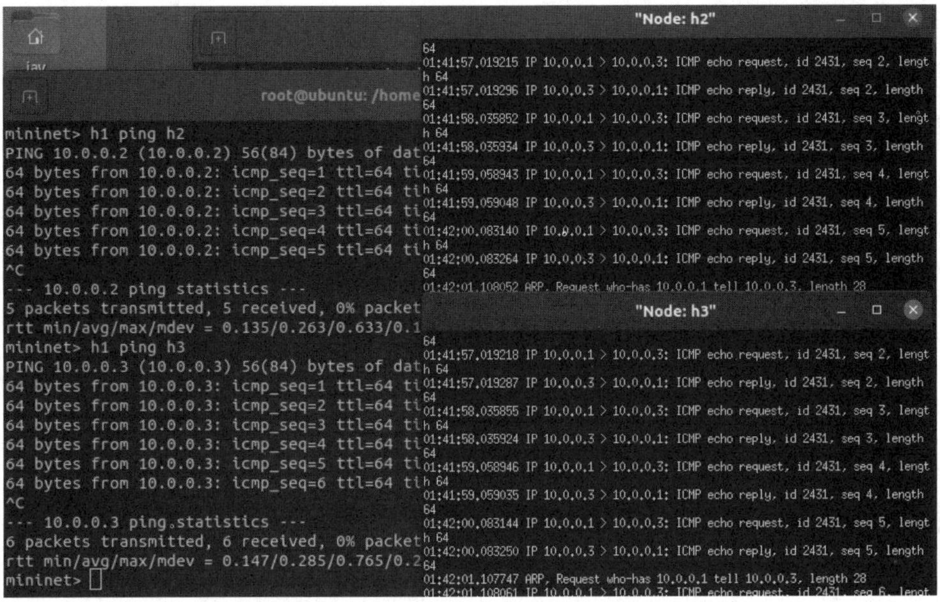

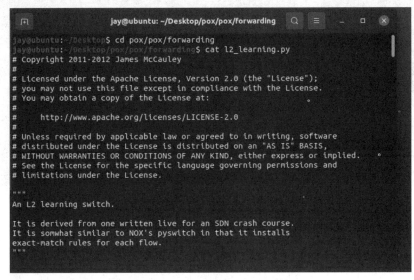

图 15.9　h1 与 h3 连通性测试

4. 阅读 l2_learning 模块代码，使用 tcpdump 验证 l2_learning 模块

（1）阅读 l2_learning 模块代码。

新建终端，执行命令：

```
cd pox/pox/forwarding//进入文件夹
cat l2_learning.py//阅读文件
```

执行上述命令，实验结果如图 15.10 所示。

图 15.10　阅读 l2_learning 模块代码

（2）加载 l2_learning 模块。

新建终端，执行命令：

```
cd pox//进入文件夹
 ./pox.py log.level --DEBUG forwarding.l2_learning//加载模块
```

执行上述命令，实验结果如图 15.11 所示。

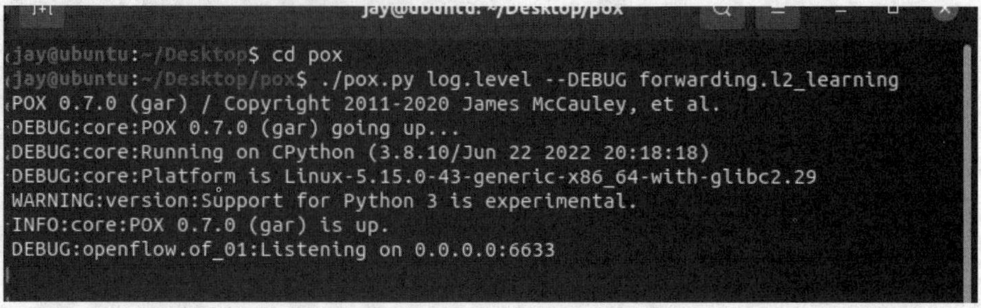

图 15.11　加载 l2_learning 模块

（3）验证 l2_learning 模块。

打开 xterm 窗口，执行命令：

```
xterm h2 h3//打开h2、h3窗口
```

执行上述命令，实验结果如图 15.12 所示。

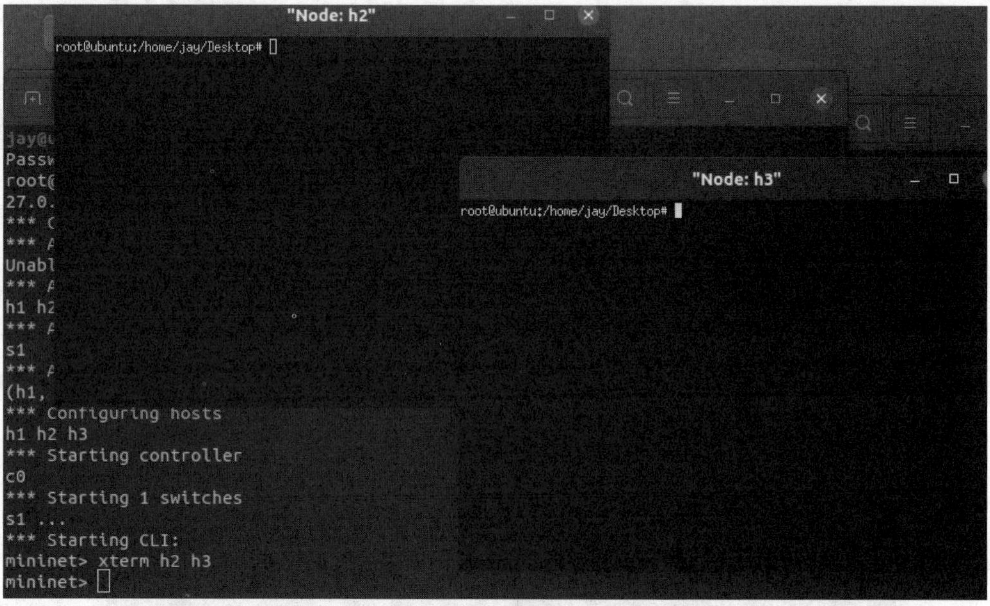

图 15.12　xterm 窗口

（4）配置 tcpdump。

在 h2 窗口执行命令：

```
tcpdump -nn -i h2-eth0//对h2的eth0端口进行抓包，并以数字的方式显示IP地址和端口
```

在 h3 窗口执行命令：

```
tcpdump -nn -i h3-eth0//对h3的eth0端口进行抓包，并以数字的方式显示IP地址和端口
```

执行上述命令，实验结果如图 15.13 所示。

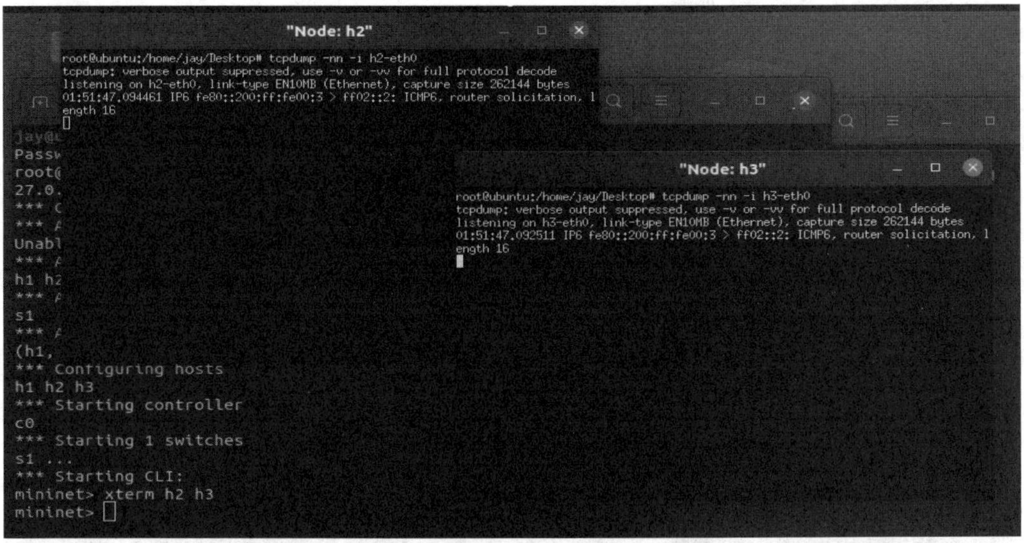

图 15.13　配置 tcpdump

在主窗口执行命令：

`h1 ping h2//让主机 h1 ping h2`

执行上述命令，实验结果如图 15.14 所示。测试结果表明只有 h2 收到 ICMP 报文。

图 15.14　h1 与 h2 连通性测试

在主窗口执行命令：

`h1 ping h3//让主机 h1 ping h3`

执行上述命令，实验结果如图 15.15 所示。测试结果表明只有 h3 收到 ICMP 报文。

实验结论：Hub 模块采用洪泛转发，在每个交换机上都设置洪泛通配符规则，将数据包广播转发，此时交换机等效于集线器。因此无论是 h1 ping h2 还是 h1 ping h3，都可以从 h2、h3 中抓到数据包。在 l2_learning 模块，当 h1 ping h2 时只有 h2 接收到数据包，而当 h1 ping h3 时也只有 h3 接收到数据包，因此验证了 l2_learning 模块的自学习功能，数据包只会发送给相应的主机。

图 15.15　h1 与 h3 连通性测试

15.2　开源控制器实践——Ryu

15.2.1　主要命令介绍

（1）git clone：将项目从 GitHub 上下载到本地。

（2）touch：用于修改文件或者目录的时间属性，若文件不存在，会创建一个空文件。

（3）gedit：启动桌文本编辑器。

（4）tcpdump -nn：抓包本地网卡地址以及外部链接地址，并采用 IP 地址、端口表示。

（5）sudo mn --controller=remote,ip=[controller IP],port=[port]：定义要使用的控制器。

（6）mn --topo=single,3：创建由单个交换机、3 个主机组成的网络拓扑。

15.2.2　Ryu 控制器介绍

Ryu 是由日本 NTT 公司负责设计研发的一款开源 SDN 控制器。同 POX 一样，Ryu 也完全由 Python 语言实现，使用者可以用 Python 语言在其上实现自己的应用。Ryu 支持 OpenFlow 1.0、OpenFlow 1.2 和 OpenFlow 1.3，同时支持在 OpenStack 上的部署应用。Ryu 采用 Apache License 开源协议标准，最新版本实现了 simple_switch、rest_topology 等应用。

15.2.3　实验目的

（1）能够独立部署 Ryu 控制器，完成 Ryu 控制器的安装与配置。

（2）能够理解 Ryu 控制器实现软件定义的集线器原理。

（3）能够理解 Ryu 控制器实现软件定义的交换机原理。

（4）在启用 L2Switch 模块（该模块是一个软件定义的二层交换机模块，用于实现数据链路层的交换功能）的条件下成功搭建 SDN 拓扑。

（5）成功利用 tcpdump 对 L2Switch 模块进行验证，分析其和 POX 的 Hub 模块有何不同。

15.2.4　实验步骤

1. 完成 Ryu 控制器的安装

（1）下载 Ryu。

进入 root 模式后，执行命令：

```
git clone https://github.com/osrg/ryu.git//从 GitHub 上下载 Ryu
```

执行上述命令，实验结果如图 15.16 所示。

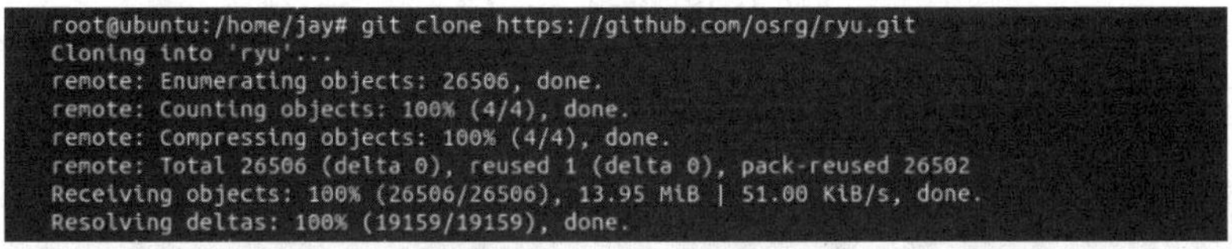

图 15.16　下载 Ryu

（2）安装 Ryu。

执行命令：

```
cd ryu//打开目录
pip install -r tools/pip-requires //安装 Ryu 依赖文件
```

执行上述命令，实验结果如图 15.17 所示。

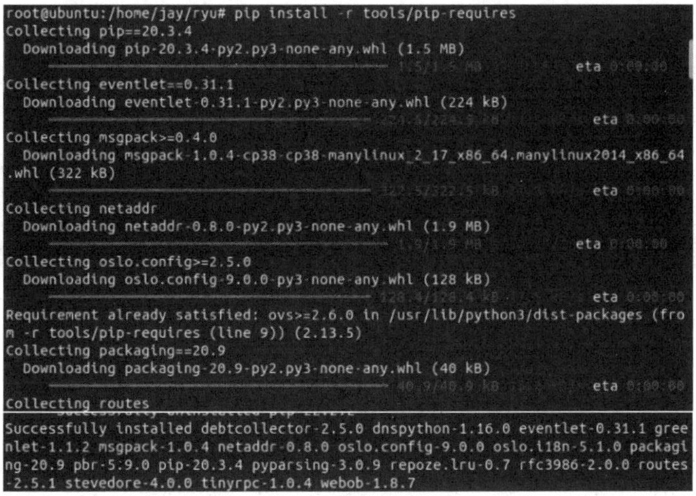

图 15.17　安装 Ryu（1）

执行命令：

```
python3 setup.py install//安装 Ryu
```

执行上述命令，实验结果如图 15.18 所示。

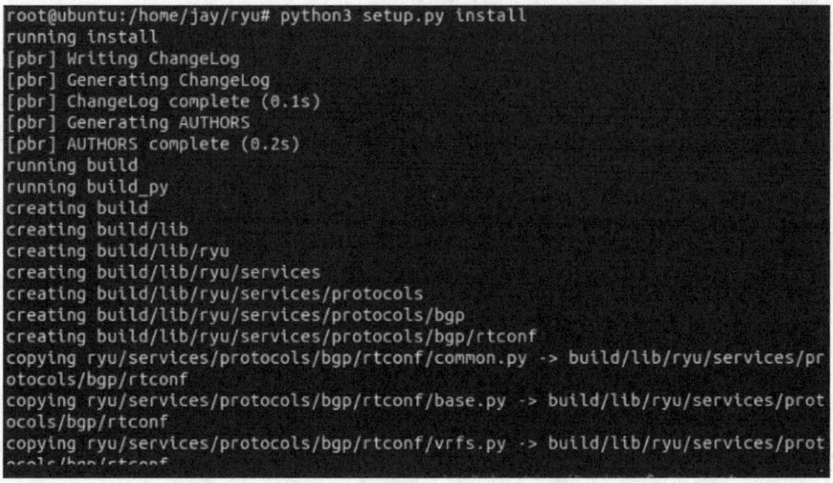

图 15.18　安装 Ryu（2）

安装完成，实验结果如图 15.19 所示。

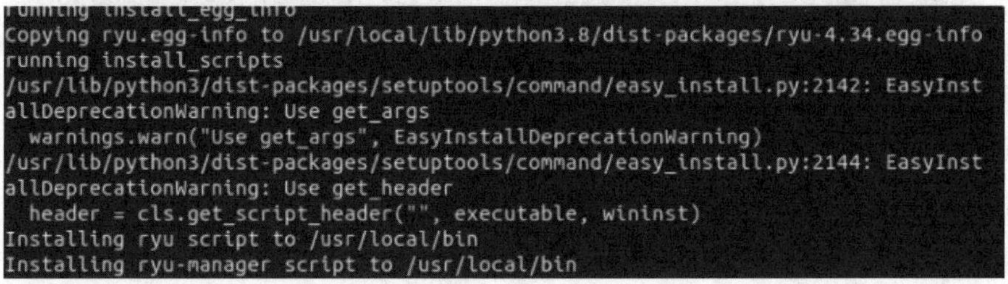

图 15.19　安装完成

（3）测试 Ryu。

执行命令：

```
ryu --version//测试 Ryu 的版本，需在/mininet/util 目录下进行
```

执行上述命令，实验结果如图 15.20 所示。

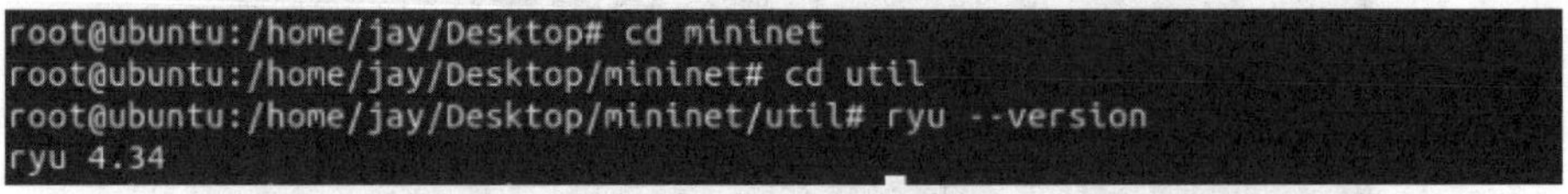

图 15.20　Ryu 版本

执行命令：

```
cd ryu
cd app//进入文件夹
ryu-manager example_switch_13.py//启动模块
```

执行上述命令，实验结果如图 15.21 所示。

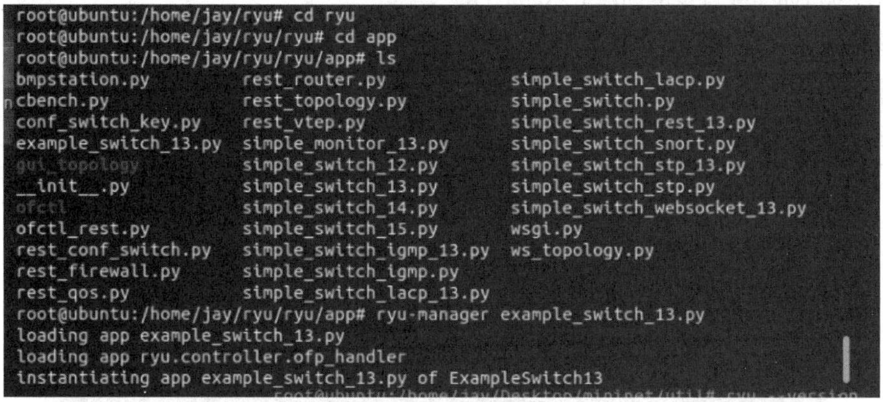

图 15.21　打开 Ryu 控制器

新建一个终端，执行命令：

```
sudo mn --controller remote,ip=[controller IP],port=6633//定义要使用的控制器，管理员可通
过 ifconfig 命令查询控制器的 IP 地址
```

执行上述命令，实验结果如图 15.22 所示。

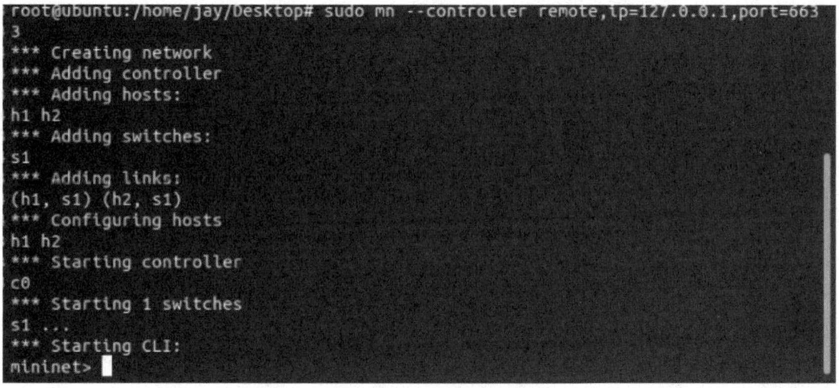

图 15.22　创建拓扑

另一个终端如图 15.23 所示。

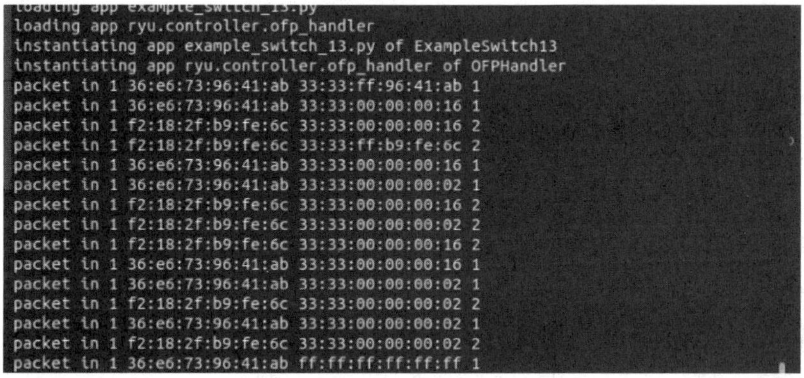

图 15.23　Ryu 控制器

2. 创建并启用 L2Switch.py 文件

（1）在 ryu/ryu/app 目录下创建 L2Switch.py 文件。

打开终端，在 root 模式下执行命令：

```
cd /home/jay/ryu/ryu/app//以主机 Ryu 安装位置为准
touch L2Switch.py//创建文件
gedit L2Switch.py//编辑文件
```

执行上述命令，实验结果如图 15.24 所示。

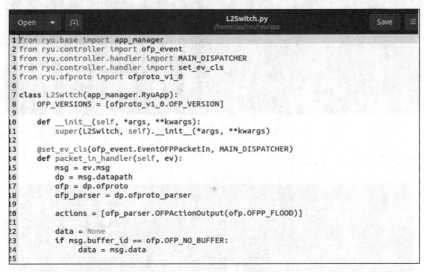

图 15.24　创建和编辑 L2Switch.py 文件

（2）参考 https://ryu.readthedocs.io/en/latest/writing_ryu_app.html 中代码对 L2Switch.py 文件进行编辑并保存，如图 15.25 所示。

```
1 from ryu.base import app_manager
2 from ryu.controller import ofp_event
3 from ryu.controller.handler import MAIN_DISPATCHER
4 from ryu.controller.handler import set_ev_cls
5 from ryu.ofproto import ofproto_v1_0
6
7 class L2Switch(app_manager.RyuApp):
8     OFP_VERSIONS = [ofproto_v1_0.OFP_VERSION]
9
10     def __init__(self, *args, **kwargs):
11         super(L2Switch, self).__init__(*args, **kwargs)
12
13     @set_ev_cls(ofp_event.EventOFPPacketIn, MAIN_DISPATCHER)
14     def packet_in_handler(self, ev):
15         msg = ev.msg
16         dp = msg.datapath
17         ofp = dp.ofproto
18         ofp_parser = dp.ofproto_parser
19
20         actions = [ofp_parser.OFPActionOutput(ofp.OFPP_FLOOD)]
21
22         data = None
23         if msg.buffer_id == ofp.OFP_NO_BUFFER:
24             data = msg.data
25
```

图 15.25　编辑 L2Switch.py 文件

（3）启用 L2Switch.py 文件。

新建终端，在 root 模式下执行命令：

```
cd /home/jay/ryu/ryu/app//以主机 Ryu 安装位置为准
ryu-manager L2Switch.py//启用文件
```

执行上述命令，实验结果如图 15.26 所示。

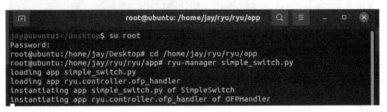

图 15.26 启用 L2Switch.py 文件

3. 启动 Ryu 控制器

新建终端，在 root 模式下执行命令：

```
cd /home/jay/ryu/ryu/app//进入文件夹，以主机 Ryu 安装位置为准
ryu-manager simple_switch.py//启动 Ryu 控制器
```

执行上述命令，实验结果如图 15.27 所示。

图 15.27 启动 Ryu 控制器

4. 搭建 SDN 拓扑

（1）使用 OpenFlow 1.0 协议，并连接 Ryu 控制器，搭建如图 15.2 所示 SDN 拓扑。

打开终端，在 root 模式下执行命令：

```
mn --topo=single,3 --mac --controller=remote,ip=127.0.0.1,port=6633 --switch ovsk,protocols=openflow10//搭建拓扑
pingall//测试连通性
```

执行上述命令，实验结果如图 15.28 所示。

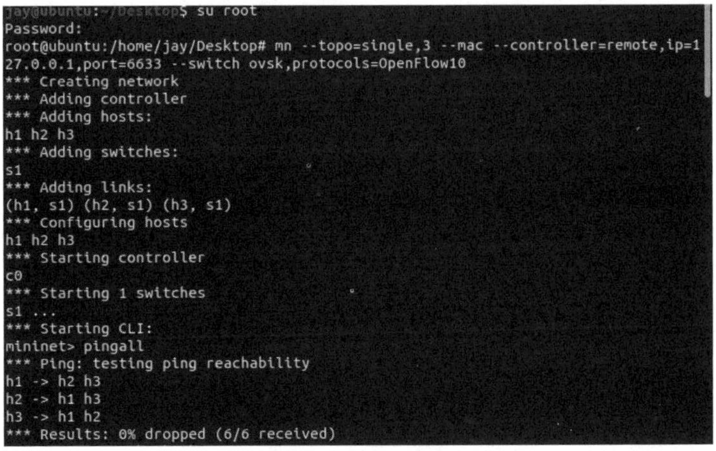

图 15.28 搭建拓扑

（2）通过 Ryu 的图形化界面查看网络拓扑。

执行命令：

```
cd /home/jay/ryu/ryu/app/gui_topology//进入文件夹，根据 Ryu 所在位置自行调整
ryu-manager gui_topology.py --observe-links//查看网络拓扑
```

执行上述命令，实验结果如图 15.29 所示。

```
root@ubuntu:/home/jay/Desktop# cd /home/jay/ryu/ryu/app/gui_topology
root@ubuntu:/home/jay/ryu/ryu/app/gui_topology#
root@ubuntu:/home/jay/ryu/ryu/app/gui_topology# ryu-manager gui_topology.py --ob
serve-links
loading app gui_topology.py
loading app ryu.app.ws_topology
loading app ryu.app.ofctl_rest
loading app ryu.app.rest_topology
loading app ryu.controller.ofp_handler
creating context wsgi
instantiating app None of Switches
creating context switches
instantiating app None of DPSet
creating context dpset
instantiating app gui_topology.py of GUIServerApp
instantiating app ryu.app.ws_topology of WebSocketTopology
instantiating app ryu.app.ofctl_rest of RestStatsApi
instantiating app ryu.app.rest_topology of TopologyAPI
instantiating app ryu.controller.ofp_handler of OFPHandler
(27962) wsgi starting up on http://0.0.0.0:8080
```

图 15.29　查看网络拓扑

网络拓扑如图 15.30 所示。

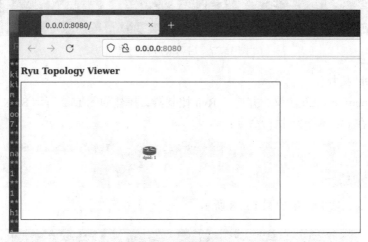

图 15.30　网络拓扑

5. 运行并使用 tcpdump 验证 L2Switch

（1）打开 xterm 窗口。

执行命令：

```
xterm h1 h2 h3//打开窗口
```

执行上述命令，实验结果如图 15.31 所示。

（2）在 xterm 窗口配置 tcpdump。

在 h1 窗口执行命令：

```
tcpdump -nn -i h1-eth0//对 h1 的 eth0 端口进行抓包
```

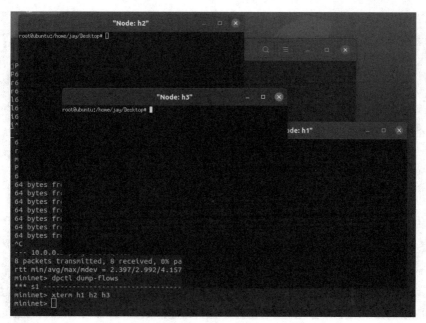

图 15.31　xterm 窗口

在 h2 窗口执行命令：

```
tcpdump -nn -i h2-eth0//对 h2 的 eth0 端口进行抓包
```

在 h3 窗口执行命令：

```
tcpdump -nn -i h3-eth0//对 h3 的 eth0 端口进行抓包
```

执行上述命令，实验结果如图 15.32 所示。

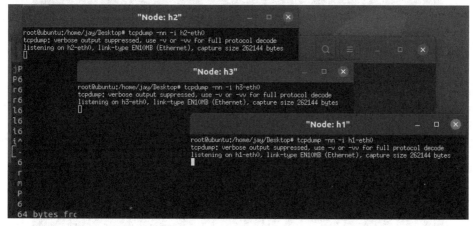

图 15.32　配置 tcpdump

（3）验证 L2Switch 模块。

执行命令：

```
h1 ping h2//让主机 h1 ping h2
```

执行上述命令，实验结果如图 15.33 所示。

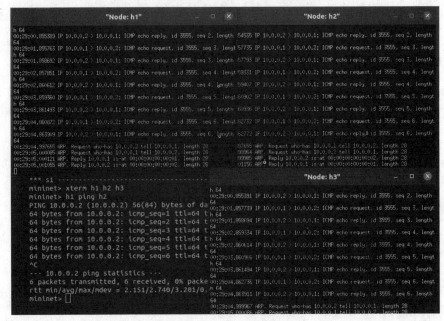

图 15.33　h1 与 h2 连通性测试

执行命令：

```
h2 ping h3//让主机 h2 ping h3
```

执行上述命令，实验结果如图 15.34 所示，验证成功。

图 15.34　h2 与 h3 连通性测试

　　实验结论：L2Switch 模块采用洪泛转发，在每个交换机上都设置洪泛通配符规则，将数据包广播转发，此时交换机等效于集线器。因此无论是 h1 ping h2 还是 h2 ping h3，都可以从 h2、h3 中抓到数据包。